U0417078

高等学校教材·计算机教学丛书

C++程序设计方法

张桂香　廉佐政　主编

王海珍　刘娜娜　张光妲　李耀成　副主编

滕永富　主审

北京航空航天大学出版社

BEIHANG UNIVERSITY PRESS

内容简介

本书是根据编者多年C++程序设计教学经验，精心设计的一本集理论学习、习题自测与实验练习和C++开发实例于一体的程序设计方法教科书。理论内容简练清晰，阐述了C++的重点、难点和易混淆点，习题配有答案，所有核心实验都给出分析与提示以及源程序。共分13章，包括C++概述、C++语言基础、数据类型和表达式、控制结构、数组、函数、类与对象基础、类与对象应用、继承与派生、多态性、I/O流类库、模板以及C++开发实例和实验部分等。特别适合将C++程序设计作为程序设计语言课的高等院校本科学生作为教材，经过教师删节也可作为高职、高专的教材，也可以作为计算机培训的辅导教材以及C++学习的自学教材。

图书在版编目(CIP)数据

C++程序设计方法 / 张桂香等主编. -- 北京 : 北京航空航天大学出版社,2012.1

ISBN 978-7-5124-0668-1

Ⅰ. ①C… Ⅱ. ①张… Ⅲ. ①C语言—程序设计 Ⅳ. ①TP312

中国版本图书馆CIP数据核字(2011)第249920号

C++程序设计方法

张桂香 廉佐政 主编

王海珍 刘娜娜 张光妲 李耀成 副主编

滕永富 主审

责任编辑 许传安

*

北京航空航天大学出版社出版发行

北京市海淀区学院路37号(邮编100191) http://www.buaapress.com.cn

发行部电话:(010)82317024 传真:(010)82328026

读者信箱:bhpress@263.net 邮购电话:(010)82316936

北京时代华都印刷有限公司印装 各地书店经销

*

开本:787×1092 1/16 印张:20 字数:512千字

2012年1月第1版 2012年1月第1次印刷 印数:4 000册

ISBN 978-7-5124-0668-1 定价:34.00元

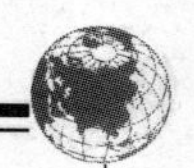

总　前　言

随着科学技术、文化、教育、经济和社会的发展，计算机教学进入了我国历史上最火热的年代，欣欣向荣。就计算机专业而言，全国开办计算机本科专业的院校在2004年之初有505所，到2006年已经发展到771所。另外，在全国高校中的非计算机专业，包括理工农医以及文科（文史哲法教、经管、文艺）等专业，按各自专业的培养目标都融入了计算机课程的教学。过去出版界出版了一大批计算机教学方面的各类教材，满足了一定时期的需求，但是还不能完全适应计算机教学深化改革的要求。

面对《国家科学技术中长期发展纲要（2006年—2020年）》制订的信息技术发展目标，计算机教学也要随之进行改革，以便提高培养质量。教学要改革，教材建设必须跟上。面对各层次、各类型的学校和各类型的专业都要开设计算机课程，就应有多样化的教材，以适应各专业教学的需要。北京航空航天大学出版社是以出版高等教育教材为主的，愿对计算机教学的教材建设做出贡献。

为计算机类教材的出版，北京航空航天大学出版社成立了“高等学校教材·计算机教学丛书”编审委员会。出版计算机教材，得到了北京航空航天大学计算机学院的大力支持。该院有三位教育部高等学校计算机科学与技术教学指导委员会（下称教指委）的成员参加编审委员会的工作。其他成员是北京航空航天大学、北京交通大学等6所院校和中科院计算技术研究所对计算机教育有研究的教指委成员、专家、学者和出版社的领导。

我们组织编写、出版计算机课程教材，以大多数高校实际状况为基点，使其在现有基础上能提高一步，追求符合大多数高校本科教学适用为目标。按照教指委制订的计算机科学与技术本科专业规范和计算机基础课教学基本要求的精神，我们组织身居教学第一线，具有教学实践经验的教师进行编写。在出书品种和内容上，面对两个方面的教学：一是计算机专业本科教学，包括计算机导论、计算机专业技术基础课、计算机专业课等；二是非计算机专业的计算机基础课程的本科教学，包括理工农医类、文史哲法教类、经管类、艺术类等的计算机课程。

教材的编写注重以下几点。

1．基础性。具有基础知识和基本理论，以使学生在专业发展上具有潜力，便于适应社会的需求。

2．先进性。融入计算机科学与技术发展的新成果；瞄准计算机科学与技术发展的新方向，内容应具有前瞻性。这样，以使学生扩展视野，以便与科技、社会发展的脉络同步。

3．实用性。一是适应教学的需求；二是理论与实践相结合，以使学生掌握实用技术。

编写、出版的教材能否适应教学改革的需求，只有师生在教与学的实践中做出评价，我们期望得到师生的批评和指正。

“高等学校教材·计算机教学丛书”
编审委员会

前　言

教育部计算机教学指导委员会对理工类专业计算机程序设计基础课程的设置规定，主要是C＋＋程序设计，或 Visual Basic 程序设计。

C＋＋是目前流行的计算机程序设计语言之一。它的功能强大，不仅支持面向过程的程序设计，还全面支持面向对象的程序设计，因此，学习C＋＋要比学习C语言和Pascal等语言困难得多。编写本书的目的主要是，为将C＋＋作为第一门程序设计语言的本专科学生提供一本适用教材，以便学生能够快速掌握C＋＋的基本理论、程序设计的思想和实践环节。

编者根据多年的计算机程序设计教学经验，按照学生学习的认知规律，精心设计了本教材，内容集理论学习、习题自测与实验操作以及C＋＋开发实例于一体。理论内容简练清晰，阐述了C＋＋的重点、难点和易混淆点，习题配有答案，所有核心实验题目均给出了分析与提示以及程序源代码。全书共13章，第1章C＋＋概述，介绍C＋＋的发展、上机环境和实例等，使读者对程序设计的全貌有所了解。第2章到第11章为C＋＋的基本理论，介绍了语言基础、程序、控制结构、数组、函数、类与对象基础、类与对象应用、继承与派生、多态性、I/O流类库、模板等。第12章给出了一个C＋＋开发实例，是全书内容的一个综合，也可以作为学生课程设计的参考。第13章是实验部分，根据各章节内容给出实验的题目和要求。本书所有例题程序和实验题目均在Visual C＋＋6.0上调试通过。

本书由张桂香、廉佐政、王海珍、刘娜娜、张光妲、李耀成编著。张桂香负责编写第1、3、4章和实验一、实验五到实验九。廉佐政负责编写第6、7、12章和实验十三到实验十六、实验二十四。王海珍负责编写第8、9章和实验十七到实验二十二。刘娜娜负责编写第10、11章和实验二十三。张光妲负责编写第5章和实验十到实验十二。李耀成负责编写第2章和实验二到实验四。张桂香、廉佐政统稿。滕永富教授审阅全书，并提出了宝贵意见。

本书在编写过程中得到了邓文新教授和出版社的大力支持和帮助，在此表示衷心的感谢。同时对编写过程中参考文献资料的作者一并表示谢意。

由于作者水平有限，书中难免有疏漏之处，敬请读者批评指正。

编著者
2011年7月

目 录

第1章 C++语言概述

本章学习目标

1. 了解结构化程序设计和面向对象程序设计方法；
2. 了解C++程序的特点，与其他程序设计语言的关系和区别；
3. 学会建立一个C++程序的过程；
4. 熟练使用C++上机环境。

1.1 C++发展简史

1.1.1 程序设计方法

1. 算法与程序有怎样的区别和联系

算法是求解问题的方法，通常由有限个步骤组成，对于给定的具体问题可以通过执行这些步骤得到具体的答案。算法具有有穷性、确定性、可行性、输入和输出的特性。算法可以用自然语言描述、流程图描述，也可以用伪代码或程序语言描述。

程序是对计算任务的处理对象和处理规则的描述。程序规定了计算机执行的动作和动作的顺序。程序包含对数据描述和对操作的描述。

2. 程序设计就是编码吗

有人认为程序设计是将算法用某种计算机语言表达出来。其实用具体的语言来描述算法是编码，而程序设计过程主要是完成求解问题的数据结构和算法的设计。

3. 程序设计语言有哪些

程序设计语言是用于书写计算机程序的语言。它不同于自然语言，是人工语言。程序设计语言有很多，按照其发展过程可分为机器语言、汇编语言和高级语言。

机器语言是面向机器的，是特定计算机系统所固有的语言，也就是说不同的计算机类型都有自己的表示成数码形式的机器指令集，每个指令完成一个特定的基本操作。编写机器语言程序需要对机器结构有较多的了解，而且用机器语言编写的程序复杂、可读性很差，修改和维护都很不方便。

汇编语言是机器语言的符号化，用有助记忆的符号来表示机器指令中的操作码和运算数。用汇编语言书写的程序相对机器语言来说，易于书写和记忆；但汇编语言也是面向机器的，不具有可移植性，且不能直接执行，需要把用汇编语言编写的源程序转换成机器语言程序，这个过程叫汇编，完成这一过程的程序叫汇编程序。

高级语言类似于人的自然语言，是与具体机器类型无关的语言。程序设计者不需要了解机器的内部结构，只要按照计算机语言的语法编写程序即可。所以高级语言易学、易用、易维护。但它也不能直接在计算机上执行，需要编译或解释之后才能执行。比较流行的高级语言程序有C、C++、Java和Visual Basic等等。

4. 程序设计方法有哪些

常用的程序设计方法有:结构化程序设计方法与面向对象程序设计方法。

结构化程序设计方法是建立在结构化定理(任何程序逻辑都可以用顺序、选择和循环三种基本结构来表示)的基础上,设计中采用“自顶向下,逐步求精”和“模块化”的思想,程序中所使用的数据和处理数据的方法是相互分离的。其优点是适合于小规模软件的开发;缺点是软件代码可重用性差,稳定性低,软件很难维护等。为了克服结构化程序设计的缺点,出现了面向对象的程序设计方法。

面向对象程序设计方法的基本思想是认为客观现实世界是由对象组成的,求解问题就是分析这个问题是由哪些对象组成的,这些对象之间如何联系和作用。面向对象程序设计方法中使用对象和类去分析问题,具有封装、继承和多态的主要特征。面向对象程序设计方法适合于大中型软件的开发,代码可重用性高、健壮性好、易于修改和维护。

1.1.2 C++发展简史

1. C与C++的关系

C和C++都诞生在Bell实验室。C语言是一种面向过程的语言,具有数据类型和运算符丰富、方便灵活、可移植性好、执行效率高等特点。C++源于C语言,与C语言兼容,是对C的扩展,既支持传统的结构化程序设计,保持了C语言的简洁和高效,又增加了类功能,支持面向对象的程序设计。

2. C++语言的发展过程

C++源于C语言。C语言在1972年诞生,20世纪80年代初把面向对象的思想引入C,最初称为“带类的C”,1993年正式定名为C++。

发展经历了三个阶段:

第一阶段从20世纪80年代到1995年,C++语言基本上是传统类型上的面向对象的语言。

第二阶段从1995年到2000年,由于标准模板库和Boost等程序库的出现,泛型程序设计在C++中的比重加大。

第三阶段从2000年至今,由于以Loki、MPL等程序库为代表的产生式编程和模板元编程的出现,C++的又得到了迅速的发展,成为当今最复杂的主流程序设计语言之一。

3. C++语言有哪些特点

C++除了有C的特点外,还有支持面向对象的新特点,主要体现在如下几个方面:

(1) 使用类进行数据的封装。类和对象是面向对象的基本概念。类是对数据抽象和相关操作的封装,通过这样的封装可以将内部信息隐藏起来;对象是类的实例化,对象可以被声明为某个给定类的变量,对象之间可以通过调用类的方法来联系。

(2) 类中可以使用构造函数和析构函数。构造函数是在每次创建这个类的新对象时自动执行,作用就是对对象进行初始化。析构函数在这个类的对象被撤销时自动执行,作用是保证类的对象正常清除。

(3) 设置访问限制符来实现信息的隐蔽性。类的成员有三种访问权限:公有、私有和保护。公有成员可以被所有函数访问,私有成员由自已类的函数访问,保护成员可以由该类和其派生类的成员函数访问。

(4) 对象和消息。对象是面向对象程序设计的基本单元,对对象的操作通过向对象发送

消息实现，对象根据消息的内容调用相应的方法。

(5) 友元。在类定义中可以声明非成员函数或其他类的该类的友元函数或友元类，则这些友元就可以访问类的私有部分或保护部分。

(6) 运算符重载和函数重载，C++允许为已有的函数和运算符重新赋予新的含义，使它们可以用于用户所希望操作的对象。运算符重载和函数重载能够以更自然的表现方式来对对象的操作，从而提高程序的可读性。

(7) 继承和派生类，通过继承，可以使新类拥有父类的属性和行为，也可以根据需要对其修改和扩充。在类的继承中，被继承的类称为基类，新定义的类称为派生类。利用继承可以方便地利用已有的经过测试和调试的高质量的代码，提高开发的效率和质量。

(8) 虚函数的使用。C++中的虚函数可以支持动态联编，从而也支持多态。多态性允许在设计中使用高级抽象。它使得高层代码只需要书写一次，就可以通过提供不同的底层服务来满足复用的要求，可以大大提高代码的复用性。

1.2　C++程序实例

1.2.1　从一个简单的程序看 C++程序的组成

下面是一个简单的 C++程序。

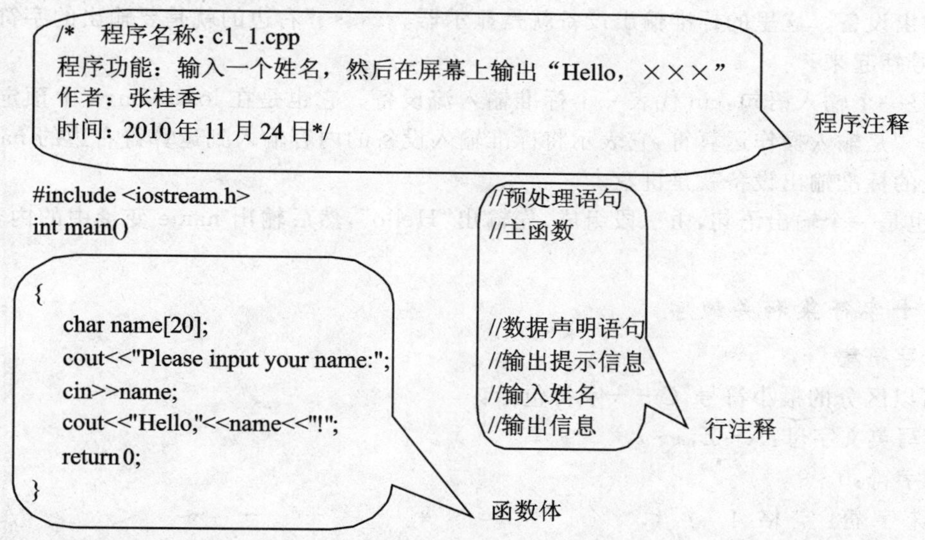

从上面的例子看，一个 C++源程序一般是由预处理部分、函数、数据声明、处理语句、输入输出和注释等组成。

1. C++程序中的注释方法和作用

第 1 行到第 4 行是程序的注释部分，以“/*”开始，以“*/”结束。所有注释的内容放在其间，中间可以换行，所以也叫多行注释，这是传统 C 的注释方式。C++的注释一般采用“//”开头的方式，如第 9 行到第 11 行后面的以“//”开头的，后面的文字也是注释信息，一直到行尾结束。无论哪种注释方式都是对程序起解释说明作用，只是为了增强程序的可读性，不是必须的，对于程序的执行不起任何作用。但是给程序添加必要的注释是一种良好的程序设计风格。

2. 预处理的作用

第 5 行是预处理语句，以符号“#”开头，编译预处理的作用是在编译之前将文件 iostream. h

增加到本程序中，以便使用其中的输入输出流相关的类等。

3. 函数的组成

第 6 行是 main()函数。每个 C++程序都是由一个或多个函数组成，其中有且只有一个主函数，即 main()函数，它是整个程序执行的入口。main 前面的 int 表示函数的返回值是一个整数。main 是函数名，函数名后面必须是一对圆括号。括号里面可以根据需要有 0 到多个参数。第 7 行的左花括号“{”和第 13 行的右花括号“}”是 main()函数的函数体的开始和结尾。第 8 行到 12 行就是函数体，用来实现函数的功能；函数体也可以是空的，什么也不做。第 12 行是函数的返回语句 return，一般放在函数的最后一行，返回程序的执行结果；因为前面定义 main()函数是 int 类型，所以此处用 return 后面值为 0，表示程序正常结束。

4. C++的语句

语句是 C++程序中最小的可执行单元。一条语句由一个分号结束。语句既可以很简单，也可以很复杂。如第 8 到 12 行都是 C++语句，第 8 行是变量声明语句，而第 5 行预处理不是 C++语句，所以结束没有分号。

5. 输入输出的方法

第 9 行是一个输出语句，cout 代表一个标准输出流设备。它是在 iostream.h 中预定义的对象。如果前面没有预处理，此处就会出错。“<<”是输出操作运算符，它表示将运算符右边的数据送到输出设备。这里的标准输出设备就是显示器。“<<”右边的就是要输出的字符串常量，用双引号括起来。

第 10 行是一个输入语句，cin 代表一个标准输入流设备。它也是在 iostream.h 中预定义的对象。“>>”是输入操作运算符，它表示将标准输入设备的内容输入到运算符右边的 name 数组中。这里的标准输出设备就是键盘。

第 11 行也是一个输出语句，由三段组成，先输出“Hello”，然后输出 name 变量中的内容，最后输出“!”。

1.2.2 C++字符集和关键字

1. C++字符集

字符是可以区分的最小符号，C++字符包括：

(1) 大小写英文字母：A～Z，a～z

(2) 数字字符：0～9

(3) 特殊字符：空格 ! ? # % ^ & * _ + - ~ < > / \ “ ; , ( ) { } [ ]

2. C++标识符

标识符是用来表示常量、变量、函数、数组或者类型等实体名字的有效字符序列。C++标识符命名规则：

(1) 标识符必须由字母或者下划线开头，后面可以是字母、数字或者下划线。

(2) 标识符中英文大小写是区分的。

(3) 标识符只有前 32 个字符有效。

(4) 用户定义的标识符不能使用系统关键字。

3. C++关键字

关键字又称保留字或者保留关键字，是 C++语言预定义的具有特殊意义的标识符，如表

示数据类型、变量的属性等，用户在标识符命名时不能使用。表1.1列出C++中的关键字。

表1.1 C++的关键字

asm	auto	bool	break	case	catch	char	class	const_cast
const	continue	default	delete	do	double	else	enum	dynamic_cast
explicit	extern	false	float	for	friend	goto	if	namespace
inline	int	long	mutable	new	operator	private	public	protected
register	return	short	signed	sizeof	static	struct	switch	static_cast
template	this	throw	true	try	typedef	typeid	union	typename
unsigned	using	virtual	void	wolatile	while	reinterpret_cast		

1.2.3 书写规则和程序设计风格

1. 良好的程序设计风格的重要性

程序设计风格是指一个人编制程序时所表现出来的特点、习惯和逻辑思路等。在程序设计中要使程序结构合理、清晰，形成良好的编程习惯，对程序的要求不仅是可以在机器上执行，给出正确的结果，而且要便于程序的调试和维护，这就要求编写的程序不仅自己看得懂，而且也要让别人能看懂。良好的程序设计风格是高水平程序设计员的必备素质。

2. 养成良好的程序设计风格的基本规范

C++语言程序书写非常灵活，同一程序可以有许多方式写程序，但是当今主导的程序设计风格是“清晰第一，效率第二”的观点。

(1) C++严格区分英文字母的大小写。

(2) 一行一般写一条语句。短语句可以一行写多个，每条语句以分号结束。长语句可以一条写多行。分行原则是不能将一个单词分开。用双引号引用的一个字符串也最好不分开。如果一定要分开，有的编译系统要求在行尾加续行符(“\”)。

(3) 标识符应按意取名。

(4) 程序应适当加注释。注释方便以后对程序的理解和维护。

(5) 缩进形式显示程序结构，使用一致的缩行和加括号风格。人们常用的格式形式是：逻辑上属于同一个层次的互相对齐；逻辑上属于内部层次的推到下一个对齐位置。

(6) 恰当地使用空格、空行以改善清晰度，空行起着分隔程序段落的作用。空行得体(不过多也不过少)将使程序的布局更加清晰。

1.3 C++上机环境

1.3.1 C++程序的开发过程

开发C++程序的步骤通常包括编辑、预处理、编译、连接、运行和调试。

(1) 编辑：是程序开发过程的第一步，主要包括程序文本的输入和修改。编辑通过编辑器来完成，C++程序的源代码通常是存储在扩展名为.cpp的文件中，如c1_1.cpp。

(2) 编译预处理：在编译前将要包含其他文件增加到程序中。

(3) 编译：编译器完成将一个扩展名为.cpp的源程序(如c1_1.cpp)文件转换成一个以.obj为扩展名的目标文件(如c1_1.obj)，即机器指令代码文件。

(4) 连接:连接是将目标文件与程序的库文件链接起来,形成一个可以在操作系统中直接运行的可执行程序,扩展名为.exe(如 c1_1.exe)。

(5) 运行:控制执行该程序,一般就可以看到程序的运行结果。

(6) 调试:如果源文件存在语法错误或链接错误,编译器和链接器会分别给出相关的错误信息,这时需要重新编辑源文件,改正其中的错误,再一次进行编译和链接,直到错误信息不再出现为止。如果程序运行结果与预期不同,也需要重新修改源程序。

具体过程参见图 1.1。

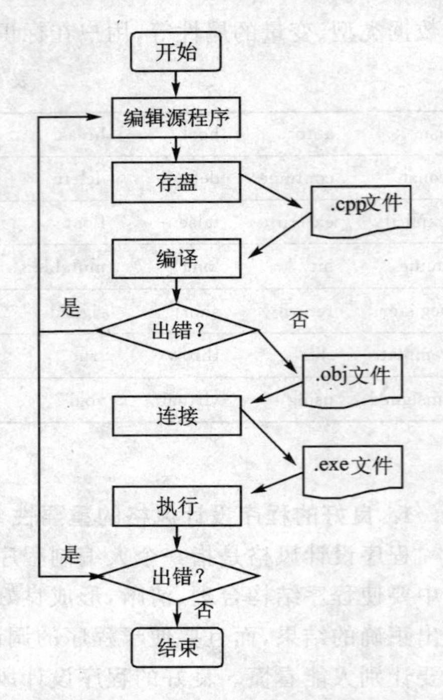

图 1.1 C++程序的开发过程

1.3.2 C++集成开发环境有哪些

集成开发环境就是将源程序的编写、编译、连接、调试和运行以及应用程序的文件管理等集成在一起,给开发程序带来很大的方便。C++的集成开发环境有很多,比较有名的有 Microsoft Visual C++、Borland 公司的 C++ Builder、IBM 公司的 Visual Age for C++等。本书使用的是 Visual C++ 6.0,它是 Windows 操作系统下最流行的 C++开发环境之一。

1.3.3 Visual C++和 C++的关系

学习高级语言包括基本语言理论和开发工具的使用。Visual C++是集成开发环境,是集程序编辑器、编译器、调试工具和其他建立应用程序的工具于一体的用于开发应用程序的软件系统。在 Visual C++下可以运行 C 语言程序,也可以运行 C++程序。C++是高级程序设计语言,掌握 C++语言基础是学习好程序设计的前提,而初学语言时,一定要熟悉开发环境,才能顺利开发程序。

1.3.4 Visual C++ 6.0 介绍

微软公司 Visual C++ 6.0 有三个版本:标准版、专业版和企业版,不同的版本适合于不同类型的应用开发。

1. Visual C++ 6.0 的安装

Visual C++ 6.0 可以独立安装,也可以与 Visual Studio 同时安装。

2. Visual C++ 6.0 的启动

打开 Visual C++ 6.0|“开始”|“所有程序”|Microsoft Visual Studio 6.0|Microsoft Visual C++ 6.0,出现 Microsoft Visual C++窗口,如图 1.2 所示。

3. Visual C++ 6.0 工作界面

主窗口中包括标题栏、菜单栏、工具栏、工作区窗口,代码编辑窗口、输出窗口和状态栏组成。刚打开 C++而没有启动任何文件时,窗口中只有标题栏、菜单栏、工具栏和状态栏,随着打开文件时,其他窗口才会出现。

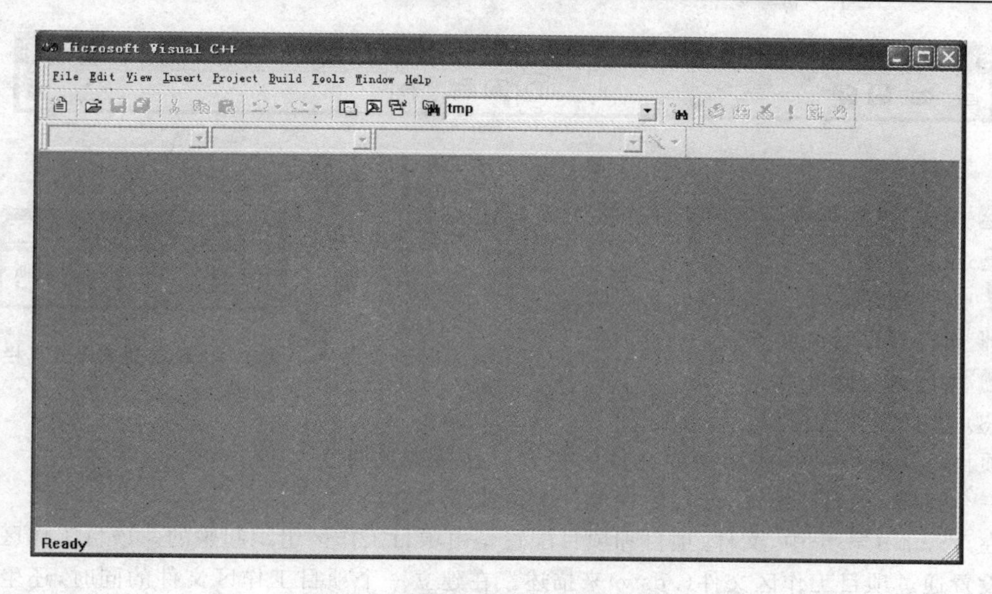

图 1.2　Microsoft Visual C++窗口

(1) 菜单栏

菜单栏中的菜单主要有以下几项。

File(文件):用于进行和文件有关的操作,如创建(New)、打开(Open)、保存(Save)和关闭(Close)文件等。

Edit(编辑):用于进行和编辑有关的操作,如复制(Copy)、剪切(Cut)、粘贴(Paste)、查找(Find)、替换(Replace)、删除(Delete)和恢复(Undo)等。

View(视图):用于激活所需要的各种窗口,如工作区窗口(Workplace)、输出窗口(Output)、调试窗口(Debug Windows)和属性窗口(Properties)等。

Insert(插入):用于插入新建类(New Class)、资源(Resource)等。

Project(工程):用于和工程有关的操作,如设置活动工程(Set Active Project)、向工程添加文件(Add to Project)、插入工程到工作区(Inset Project into Workspace)等。

Build(编译):用于和程序的编译有关的操作,如编译(Compile)、构建(Build)、调试(Debug)和运行(Execute)等。

Tools(工具):用于选定或定制集成开发环境中的一些工具,如浏览用户程序中定义的符号(Source Brower)、激活常用工具、更改选项和变量的设置等。

Window(窗口):用于分割窗口、隐藏和显示窗口等。

Help(帮助):帮助用户学习和使用 C++。

(2) 工具栏

在 Visual C++中工具栏很多,常用的有标准工具栏、编译工具栏和精简的编译工具栏、编辑工具栏、调试工具栏等。如图 1.3 所示标准工具栏和其他 Windows 应用程序类似,这里不一一叙述。图 1.4 所示是精简的编译工具栏。

下面介绍编译工具栏中各个按钮的功能。

编译源程序,生成 OBJ 文件。

图 1.3　标准工具栏

构建，将工程编译后的文件连接生成 EXE 文件。

停止构建。

运行程序。

运行到设置的断点。

添加或删除断点。

图 1.4　精简的编译工具栏

(3) 项目工作区窗口

项目(project)是一些相关源文件的集合。这些源文件组成一个程序，它们被编译、连接后生成一个可执行文件。

在 Visual C++中，文件、项目和项目配置是由项目工作区组织起来的。项目工作区的内容和设置通过项目工作区文件(.dsw)来描述。在建立一个项目工作区文件的同时，还生成项目文件(.dsp)和工作区选项文件(.opt)，用来保存工作区的设置。

项目工作区窗口用来查看和修改项目中的所有元素，如图 1.5 所示。该窗口底部有三个选项卡 Class View，ResouceView 和 FileView，分别用来查看当前项目中的类、资源和文件。

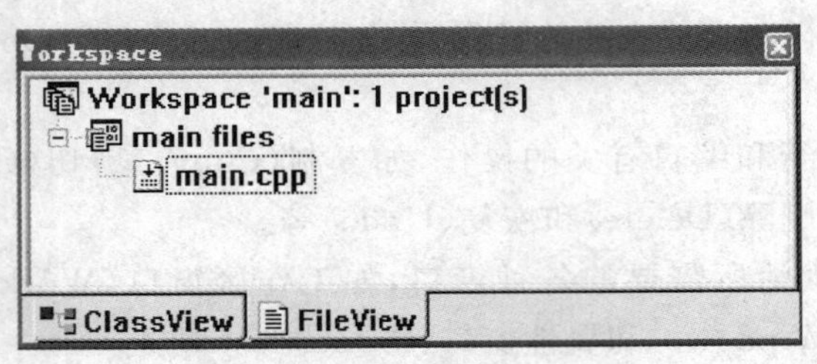

图 1.5　项目工作区窗口

类选项卡在项目工作区窗口中显示当前项目中类，全局变量和成员函数。当双击某一项时，在右边的源代码编辑窗口中显示该成员的源代码。

文件选项卡在项目工作区窗口中显示出当前项目的源文件、头文件和资源文件。当双击某一项时，在右边的源代码编辑窗口内打开该文件，并显示其源代码。

资源选项卡在项目工作区窗口中显示项目中的所有资源。当双击某一项时，在右边的源代码编辑窗口内显示该资源的图形编辑窗口，可直接在该窗口内增添资源或修改资源特性。如果使用的是“Win32 Console Application”程序，则在工作区窗口中没有此项。

1.3.5　在 Visual C++ 6.0 中开发 C++程序的过程

下面以开发一个只有一个源程序文件的 C++应用程序，说明其过程。

(1) 打开 Visual C++ 6.0|“开始”|“所有程序”|Microsoft Visual Studio 6.0|Microsoft Visual C++ 6.0，出现 Microsoft Visual C++窗口，如图 1.2 所示。

(2) 新建一个 C++源文件，在 Microsoft Visual C++窗口单击 File 菜单下的 New，出现 New 对话框，单击 Files 选项卡，选择 C++ Source File，在 File 下面的文本框中输入 cl_

1. cpp，在 Location 下面的文本框中输入要存放文件的位置或者选择文件位置，如图 1.6 所示，然后单击 OK 按钮。

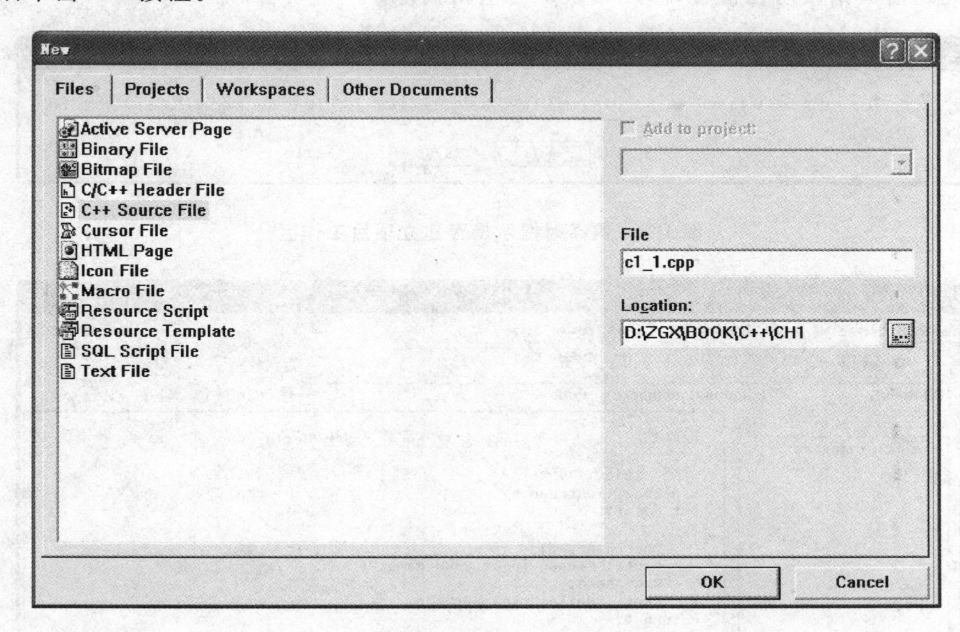

图 1.6　新建文件对话框

（3）新出现 c1_1. cpp 的代码窗口，输入 1.2.1 中的源程序，如图 1.7 所示。

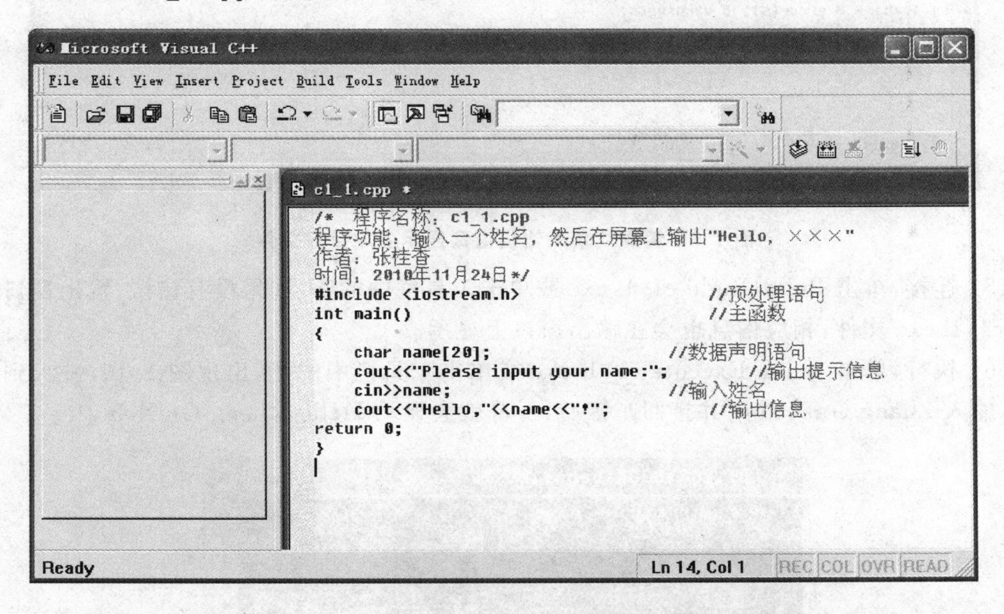

图 1.7　在 Microsoft Visual C++ 6.0 集成开发环境中的代码窗口中输入源程序

（4）编译，单击 Build|Compile c1_1. cpp 或单击工具栏中的图标，会提示是否建立项目工作区，如图 1.8 所示。单击“是”按钮，如果没有错误，就会生成 c1_1. obj 文件，如图 1.9 所示，此时多了两个窗口，下面是输出窗口，显示编译后的信息，生成 c1_1. obj，0 个错误，0 个警告。如

果此时有错误，输出窗口会显示错误的类型及所在位置，可以双击错误信息，系统就可以自动定位到代码窗口错误所在位置，修改错误即可重新编译。

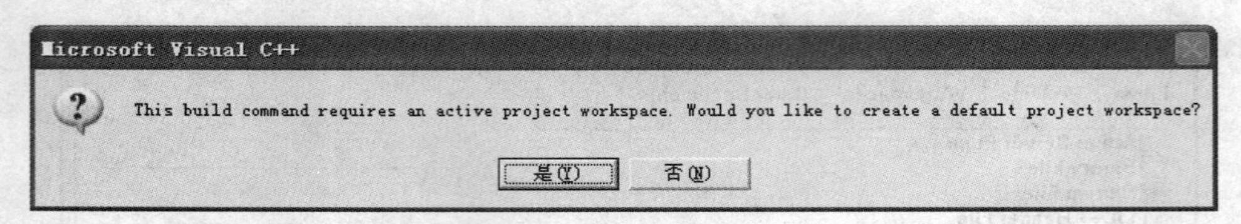

图 1.8　编译时提示是否建立项目工作区

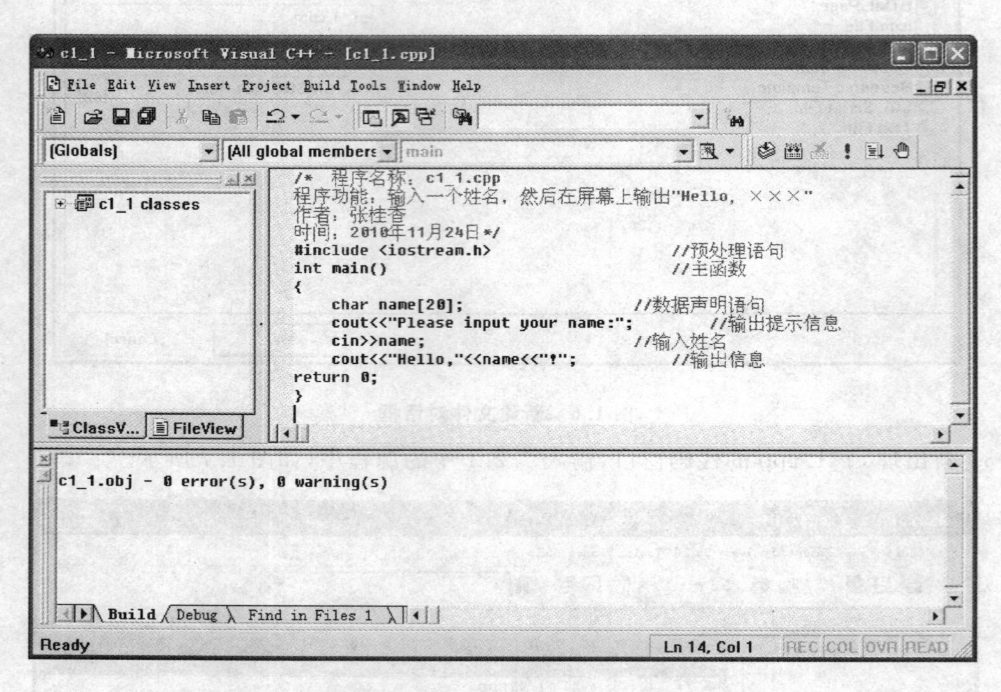

图 1.9　编译成功后输出窗口显示生成目标文件

(5) 连接，单击 Build|Build c1_1.exe 或单击工具栏中的图标，如果没有错误，输出窗口就会生成 c1_1.exe 文件，相应信息也会在输出窗口上显示。

(6) 执行，单击 Build|Execute c1_1.exe 或单击工具栏中的 ！，出现图 1.10，进入到运行状态，输入 Zhang GuiXiang，并接回车键后，屏幕就会显示 Hello,Zhang GuiXiang!

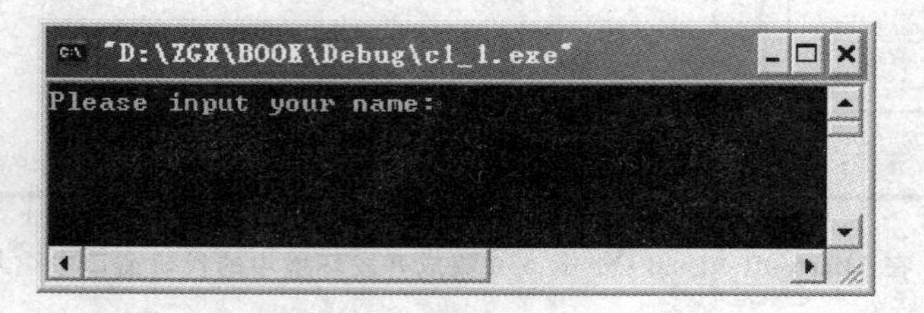

图 1.10　程序运行窗口

1.4　习题一

一、判断题

1. C++语言中在命名标识符时大小写字母是不加区分的。

2. 在编写C++程序时，一定要注意采用人们习惯使用的书写格式，否则会降低其可读性。

3. C++语言是一种以编译方式实现的高级语言。

4. 在C++程序编译过程中，包含预处理过程、编译过程和连接过程，并且这三个过程的顺序是不能改变的。

5. C++源程序在编译过程中可能会出现一些错误信息，但在连接过程中将不会出现错误信息。

二、填空题

1. C++程序的源程序文件的后缀是______，经过连编后生的目标程序文件后缀是______，编译后生成的可执行文件的后缀是______。

2. 一个最简单的C++程序至少应包含一个______函数。

3. C++字符集包括大小写英文字母、______和运算符等特殊字符。

4. C++中当前项目中的所有源程序文件可以在工作区的______选项卡上浏览。

三、选择题

1. 以下叙述不正确的是(　　)。

　A. C++源程序可由一个或多个函数组成
　B. C++程序的基本组成单位是函数
　C. 在C++程序中，注释只能位于一条语句后面
　D. 一个C++源程序必须包含一个main函数

2. C++规定，在一个源程序中main函数的位置(　　)。

　A. 必须在最后　　B. 可以任意
　C. 必须在最前　　D. 必须在系统调用的库函数的后面

3. 按照C++标识符的要求，(　　)符号不能组成标识符。

　A. 连接符　　B. 下划线
　C. 大小写字母　　D. 数字字符

4. Visual C++中，打开一个项目，只需打开对应的项目工作区文件，其文件的扩展名是(　　)。

　A. cpp　　B. obj　　C. dsp　　D. dsw

四、简答题

1. C++程序由哪几部分组成？

2. C++的书写基本规范有哪些？

第2章 数据类型与表达式

本章学习目标

1. 熟练掌握C++语言中的基本数据类型；
2. 熟练掌握C++语言中的常量、变量的概念及使用；
3. 掌握C++语言中的指针概念及引用；
4. 理解C++运算符、表达式概念及使用方法；
5. 了解C++语言中的结构体、公用体以及枚举类型；
6. 了解C++语言中的引用的概念；
7. 熟悉C++语言中自定义类型的方法及含义。

2.1 基本数据类型

高级语言中数据类型决定数据的存储空间的大小及表示形式、数值的取值范围和数值的运算方式。C++语言中数据类型十分丰富，包括基本数据类型、构造数据类型和其他数据类型三大类，如图2.1所示。本节主要讨论基本数据类型，其他类型在后面章节中讨论。

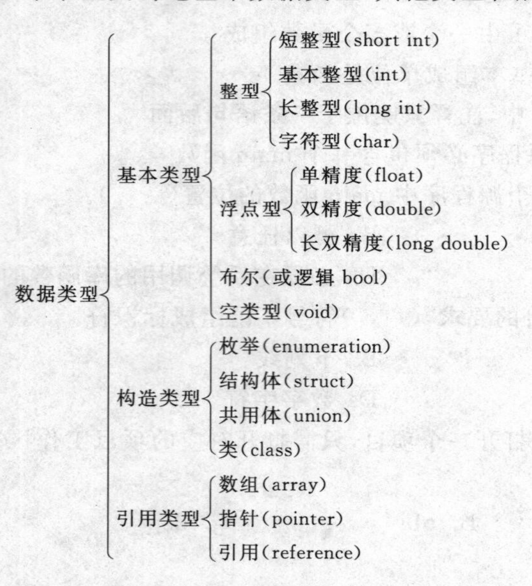

图2.1 数据类型

2.1.1 关于整型的要点

1. 整型的类别

在C++中，整型数据分为有符号(signed)和无符号(unsigned)两类。每类又包含长整型(long int)、基本整型(int)和短整型(short int)，如表2.1所示。

表 2.1　整型分类表

类　别	类　型	类型标识	字　节	表示范围
有符号	有符号基本整型	[signed] int	4	－2147483648～2147483647
	有符号短整型	[signed] short [int]	2	－32768～32767
	有符号长整型	[signed] long [int]	4	－2147483648～2147483647
无符号	无符号基本整型	unsigned [int]	4	0～4294967295
	无符号短整型	unsigned short [int]	2	0～65535
	无符号长整型	unsigned long [int]	4	0～4294967295

说明：

(1) 根据 ANSI 标准规定，整型范围满足：short≤int≤long，表 2.1 中给出的字节数和范围是指字长为 32 位机的。

(2) 表 2.1 中，[ ]内部表示可以省略的关键字。

2. 整型数据在内存中的存储形式

整型数据是按二进制数的补码形式存储的，例如，十进制整数－90 的二进制形式为－1100011，则在内存中的存储形式如图 2.2 所示。

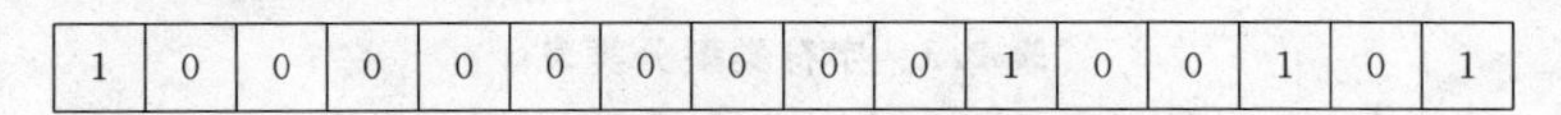

1	0	0	0	0	0	0	0	0	0	1	0	0	1	0	1

图 2.2　有符号整型数据的存储形式

对有符号整型存储时左边第一位是符号位，而无符号整型存储时所有位数都表示数值。

例如，unsigned int 类型的无符号整数 65535，则在内存中的存储形式如图 2.3 所示。

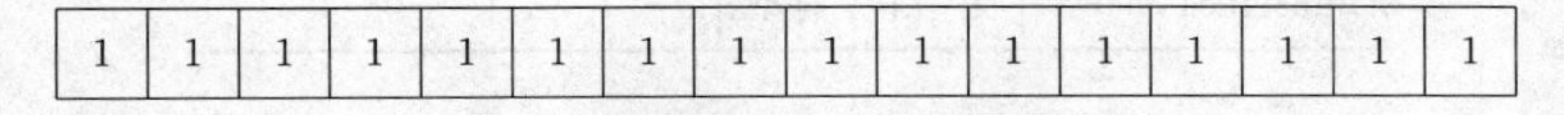

1	1	1	1	1	1	1	1	1	1	1	1	1	1	1	1

图 2.3　无符号整型数据的存储形式

3. 求补码的方法

在计算机中，整数有原码、反码和补码的表示方法，例如 X＝＋91＝＋1011011，则 X 的原码为：$[X]_{原}$＝01011011；X＝－91＝－1011011，则 X 原码为：$[X]_{原}$＝11011011。也就是把数的符号数值化。正数的原码、反码和补码是相同的，区别只在负数上。

求一个负整数补码的方法是：先求出该数的原码，除符号位外，其他数位取反后再加 1。

【例 2.1】 求－90 的补码。

解：$[-90]_{原}$＝11011011

$[-90]_{反}$＝10100100

$[-90]_{补}$＝10100100＋1＝10100101

$[-90]_{补}$＝10100101

2.1.2　关于浮点型的要点

1. 浮点型的类别

浮点型也称之为实型。在 C＋＋中，浮点型数据分为单精度(float)、双精度(double)和长双精度(long double)三种。浮点数均为有符号数据，没有无符号浮点数，如表 2.2 所列。

表 2.2 浮点型分类表

类 型	类型标识符	字 节	可表示最小的绝对值	十进制精度
单精度型	float	4	$\pm(3.4\times10^{-38}\sim3.4\times10^{38})$	7 位
双精度型	double	8	$\pm(1.7\times10^{-308}\sim1.7\times10^{308})$	15 位
长双精度型	long double	8	$\pm(3.4\times10^{-4932}\sim1.1\times10^{4932})$	19 位

2. 浮点型数据在内存中的存放形式

数据在内存中以二进制形式存放。实型数据分成小数部分和指数部分分别存储。实数 $3.14159=+0.314159\times10^{1}$ 在内存中的存放形式如图 2.4 所示。

+(符号)	.314159(小数部分)	1(指数部分)

图 2.4 浮点型数据的存储形式

2.1.3 关于字符型的要点

在 C++中,字符类型分为字符型(char)、有符号字符型(signed char)和无符号字符型(unsigned char)三种。字符在计算机中以其 ASCII 码形式存储,一个字节存放一个字符。分类如表 2.3 所列。

表 2.3 字符类型分类表

类型标识符	类 型	字 节	表示范围
char	字符型	1	−128～127
signed char	有符号字符型	1	−128～127
unsigned char	无符号字符型	1	0～255

2.1.4 关于布尔型的要点

布尔类型用于表示逻辑数据。逻辑数据只有两个:true 和 false。在 C++中,布尔型的数据可以作为整型数据进行运算,true 为整数 1,false 为整数 0;整型数据也可以作为布尔型数据进行运算,非 0 整数为 true,整数 0 为 false。布尔型的标识符为 bool。

2.1.5 关于空类型的要点

void 型也称为无值型。在 C++语言中它用来说明函数及其参数。没有返回值的函数说明为 void 类型的函数,没有参数的函数其形参表由 void 表示,void 类型的值集为一空集。有了 void 类型,C++语言规定所有函数说明(main 主函数除外)都必须指明(返回)类型,都必须包含参数说明。

2.2 常量与变量

2.2.1 关于常量的要点

所谓常量是指在程序运行过程中,其值不能被改变的量。

1. 符号常量的定义与使用

符号常量的定义格式如下:

＃define 符号常量标识符 常量值

＃define是C＋＋的预处理指令，说明程序中的符号常量标识符都代表了常量值。

【例2.2】 符号常量的使用。

```
#define  PI     3.1415926                    //定义符号常量PI
#include<iostream.h>
void main()
{
    double area, circum ,r;                  //定义双精度变量area, circum,r
    r=2.0;                                   //将实数2.0赋给双精度变量r
    area=PI*r*r;                             //引用符号常量PI
    cout<<"area = "<<area<<'\n';
    circum=2.0*PI*r;                         //引用符号常量PI
    cout<<" circum = "<< circum <<'\n';
}
```

使用符号常量可以使数据含义清楚，同时也便于该数据的修改。

在C＋＋中，除上面使用预处理命令定义符号常量外，还可以使用声明语句前加const修饰的方法定义符号常量。

【例2.3】 符号常量的使用。

```
#include <iostream.h>
void main()
{
    const  double  PI=3.14159, r=2.0;    //定义符号常量PI , r
    double  area, circum;                 //定义双精度变量area, circum
    //r=3.0  此语句会出错
    area=PI*r*r;                          //引用符号常量PI
    cout<<"area = "<<area<<'\n';
    circum=2.0*PI*r;                      //引用符号常量PI
    cout<<"circum = "<< circum <<'\n';
}
```

注意：符号常量PI和r一经声明后就不能被重新赋值了。

2. 整型常量的表示

整型常量按不同的进制区分有3种表示方法：

(1) 十进制整数常量由0至9的数字组成，如865、－234等。

(2) 八进制整数常量由0至7的数字组成，以0开头为标识，如017、0352等。

(3) 十六进制整数常量由0至9的数字和A到F(不区别大小写)的字母组成，以0X或0x开头，如0X67、0x8A等。

此外，在整型常数后添加一个L(或l)字母表示该数为长整型数，如32L；若加上一个U(或u)字母表示该数为无符号整型数，如567u；若加上一个ul或UL字母表示该数为无符号长整型数，如674ul。

3. 浮点型常量的表示

浮点型常量是由整数部分和小数部分组成的。浮点型常量只有十进制表示。

浮点型常量有两种表示形式：一种是小数表示法。它由整数部分和小数部分组成。这两部分可以省略其中一个，不能两者都省略。如 95. ，.35 ，57.68 等。另一种表示是科学表示法，一般用来表示很大或很小的浮点数，表示方法是在小数表示法后面加 E(或 e)表示指数，指数部分可正可负，但必须是整数。如 3.14e+3，8.1E-5 等。

浮点常量默认类型为 double，浮点型常量后面加字母 F 或 f，表示此数为单精度浮点数；而字母 L 或 l，表示此数为长双精度类型(long double)。如 1234F，0.3e-5f 表示单精度类型，5.3e4L 表示长精度类型。

4. 字符常量的表示

字符型常量分为普通字符常量和转义字符常量两种。

普通字符常量是用单引号括起来的一个字符，如 'b'，'&'，'+'，'g' 等。

转义字符常量是以"\"开头的字符序列。在表 2.4 中列出的字符称为"转义字符"，意思是将反斜杠"\"后面的字符转换成另外的意义。如 '\ n' 中的"n"不代表字母 n 而作为"换行"符。

表 2.4 转义字符及其含义

字符形式	含 义	符 号	ASCII 代码
\a	响铃	BEL	007
\b	退格，将当前位置移到前一列	BS	008
\n	换行，将当前位置移到下一行开头	LF	010
\v	垂直制表，竖向跳格	VT	011
\f	换页，走纸将当前位置移到下页开头	FF	012
\r	回车，将当前位置移到本行开头	CR	013
\t	水平制表(跳到下一个 tab 位置)	HT	111
\\	反斜杠字符"\"	\	092
\'	单引号(撇号)字符	'	044
\"	双引号字符	"	034
\?	问号	?	063
\0	空字符	NUL	0
\ddd	1~3 位八进制数所代表的字符		0DDD
\xhh	1~2 位十六进制数所代表的字符		0xHH

5. 字符串常量

用双引号引起来的一串字符序列称为字符串常量。"abcd"，"Hello!"，"123+28"等都是字符串常量。

字符串常量在存储时，系统会自动在字符串尾部加上一个结束标志 '\0'。但 '\0' 并不是字符串的一部分，它只作为字符串的结束标志。

例如，字符串常量"abcd"，在内存中的存储形式如图 2.5 所示。

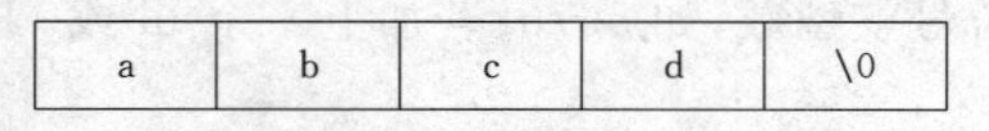

a	b	c	d	\0

图 2.5 字符串存放示例

要注意字符串常量与字符常量的区别：

(1) 表示形式不同，字符常量是单引号，而字符串常量是双引号。

(2) 内存形式不同，字符常量是保存一个相应 ASCII 代码，而字符串常量是保存一串连续的字符，最后加上结束标志 '\0'。

(3) 字符常量没有长度的概念，而字符串常量有长度的概念，比如"123"长度是 3，而""，表示空字符串，长度为零。

(4) 字符常量 'a' 在内存中占一字节(1B)，而字符串常量"a"在内存中占两字节(2B)(包括结束标志 '\0')。

(5) 字符常量使用它的 ASCII 码，可以进行加法和减法运算，比如：'a'＋'c' 是 a 的 ASCII 码与 c 的 ASCII 码相加，是合法的，而字符串常量不能做加减运算，只能做连接、复制等操作。

6. 枚举常量

枚举常量也称为枚举元素，例如，给定下面的枚举类型定义：

enum weekday{sun, mon, tue, wed, thu, fri, sat} workday;

其中 sun，mon，tue，wed，thu，fri，sat 等称为枚举元素常量。

对于枚举类型需要注意以下几点：

(1) 枚举常量不能被赋值，例 sun＝0；是错误的。但枚举元素有自己的值，枚举的第一个元素值为 0，第二个元素值为 1，依次顺序取自然数值。可以把一个枚举元素赋值给一个枚举变量。如：workday＝sun；则 workday 的值为 1。但不能把一个整数值直接赋给枚举变量，如：workday＝0；是错误的，因为 0 是整型数，而 workday 是枚举类型变量，属不同类型。应先强制类型转换才能赋值。如：workday＝(enum weekday)2；

(2) 可以在定义枚举类型时，改变枚举元素的值。如：

enum language{Basic＝3，Assembly，Ada＝100，COBOL，Fortran}；

则 Fortran 的值为 102。因为定义 Ada 为 100，以后顺序加 1，Fortran 为 102。

(3) 枚举元素可以比较大小。如：Basic<Ada，枚举元素的值决定大小。

(4) 若某个变量只存在有限的几种取值，可定义成枚举类型。

2.2.2　关于变量的要点

所谓变量是指在程序的运行过程中，其值可以改变的量。使用变量前必须先定义(声明)，变量是用来保存常量的。变量有三个要素：名字、类型和值。

1. 变量的名字

变量名字是一个标识符，所以要符合标识符的命名规则。变量名字中的字母区别大小写。C＋＋对于变量名字的长度没有限制，变量名的有效长度依赖于机器类型。

在给变量起名时需要注意以下几点：

(1) 系统给定的保留字不能作为变量名(函数名、类型名)等。

(2) 命名变量尽量做到“见名知意”，可增加程序的可读性。

(3) 一般用多个单词命名时，常用下画线来分隔单词，或者中间单词的首字母大写。例如，icebox_price，或 iceboxPrice。

(4) 变量名字一般用小写字母。

2. 变量的类型

每种变量都应该有一种类型，在定义或说明变量时要指出其类型。

变量类型有基本数据类型和构造数据类型。基本数据类型前面已经介绍了,包括:int,short,long,unsigned,char,float,double 等。

一个变量的类型不仅决定了该变量存储在内存中所占的大小(字节数),而且也规定该变量的合法操作。因此,类型对变量来说是很重要的。

3. 变量的值

变量存在有两个有用的值:一个是变量所表示的数据值,另一个是变量的地址值。例如:

```
char d;
d='k';
```

其中,第一个语句是定义一个变量,其名字为 d,类型为 char 型。第二个语句是给变量 d 赋值,使变量所表示的数据为 'k',该值便是存放在变量 d 的内容地址中的值,实际上内存存放的是字符 k 的 ASCII 码值。变量 d 被定义以后,它就在内存中对应存在着一个内存地址值。该地址值可以被求出来。

4. 变量的定义

定义变量是用一个说明语句进行的,其格式如下:

[存储类型] <数据类型> <变量名表>;

当一次定义多个变量时,变量名之间用逗号间隔,例如:

```
int a,b,c;
double f,g,h;
```

其中 a,b,c 被定义成整型变量;f,g,h 被定义成双精度浮点型变量。

定义变量时,要指出变量类型和名字;定义后,系统将给变量分配内存空间,每一个被定义的变量都具有一个内存地址值。

在同一个函数内,不能定义同名变量,在不同函数内可以定义同名变量。

在定义一个变量时可给该变量赋一个初始值。该变量被称为已初始化的变量。例如:

```
double  price=35.7;
int size=53;
```

这里的两个变量 price 和 size 都是被初始化的变量。

一个变量被初始化后,它将保存此值到被改变时为止。当定义一个变量时不初始化该变量,该变量可能保存系统默认值或者保存一个无效的值。

5. 变量的作用域及生存期

变量除了具有数据类型之外,还有存储类别来指出变量的作用域和生存期。在定义变量格式中的存储类型用来说明变量的类别。下面对其简要说明:

(1) auto:动态变量,函数中的局部变量不特别声明都是动态变量,在调用该函数时系统为之分配存储空间,在函数调用结束时就自动释放存储空间。

(2) register:寄存器变量,只有动态变量和形式参数可以作为寄存器变量。它存放在 CPU 的寄存器中,为的是提高使用频繁的变量的时间效率。生存期也是从函数调用开始到函数调用结束。

(3) static:静态局部变量,在编译时分配存储空间,整个程序运行期间都不释放。

(4) extern:外部变量(或全局变量),在函数外部定义,作用域从变量定义处开始,到本程序文件的末尾。编译时分配存储空间。

2.3　指针类型

指针是一种数据类型，具有指针类型的变量称为指针变量。指针变量是用来保存内存单元地址的一种特殊变量。

2.3.1　地址、指针与指针变量之间的联系与区别

1. 什么是地址和指针

计算机内存的存储单元是一个连续编号或编址的空间。也就是说，每一个存储单元都有一个固定的编号，这个编号称为地址。

程序中定义的任何变量名都代表或对应内存中的某个存储单元。变量地址是指变量所占内存单元的编号。

一个变量在内存单元的地址值也称为指针。

2. 什么是指针变量

指针变量是指用来存放一个变量地址的变量。指针变量具有变量的三个基本要素，它与一般变量的不同主要在于类型和值上，因为变量名都是标识符，指针变量名与一般变量名是一样的。指针变量和普通变量的共同点都是代表内存的某个存储单元，在内存中都被映射为地址，不同的是普通变量存储单元中存放的是数据，而指针变量存储单元中存放的是地址。

在不引起混淆的情况下，也将指针变量简称为指针。

3. 如何定义指针变量

要定义一个变量为指针型，需要在该变量前面加上符号“*”。其格式如下所示：

＜数据类型＞　*＜变量名＞，*＜变量名＞，……；

其中，＜数据类型＞是指针所指对象的类型，在 C＋＋中指针可以指向任何 C＋＋类型。＜变量名＞是指针变量名，即在一个声明语句中，如果变量名称前有 * 号，则该变量为一个指针变量。

【例 2.4】　指针的定义及初始化。

```
int a(5);
int *p=&a;
```

这里，定义了一个 int 型变量 a，它被初始化为 5。而 int *p=&a 是定义一个指针 p，p 是一个指向 int 型变量的指针，它被初始化，使 p 指向 int 型变量 a。这里 &a 表示变量 a 的地址值。于是，p 是一个指向变量 a 的指针，p 的数据值便是变量 a 的地址值。p 与 a 这两个变量的关系如图 2.6 所示。变量 a 的地址值设其为 2000H，变量 a 的数据值为 5。指针 p 的地址值设为 3000H，指针 p 的数据值为 2000H，即变量 a 的地址值，因此指针 p 就是指向变量 a 的指针。

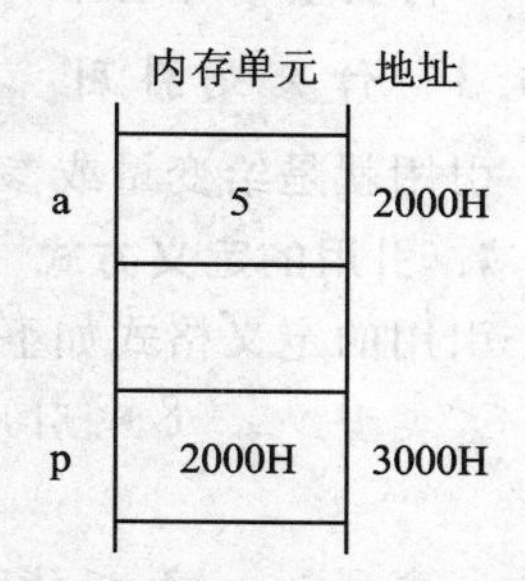

图 2.6　指针变量与内存变量的关系

4. 指针的运算

指针这种特殊的变量可以进行某些运算。一般来说，指针可以做如下 4 种运算：

(1) 赋值运算。指针之间也能够赋值。它是把赋值号右边指针表达式的值赋给左边的指针对象，该指针对象必须在左侧，并且赋值号两边的指针类型必须相同。但有一点例外，那就

是允许把任意类型的指针赋给 void * 类型的指针对象，如：

```
int  a, *p=&a, *q;
q=p;
```

使指针 q 和 p 都指向了 a 变量。

(2) 一个指针可以加一个或减一个整数值。指针加减一个整数相当于指针前移或后移若干个存储单元。

(3) 在一定条件下，两个指针可以相减。比如指向同一数组不同元素的两个指针相减，其差就是这两个指针之间相隔元素个数。

(4) 在一定条件下，两个指针可以相比较。比如指向同一数组元素的两个指针可以比较，当这两个指针相等时，说明这两个指针是指向同一个数组元素的。

2.3.2 什么是直接访问和间接访问

访问内存中的数据有两种方法：一种是利用变量名进行直接访问；另一种是利用指针进行间接访问。

1. 直接访问

用变量名访问时用户不必关心变量所对应的实际地址，只要在程序中给出变量名，由计算机将变量名映射为内存地址，再由地址对内存中的数据进行存取。这种直接按变量地址存取变量值的方式称为直接访问。

在例 2.4 中，如想用 cout＜＜a；语句输出变量 a 的值，执行过程是根据变量名与地址的对应关系，找到变量 a 的地址 2000H，然后从 2000H 开始取出数据 5，把它输出。

2. 间接访问

用指针访问时，通过直接引用内存地址方式来取数据。由于用户并不知道数据在内存中的实际地址，可以把地址放在一种特殊类型的变量中，这一变量即为指针变量，从而把对地址的操作转换为对变量的操作。通过指针来存取数据，访问速度快，效率高，引用方式灵活。这种利用指针变量来对内存变量进行访问的方式称为间接方式。

例如在 cout＜＜a；中也可以用 cout＜＜*p；方式来输出变量 a 的值，执行过程是语句 p=&a，将变量 a 的地址赋给指针变量 p，即 p 指向变量 a，然后用 cout 输出变量 a 的值。

2.3.3 什么是引用

引用就是给变量或参数起个别名。

1. 引用的定义方式

引用的定义格式如下：

＜类型＞ &＜引用名＞(＜变量名＞)；

或者

＜类型＞ &＜引用名＞=＜变量名＞；

通常定义引用时必须初始化。例如：

```
int  a=5;
int  &k=a;
```

这里，k 是一个引用，它是变量 a 的别名。所用在引用上所施加的操作，实质上就是在被引用者上的操作。例如：

k＝k＋5；

实质上是 a 加 5，使 a 值改为 10。

将一个引用赋给某个变量，则该变量将具有被引用的变量的值。例如：

int　h＝k；

这时 h 具有被 k 引用的变量 a 的值，即 10。再比如：

int　＊p＝&k；

这是将指针 p 指向 a 变量。

2. 引用与指针的区别

指针是通过地址间接访问某个变量，而引用是通过别名直接访问某个变量。另外一点区别是引用必须初始化，而一旦被初始化后不得再作为其他变量的别名。

一般情况下，初始化引用时需要用相同类型变量名。但是有时也可以用一个常量对一个引用初始化，这时系统要建立一个临时变量。例如：

int　&w＝350；

将变为

int　z＝350；

int　&w＝z；

这里的 z 是系统建立的临时变量。

也可以用一个不同类型的变量来初始化引用，同样系统也会生成一个临时变量。例如：

float　f＝6.5；

int　&a＝f；

将变成

int　temp＝int(f)；

int　&a＝temp；

引用的用途是用来作函数的参数或函数的返回值。

2.4　结构体与共用体

结构体与共用体之间可以解释为共用体是一种特殊的结构体。它与结构体的相同点与不同点如下：

1. 定义方式相同

除了将关键字 struct 换成 union 以外，结构体的各种方式均与共用体相同。

结构体与共用体类型定义的一般格式如下：

```
struct 结构体名                     union 共用体名
  { 数据类型  成员 1;                { 数据类型  成员 1;
    数据类型  成员 2;                  数据类型  成员 2;
    ……                                 ……
    数据类型  成员 n;};                数据类型  成员 n;};
例如:struct st                         例如:union  xt
  {int x;                              {int y;
   float a;                             char ch;
```

```
    char  * p;                              float z;
    };                                      };
```

2. 引用成员的方式相同

可以定义指向共用体的指针，可以用“. ”或“->”运算来访问共用体的成员。

可以通过结构体变量或结构体指针来引用结构体成员，若有以下定义：

```
struct key
   {int count;
    char word[8];};
    struct key a={12,"abc"}, * p=&a;
```

则引用结构体中的变量 a 的 count 域可以使用以下三种等价形式：

(1) a. count　　(2) p->count　　(3) (* p). count

word 域的首地址表示形式是 a. word，p->word 或(* p). word，不要再加 &。

共用体成员的引用与之相同。有如下定义：

```
union as
{ int x;
  char ch;
}b=8, * p=&b;
```

对共用体变量 b 的 x 域的引用有三种等价形式：

(1) b. x　　(2) p->x　　(3) (* p). x

在上面的定义中，给共用体变量 b 赋初值时，只能给定义中第一个成员赋初值，即给成员 x 赋初值，不能给第二个成员 ch 赋初值。因为与 ch 共用同一存储单元。

3. 赋值方式相同

共用体也不能进行整体赋值、输入和输出，但相同类型的共用体可以相互复制，即把一个共用体整体赋给另一个相同类型的共用体。有如下定义：

```
union skey
{int count;
 char word[8];};
 union skey ep1,ep2;   /* ep1 和 ep2 是两个相同类型的共用体变量  */
```

则允许用：ep1=ep2;来将 ep2 的各个成员值分别复制给 ep1 的对应成员。

4. 可以互相嵌套

即结构体可以是共用体的成员，共用体也可以是结构体的成员。定义如下：

```
union myun
{struct
{int x,y,z;} u;
 int k;}
```

共用体成员 u 是一个结构体类型变量。

5. 存储方式不同

结构体的各个成员各自占用自己的存储单元，各有自己的地址，各个成员所占的存储单元的总和就是结构体的长度。共用体顾名思义，各个成员共占同一存储单元，其长度不确定，是以占用最多存储单元的成员长度做为共用体的长度的，共用体的各个成员的地址都是同一地

址。因此，一个共用体中可能有若干个不同类型的成员，但在每一瞬间只有一个成员起作用，即最近一次访问的成员起作用。

```
struct key
{int count;
 char word[8];}a;
```

```
union skey
{int count;
 char word[8];}b;
```

结构体变量 a 的长度为 10 个字节，取 int、char 之和，而共用体变量 b 的长度为 8 个字节，取 int 与 char 中占用字节长的类型作为共用体的长度。

6. 成员初始化方式不同

结构体通过初始化可以获得各个成员的值，共用体只能初始化它的第一个成员。

```
struct key
 {int count;
  char word[8];}a={12,"abc"};
```

```
union skey
{int count;
 char word[8];}a={12};
```

7. 作为函数参数方式不同

结构体变量可以作为返回值或参数在函数间传递，而共用体变量不能作为参数或返回值，只能使用指向共用体的指针进行传递。

8. 成员的访问方式不同

结构体和共用体访问时的差异在于，同一时间内结构体的各个成员均可访问，而共用体只能访问其中一个，当再次进行访问另一成员时，则上一次成员值被覆盖。这是由其在内存的管理方式决定的。

2.5 枚举类型

枚举也是一种构造类型。它是若干个有名字的整型常量的集合。

枚举类型的定义格式：

enum ＜枚举名＞　{＜枚举表＞}；

其中，enum 是一个关键字，＜枚举名＞是个标识符，＜枚举表＞是由若干个枚举符组成的，多个枚举符之间用逗号隔开。每个枚举符使用标识符表示的整型常量，也称为枚举常量。

例如：

enum day {Sum, Mon, Tue, Wed, Thu, Fri, Sat};

其中，day 是一个枚举名，该枚举表中有 7 个枚举符。每个枚举符所表示的整型数值在默认的情况下，左数第一为 0，第二个为 1，后面总是前一个的值加 1。枚举符的值可以在定义时被显式赋值，被显式赋值的枚举符获得该值，没被显式赋值的枚举符仍按默认值，并按后一个是前一个值加 1 的规律，例如：

enum day {Sum=7, Mon=1, Tue, Wed, Thu, Fri, Sat};

这里，Sum 值为 7，Mon 值为 1，Tue 的值为 2 ，依次增 1。

枚举变量的定义格式：

enum ＜枚举名＞＜枚举变量名表＞；

例如：enum day{sum , mon , tue , wed , thu , fri , sat};

enum day d1,d2,d3;

d1,d2,d3 是三个枚举变量名。这三个枚举变量是属于枚举类型名为 day 的枚举变量，它们的值便是上面枚举表中规定的 7 个枚举符之一。

枚举变量的值是该枚举变量所属的枚举类型表的某个枚举符。例如：

d1＝Sum；

d2＝Fre；

2.6 关于类型定义

1. 什么是自定义类型

上面介绍了 C＋＋语言的大部分数据类型，在 C＋＋中还可以自己定义类型。自定义类型是通过类型定义来给现有类型重新命名。

类型定义的方法是使用关键字 typedef，其格式如下：

typedef　＜原类型名＞＜新类型名表＞；

其中，typedef 是关键字，＜原类型名＞是指已存在的类型。＜新类型名表＞是指被定义的若干个新的类型名，多个类型名用逗号间隔。例如：

typedef double　wages，bonus；

定义了两种新的类型 wages 和 bonus，它们是 double 型的别名。使用 wages 和 bonus 来定义的变量都是 double 型的。例如：

```
wages weekly;
bonus monthly;
```

上面被定义的变量 weekly 和 monthly 都是 double 型的。

2. 自定义类型的主要作用

(1) 改善程序的可读性，增加所定义变量的信息。如 weekly 是双精度类型，表示周工资。

(2) 使变量定义更加简洁。例如：

```
typedef char  * string;
typedef string  months[3];
months spring={"februay","marth","april"};
```

这里，使用新类型 months 来定义一个 char 型的指针数组，在书写上变得简化了。

(3) 提高程序的可移植性。比如在一台计算机上使用 int 型表示数就可以了；可是在另一台计算机上需要用 long 型才可以。这时可用一条类型定义语句，移植程序时，只需修改一下一条这样语句(typedef int integer;)，而不必去改变程序中每一处关于定义 int 型或 long 型的地方。

3. 使用自定义类型需要注意的几点

(1) 可以把已有的各种类型定义成新的类型名，但不能直接定义变量。

(2) typedef 只是对已有的类型名增加一个新的替换名，并不能创造新的类型，也不是取代现有的类型名。

(3) 用 typedef 定义了一个新类型后，可以再用 typedef 将新类型定义成另一个新的类型名，即嵌套定义。

(4) typedef 与 #define 有相似之处，例如：

typedef int INTEGER

与

＃define INTEGER int

都是用 INTEGER 代表 int，但＃define 是在预编译时处理的，它只能做简单的字符串替换，而 typedef 是在编译时处理的，并不是做简单的字符串变换。

例如：typedef　char　STRING[80]；

　　　STRING s；

并不是将 STRING[80]替换 char，而是相当于定义：char s[80]；。

4. 什么是类型表达式

类型表达式是由数据类型名与类型修饰符＊、[ ]、&、和( )所构成的式子。如，int ＊f(double)；其中 int ＊(double)就是类型表达式。

类型定义就是用一个或多个标识符来命名一个类型表达式，从而得到新的类型名。例如：typedef int ＊array[5]；

这里，array 是一个新类型名，它被命名为 int ＊[5]的类型。其中，int ＊[5]是一个类型表达式，说明 array 的类型为 5 个元素的数组，每个元素是一个指向 int 型变量的指针。用 array 来定义变量就是一个具有 5 个指向 int 变量指针的元素的数组。

类型表达式的优先级规定：[ ](下标)和()(函数)最高，＊(指针)和 &(引用)其次，数据类型名最低。

例如：int ＊ s[20]；　　//去掉标识符 s 后，类型表达式为：int ＊[20]；

　　　　　　　　　　　//按优先级解释为：[20]→＊→int

表明 s 是一个具有 20 个元素的数组，每个元素是一个指向 int 型变量的指针。

2.7　运算符

C＋＋提供的运算符按功能分有以下几种：算术运算符、关系运算符、逻辑运算符、位运算符、条件运算符、赋值运算符、逗号运算符、sizeof 运算符及其他运算符。

不同的运算符需要指定的操作数的个数并不相同。根据运算符需要的操作数的个数，可将其分为三种：单目运算符(一个操作数)、双目运算符(两个操作数)和三目运算符(三个操作数)。

每种运算符都有一个优先级。优先级是用来标志运算符在表达式中的运算顺序的。优先级高的先作运算，优先级低的后作运算。

每种运算符除优先级外，还具有运算的结合方向问题，即从左至右，还是从右至左。优先级相同的由结合性决定计算顺序。表 2.5 按优先级次序给出了 C＋＋常用运算符。

表 2.5　C＋＋常用运算符的功能、优先级和结合性

优先级	运算符	功能说明	结合性
1	( )	改变优先级	从左至右
	::	作用域运算符	
	[ ]	数组下标	
	.、->	成员选择符	
	.、＊、->	成员指针选择符	

续表 2.5

<table>
<tr><th>优先级</th><th>运算符</th><th>功能说明</th><th>结合性</th></tr>
<tr><td rowspan="10">2</td><td>++、--</td><td>增1,减1运算符</td><td rowspan="10">从右至左</td></tr>
<tr><td>&</td><td>取地址</td></tr>
<tr><td>*</td><td>取内容</td></tr>
<tr><td>!</td><td>逻辑求反</td></tr>
<tr><td>~</td><td>按位求反</td></tr>
<tr><td>+、-</td><td>取正数,取负数</td></tr>
<tr><td>()</td><td>强制类型转换</td></tr>
<tr><td>sizeof</td><td>取所占内存字节数</td></tr>
<tr><td>new、delete</td><td>动态存储分配</td></tr>
<tr><td>3</td><td>*、/、%</td><td>乘法,除法,取余</td><td rowspan="12">从右至左</td></tr>
<tr><td>4</td><td>+、-</td><td>加法,减法</td></tr>
<tr><td>5</td><td><<、>></td><td>左移位,右移位</td></tr>
<tr><td>6</td><td><、<=、>、>=</td><td>小于,小于等于,大于,大于等于</td></tr>
<tr><td>7</td><td>==、!=</td><td>相等,不等</td></tr>
<tr><td>8</td><td>&</td><td>按位与</td></tr>
<tr><td>9</td><td>^</td><td>按位异或</td></tr>
<tr><td>10</td><td>|</td><td>按位或</td></tr>
<tr><td>11</td><td>&&</td><td>逻辑与</td></tr>
<tr><td>12</td><td>||</td><td>逻辑或</td></tr>
<tr><td>13</td><td>?:</td><td>三目运算</td></tr>
<tr><td>14</td><td>=、+=、-=、*=、/=、%=、&=、^=、|=、<<=、>>=</td><td>赋值运算符</td></tr>
<tr><td>15</td><td>,</td><td>逗号运算符</td><td>从左至右</td></tr>
</table>

下面按功能分类介绍C++的运算符。

2.7.1 算术运算符

1. C++基本算数运算符

C++提供几种基本算术运算符,如表2.6所列。

表 2.6 基本算术运算符

运算符	名 称	实 例
+	加、取正	12+4.9//得出16.9,+5
-	减、取负	3.98-4//得出-0.02,-5
*	乘	2*3.4//得出6.8
/	除	9/2.0//得出4.5
%	取余	13%3//得出1

其中取正和取负是单目运算。另外这 5 个算术运算符都是双目运算符。

取正、取负运算的优先级相同，且高于其余 5 个算术运算，其中运算符 *、/、%的优先级相同，且高于＋、－。

取正、取负运算的结合方向是从右至左，而其他 5 种运算的结合方向是从左至右。

除%运算符外，其他算术运算符的两个操作数可以是整型和浮点型的混合类型，运算结果的数据类型是：两个操作数的数据类型中，具有较高级别的数据类型。

当除运算符/的两个操作数均为整数时，所得的结果被取整。

2. 自增、自减运算符

单目运算有＋＋(增 1)、－－(减 1)，如表 2.7 所列。

表 2.7　自加和自减运算符

运算符	名　称	实　例
＋＋	自加(前缀)	＋＋variable＋10//得出 16，variable 变为 6
＋＋	自加(后缀)	variable＋＋＋10//得出 15，variable 变为 6
－－	自减(前缀)	－－variable＋10//得出 14，variable 变为 4
－－	自减(后缀)	variable－－＋10//得出 15，variable 变为 4

＋＋是自增运算符，－－自减运算符，这两个运算符都是单目运算符，且功能相近，都是将数值变量的值加 1 或减 1，用户只能将这类操作符应用于变量而不能应用于常量。

这两种运算的优先级相同，结合方向都是从右至左。

表达式＋＋variable、－－variable 称为前缀方式，而表达式 variable＋＋、variable－－称为后缀方式，其目的都是使 variable 加 1(减 1)。二者的区别是：前缀式先将操作数增 1(或减 1)，然后取操作数的新值参与表达式的运算。后缀是先将操作数增 1(或减 1)之前的值参与表达式的运算，到表达式的值被引用之后再做加 1(或减 1)运算。

2.7.2　关系运算符

C＋＋提供 6 种关系运算符，用于数值之间的比较，表达式的值或为 1(表示 true)，或为 0(表示 false)，如表 2.8 所列。

表 2.8　关系运算符

运算符	名　字	实　例
＝＝	等于	5＝＝5　//得出 1
!＝	不等于	5!＝5　//得出 0
＜	小于	5＜5.5　//得出 1
＜＝	小于或等于	5＜＝5　//得出 1
＞	大于	5＞5.5　//得出 0
＞＝	大于或等于	6.3＞＝5　//得出 1

注意：＜＝和＞＝运算符不能写成＝＜和＝＞，＝＜和＝＞是无效的运算符。关系运算符的操作数应当是一个数值，字符是有效的操作数，因为它们是用数值来表示的。字符串不能用关系运算符比较，需要使用库函数比较字符串大小。

关系运算符都是双目的，其中<、<=、>、>=的优先级高于==、!=，结合方向都是从左至右。

2.7.3 逻辑运算符

单目逻辑运算符有：!（逻辑求反）。

双目逻辑运算符有：&&（逻辑与）、||（逻辑或）。

其中，逻辑非！的优先级最高，逻辑与的优先级高于逻辑或。

逻辑非“!”的结合方向是从右至左，而逻辑与“&&”和逻辑或“||”的结合方向为从左至右。

由逻辑运算符组成逻辑表达式，其类型是 bool 型，有些编译系统没有这种类型时，将规定：非零为真，真用 1 表示；0 为假，假用 0 表示。

求反是真值求反后为假，假值求反后为真。

逻辑与是两个操作数都为真时结果为真，有一个操作数为假时结果为假。

逻辑或是两个操作数都为假时结果为假，有一个操作数为真时结果为真。

2.7.4 位运算符

位操作运算符是用来进行二进制位运算的运算符，分为两类：逻辑位运算符和移位运算符。

1. 逻辑位运算符

单目逻辑位运算符：~（按位求反）。

双目逻辑位运算符：&（按位与）、|（按位或）、^（按位异或）。

其中，在双目逻辑位运算符中按位与“&”的优先级高于按位异或“^”，按位异或“^”的优先级高于按位或“|”。结合方向是从左至右。

逻辑位运算符实质上是算术运算符，因为用该运算符组成的表达式的值是算术值。

按位求反是将各个二进制由 1 变 0，由 0 变 1。

按位与是将两个二进制位的操作数从低位（最右边位数）到高位依次对齐后，每位求与，结果是只有两个 1 时才为 1，其余为 0。

按位或是将两个二进制位的操作数从低位到高位依次对齐后，每位求或的结果是只有一位为 1 时就为 1，其余为 0。

按位异或是将两个二进制位的操作数从低位到高位依次对齐后，每位求异或的结果是只有两位不同时为 1，否则为 0。

2. 移位运算符

移位运算符都是双目的，它们是：<<（左移），>>（右移）。

移位运算符组成的表达式的值也是算术值。

左移是将一个二进制的数按指定移动的位数向左移位，移掉的被丢弃，右边移出的空位一律补 0。

右移是将一个二进制的数按指定移动的位数向右移位，移掉的被丢弃，左边移出的空位或者一律补 0，或者补符号位（由机器而定）。在使用补码作机器数的机器中，正数的符号为 0，负数的符号位为 1。

移位运算优先级高于逻辑位运算，结合方向也是从左至右。

2.7.5 赋值运算符

C++赋值运算符有两类：一类是简单赋值运算符；另一类是复合的赋值运算符。

简单赋值运算符有：=（赋值运算符），作用是将一个表达式的值赋给一个变量。例如：

int a(5)；

a=a+26；

即把 a 加 26 的值 31 赋给变量 a。

复合赋值运算符有：+=（加赋值）、-=（减赋值）、*=（乘赋值）、/=（除赋值）、%=（求余赋值）、&=（按位与赋值）、|=（按位或赋值）、^=（按位异或赋值）、<<=（左移位赋值）、>>=（右移位赋值）。

复合赋值运算符是一种运算表达式简化的方法。例如：

int a(5)；

a*=26；

表达式 a*=26 等价于：a=a*26；

即是将变量 a 的值乘以 26 以后，将其积值赋给变量 a，这时 a 的值为 130。

赋值运算符都是双目的，优先级相同，结合方向是从右向左。

2.7.6 其他运算符

1. 条件运算符

也称三目运算符，C++中仅有一个三目运算符。该运算符需要三个操作数，是一种功能很强的运算符。条件运算符格式如下：

<操作数 1>？<操作数 2>：<操作数 3>

功能是先计算<操作数 1>的值，并且进行判断，如果为非零，则表达式的值为<操作数 2>的值，否则表达式的值为<操作数 3>的值，而表达式的类型为<操作数 2>和<操作数 3>中类型较高的那个的类型。结合方向是从右至左。

2. 与地址有关的运算符

指针运算符包括取地址运算符"&"和值引用运算符"*"，它们都是单目运算符，使用的格式分别为：&<变量>其中变量是一个已经声明过的变量名。

*<指针变量>其中指针变量是一个指针变量名。

如 int a,b=5,*p=&b,a=*p;

其中 &b 表示变量 b 的地址，p 赋初值为 &b，*p 表示指针变量 p 所指向的变量 b，再把变量 b 中的值 5 赋给变量 a。

地址运算符"&"与值引用运算符"*"具有相同的优先级，结合方向都是从右至左。

3. 逗号运算符

逗号运算符是将两个或两个以上的式子连接起来，即使用逗号运算符","可以将多个表达式组成一个表达式。逗号运算符格式如下：

<操作数 1>，<操作数 2>，<操作数 3>……

其中，<操作数 1>，<操作数 2>，<操作数 3>可为表达式。整个逗号表达式的值和类型由最后一个表达式决定，其优先级是所有运算符中最低的，计算一个逗号表达式的值时，从左至右依次计算各个表达式的值，最后计算的一个表达式的值和类型便是整个逗号表达式的

值和类型。

逗号运算符并未进行实际的数据处理，但它可以使程序简明。

4. 求数据类型字长运算符

sizeof 运算符是用来返回其后的类型说明符或表达式所表示的数在内存中所占有的字节数的。该运算符有两种使用形式如下：

sizeof(＜类型说明符＞)；

sizeof(＜表达式＞)；

如：

```
int a[5];                   //定义数组 a 为整型变量
sizeof(int);                //返回 int 型数占内存的字节数
sizeof  a;                  //数组 a(表达式)占内存的字节数
sizeof(a)/sizeof (int);     //数组 a 的元素个数
```

当表达式为变量名时，括号()可以省略。使用 sizeof 运算符可测试 C++中的各种数据类型在使用的机器上所占内存的字节数，了解不同类型数据在系统内实际分配的内存情况。

5. 强制类型转换运算符

该运算符用来将指定的表达式的值强制转换为所指定的类型。该运算的使用格式如下：

＜类型说明符＞(＜表达式＞)；

或

(＜类型说明符＞)＜表达式＞；

将所指定的＜表达式＞的类型转换为指定的＜类型说明符＞所说明的类型。例如：

```
int  a;
double b=3.8741;
a=int(b)+(int)b;
```

这里，a 的值为 6。因为 nt(b)的值和(int)b 的值都是 3。

2.8 表达式

2.8.1 表达式的种类

表达式是由运算符和操作数组成的符合 C++语法规则的式子。运算符就是前面介绍过的那些。操作数包含了常量、变量、函数和其他一些命名的标识符。最简单的表达式是常量和变量。C++中由于运算符很丰富，因此表达式的种类也很多。常见的表达式有如下 6 种，如表 2.9 所列。

表 2.9 表达式分类

表达式名称	运算符	实 例
算术表达式	+、-、*、/、%、++、--、&、^、|、~、<<、>>	35*a-5/2.0+19%7
关系表达式	>、>=、<、<=、!=、==	'k'>='p'<'9'
逻辑表达式	!、&&、||	a&&8||7&&(! a)
条件表达式	?:	a>=0? ++a:--a
赋值运算符	=、+=、-=、*=、/=、%=、&=、|=、^=、<<=、>>=	a<<=4
逗号表达式	,	a*5,a=10,a-=4

注意以下两点：

(1) 在表达式中，连续出现两个运算符时，最好用空格符分隔。如：

```
int  a(5),b(2);
a+ ++b;
```

这里连续出现+和++两个运算符，中间用空格符分开了。如果上述表达式，写成如下形式：a+++b

编译系统将按尽量取大的原则来分割多个运算符，理解为 a++ +b。

(2) 在写表达式中，不清楚运算符的优先级时，用括号来确定运算符组合。

2.8.2　表达式的值和类型

任何表达式经过计算都应有一个确定的值和类型。在计算一个表达式的值时，应注意下面两点。

1. 明确运算符的功能

在 C++的运算中，有些运算符相同但功能不同，因此要先确定其功能。例如，运算符"*","&","-",它们有时是单目运算符，有时是双目运算符，在计算前要分清楚。还有的运算符可以重载，即一个运算符还可被定义成不同的功能。

2. 明确计算顺序

一个表达式的计算顺序是由运算符的优先级和结合性来决定的。优先级高的先算，优先级低后算。在优先级相同的情况下，由结合性决定。结合性分左结合与右结合。

一个表达式的类型是由运算符的种类和操作数的类型决定的。

(1) 算术表达式

算术表达式是由算术运算符和位操作运算符以及操作数组成的符合语法的式子，其表达式的值是一个数值。表达式的类型具体地由运算符合和操作数决定。

例如：
```
int  a(2),b(3),c(4);
     a*=16+(b++)-(++c);
     a=7*2+-3%5-4/3;
```

分析：第一个表达式从左到右扫描。()的优先级最高，所以先计算 b++，b++表达式的值为 b 的值(先引用 b 的值，再对 b 进行自加)，再计算++c 表达式的值为 c+1 即为 5(先对 c 进行自加，再计算表达式的值)。再计算 16+3-5 值为 14。*=为复合赋值运算符，a*14。故原式=2*14=28。

第二个表达式先计算 3 取负，然后计算 2*7=14，然后计算-3%5= -3,4/3=1，最后表达式的值为 10。

(2) 关系表达式

由关系运算符及操作数组成的符合语法的式子称为关系表达式。关系表达式的运算结果为逻辑型，常用在条件语句和循环语句中的条件表达式。关系表达式值的类型是逻辑类型。在有些编译系统中没有 bool 类型时，将逻辑值用 1 和 0 表示。其中，1 表示真，0 表示假。

【例 2.5】　分析下面程序的结果。

```
#include<iostream.h>
void main( )
{
```

```
    int x=10,y=20,z=30;
    if (x>y) z=x;
    x=y;y=z;
    cout<<x<<","<<y<<","<<z<<endl;
}
```

分析:此程序为一个简单的条件判断程序,根据题目条件 x=10,y=20,不满足条件 x>y,所以 z=x;不被执行,只执行 x=y;y=z;语句,结果 x 被赋于 y 值 20,y 被赋于 z 值 30。

(3) 逻辑表达式

逻辑运算符及操作数组成的符合语法的式子称为逻辑表达式。逻辑表达式的值为逻辑型,结果为 1 和 0。

&&(逻辑与)运算符只有当前面的运算量不等于 0 时,才继续进行右面的运算。对||(逻辑或)运算符来说,只有左面的运算量等于 0 时,才进行其右面的运算。例如,(a>b) && c,当 a=1,b=2 时,a>b 的值为 0,因此整个表达式的值就为 0,无需再与 c 求与运算。

任何类型的数据都可以以 0 和非 0 来判定属于"真"或"假"。例如,'c'||'d' 的值为 1(因为 'c' 和 'd' 的 ASCII 值都不为 0,按"真"处理)。

再比如:4.5&&0 的值为 0(因为 4.5 非 0,按 1 处理,它与 0 相与,值为 0)。

(4) 条件表达式

由三目运算符"?:"及操作数组成的符合语法的式子为条件表达式。例如,a>b? x=4:x=9;条件表达式的值取决于"?"前面的表达式的值,该表达式的值为非 0 时,整个表达式的值为":"前面的表达式的值,否则为":"后面的表达式的值。

【例 2.6】 分析下面程序的运行结果。

```
#include<iostream.h>
void main()
{
    int a=3,b=4,c;
    c=a>b? ++a:++b;
    cout<<a<<","<<b<<","<<c<<endl;
    c=a-b? a-3? b:b-a:a;
    cout<<a<<","<<b<<","<<c<<endl;
}
```

分析:此程序为一个实现条件运算的程序,根据三目运算符"?:"的规则,第一个赋值语句是先判断条件表达式 a>b 是否成立,由 a,b 的初值可知,表达式 a>b 不成立,因此 c 的值为++b,即 c 的值为 5,b 值为 5,而 a 的值没有改变。

第二个赋值语句是嵌套的条件运算(结合方向是左结合),由于 a-b 非 0,所以判断 a-3,由于 a-3 等于 0,所以 c 取值为 b-a,即 c 的值为 2。

(5) 赋值表达式

由赋值运算符及操作数组成的符合语法的式子为赋值表达式。赋值运算符除了"="之外还有十个复合赋值运算符,这是赋值和运算相结合的运算符。赋值运算符的结合性是由右至左,因此,C++程序中允许出现连赋值的情况。

例如,下面的赋值是合法的。

```
int a,b,c,d;
a=b=c=d=5/2;
```

这里先计算 5/2 结果为 2，再赋值给 d，结果 d=5/2 表达式的值为 2，再将这个值赋给 c，以此类推，结果 a，b，c，d 的值均为 2。

在计算复合赋值运算符表达式中，首先计算右边表达式的值后再与左边变量运算。例如：

```
int a=3,b=4;
a*=b+1;
```

这里先计算 b+1 等于 5，再与 a 相乘赋值给 a，结果等于 15。

(6) 逗号表达式

逗号表达式是用逗号将若干个表达式连起来组成的表达式。该表达式的值是组成逗号表达式的若干个表达式中的最后一个表达式的值，类型也是最后一个表达式的类型。

逗号表达式的计算顺序是自左至右。

【例 2.7】 分析下面程序的运行结果。

```
#include<iostream.h>
void main()
{
    int a,b,c;
    a=1,b=2,c=a+b+3;
    cout<<a<<','<<b<<','<<c<<endl;
    c=(a++,a+=b,a-b);
    cout<<a<<','<<b<<','<<c<<endl;
}
```

分析：此程序为一个逗号运算的程序，根据逗号运算符的规则，在语句“a=1，b=2，c=a+b+3；”中 a 赋值为 1、b 赋值为 2、c 赋值为 6。

在语句“c=(a++，a+=b，a-b)；”先计算第一个表达式，即 a 增 1，a 的值为 2，再计算第二个表达式，即 a=a+b，a 的值为 4，最后计算第三个表达式，a-b 赋给 c，即 c 的值为 2。

2.8.3　表达式中的类型转换

类型转换是指把一种类型的数据转换成另一种类型的数据，由于各种数据类型在表示范围和精度上是不同的，所以有的转换不会丢失数据的精度，而有的转换会丢失数据的精度。类型转换有分两种：隐含转换和强制转换。

1. 隐式转换

一般地，对于双目运算中的算术运算符、关系运算符、逻辑运算符和位操作运算符组成的表达式，要求两个操作数的类型一致。如果操作数的类型不一致，则转换为高的类型。

各种数据类型的高低顺序如图 2.7 所示。

说明：←表示必定的转换，↑表示运算对象类型不同时转换。

例如：

```
char   ch;
int    i;
float  f;
double d;
```

则表达式 ch/i+f*d-(f+i)的运算次序及类型转换如图 2.8 所示。

2. 强制转换

这种转换是将每种类型强制性地转换为指定的类型。

强制类型转换又分为显式强制转换和隐式强制转换两种。

显式强制转换是通过强制转换运算符来实现的。其格式有如下两种：

<类型说明符>(<表达式>)

或者

(<类型说明符>)<表达式>

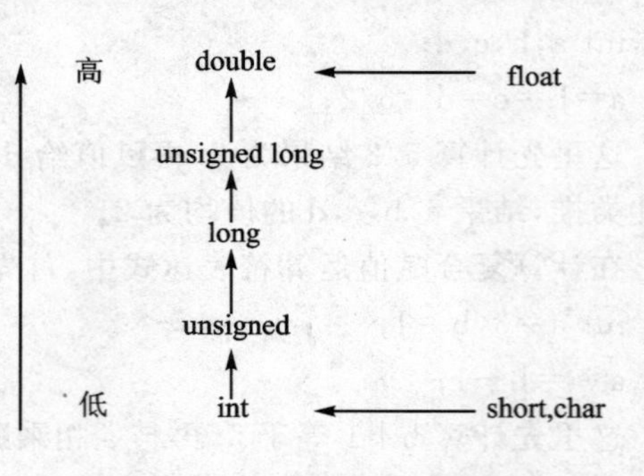

图 2.7　数据类型的高低顺序

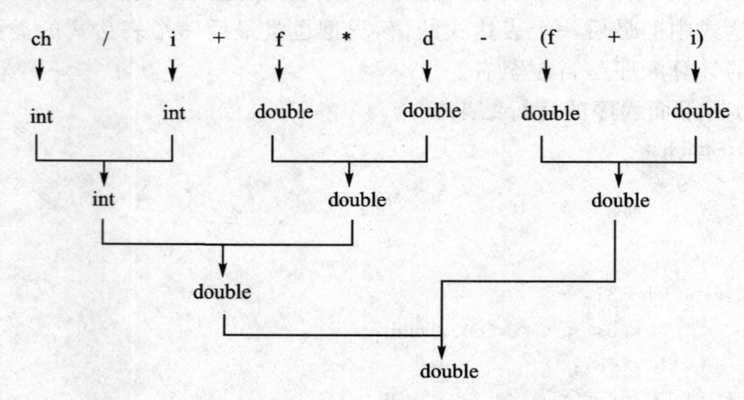

图 2.8　隐含转换分析

其作用是将其<表达式>的类型强制转换成<类型说明符>所指定的类型。这种转换有两点要说明的：

(1) 这是一种不安全的转换。因为强制转换可能会出现将高类型转换为低类型的情况，这时数据精度要受到损失。例如：

```
double f=5.756;
int    d;
d=int(f);
```

或者

```
d=(int) f;
```

这时，d 的值为 5。因为 double 型的 f 被强制转换为 int 型时，其小数部分被舍弃。

(2) 这种转换是暂时性的，例如：

```
int   a;
float   b(3.5678);
a=double(b);
cout<<a<<b<<endl;
```

则输出的 a 值是 3，b 值是 3.5678。

隐式强制转换有如下两种情况：

(1) 在赋值表达式中，当赋值号左端的变量和右端的值类型不同时，一律将右端值类型强制转换为左端变量类型。例如：

```
int  a;
float b(5.67);
a=b;
```

在表达式 a=b 中,将右端 b 的值强制转换成为 int 型值 5,然后赋给左端变量 a。

(2) 在函数有返回值的调用中,如果返回值和接收函数的类型不一致时,总是将 return 后面的表达式的类型强制转换为该函数的类型。

2.9　习题二

一、填空题

1. C++基本数据类型包括包括整型、逻辑型、空类型和______。
2. 表示十六进制整型常量的标识是______。
3. 字符常量与字符串常量的区别是______。
4. 定义符号常量的两种方法分别是______。
5. 变量的三个要素分别是______。
6. 指针类型与变量地址什么关系______。
7. 指针可以做哪些运算______。
8. 结构体类型与共用体类型之间的区别是______。
9. 引用类型与指针类型之间的区别是______。
10. C++语言中,包括的运算种类有______。
11. C++语言中,针对运算对象个数其运算符可以分为单目、______。
12. C++语言中,逻辑运算符包括______三种。
13. C++语言中,表达式总共包括______六种。
14. C++语言中,表达式的计算运算的规则是______。
15. C++语言中,表达式中的数据类型转换规则是______。

二、选择题

1. 以下说法中正确的是(　)。
   A. 一个结构只能包含一种数据类型　B. 不同结构中的成员不能有相同的成员名
   C. 两个结构变量不可以进行比较　D. 关键字 typedef 用于定义新的数据类型
2. 在 16 位机中,int 型字宽为(　)字节。
   A. 2　B. 4　C. 6　D. 8
3. 下列不正确的转义字符是(　)。
   A. '\\'　B. '\"　C. '074'　D. '\0'
4. 以下所列字符常量中,不合法的是(　)。
   A. '\0xff'　B. '\65'　C. '$'　D. '\x2a'
5. 下列字符常量表示中,(　)是错误的。
   A. '\105'　B. '*'　C. '\4f'　D. '\a'
6. 下列十六进制的整型常数表示中,(　)是错误的。
   A. Oxaf　B. OXlb　C. 2fx　D. OxAE
7. 下列各运算符中,(　)可以作用于浮点数。

A. ＋＋　　B. ％　　C. ＞＞　　D. ＆

8. 下列各运算符中，(　)优先级最高。

A. ＋(双目)　　B. ＊(单目)　　C. ＜＝　　D. ＊＝

9. 下列各运算符中，(　)不能作用于浮点数。

A. ||　　B. ＆＆　　C. !　　D. ～

10. 下列各运算符中，(　)优先级最低。

A. ?:　　B. |　　C. ||　　D. !＝

11. 下列各运算符中，(　)运算的结合性从左到右。

A. 三目　　B. 赋值　　C. 比较　　D. 单目

12. 若有以下定义：

char a; int b;

float c; double d;

则表达式 a＊b＋d－c 结果值的类型为( )。

A. float　　B. int　　C. char　　D. double

13. 表示关系 x＜＝y＜＝z 的 C＋＋语言表达式为(　)。

A. (X＜＝Y) ＆＆ (Y＜＝Z)　　B. (X＜＝Y) AND (Y＜＝Z)

C. (X＜＝Y＜＝Z)　　D. (X＜＝Y) ＆ (Y＜＝Z)

14. 设有变量说明“int x;”，则表达式“(x＝4＊5，x＊5)，x＋25”的值为(　)。

A. 20　　B. 45　　C. 100　　D. 125

15. 设有以下语句后，则表达式执行后，m 的值为(　)。

int m＝4;

m＋＝m＊＝m－＝m/＝m;

A. 12　　B. 0　　C. 16　　D. 8

16. 下列表达式中，错误的是(　)。

A. 4.0％2.0　　B. k＋＋＋j　　C. a＋b＞c＋d? a:b　　D. x＊＝y＋25

17. 设有说明“int x＝2，y＝3;”，则“＋＋x＞y－－? x:y”的值为(　)。

A. 1　　B. 2　　C. 3　　D. 4

18. 设有说明“int x＝1，y＝1，z＝1，c;”，执行语句“c＝－－x＆＆－－y||－－z;”后，x、y、z 的值分别为(　)。

A. 0，1，1　　B. 0，1，0　　C. 1，0，1　　D. 0，0，1

19. 以下所列语句中，合法的语句是(　)。

A. a＝1，b＝2　　B. ＋＋a;　　C. a＝a＋1＝5;　　D. y＝int(a);

20. 下列各表达式中，(　)有二义性。已知：int a(5)，b(6);

A. a＋b＞＞3　　B. ＋＋a＋b＋＋　　C. b＋(a＝3)　　D. (a＝3)－a－－

21. 在 int a＝3，＊p＝＆a;中，＊p 的值是(　)。

A. 变量 a 的地址值　　B. 无意义

C. 变量 p 的地址值　　D. 3

22. 下列关于指针的运算中，(　)是非法的。

A. 两个指针在一定条件下，可以进行相等或不等的运算

B. 可以用一个空指针赋值给某个指针

C. 一个指针可以加上两个整数之差

D. 两个指针在一定条件下，可以相加

23. 已知：double m＝3.2；int n＝3；则下列表达式中合法的是(　)。

A. m<<2　　B. (m＋n)|n　　C. ！m＊＝n　　D. m＝5，n＝3.1，m＋n

24. 下列关于类型转换的描述中，(　)是错误的。

A. 在不同类型操作数组成的表达式中，其表达式类型一定是最高类型 double 型

B. 逗号表达式的类型是最后一个表达式的类型

C. 赋值表达式的类型是左值的类型

D. 在由低向高的类型转换中是保值映射

25. 下列表达式中，(　)是非法的。已知：int a＝5；float b＝5.5；

A. a%3＋b　　B. b＊b&&＋＋a

C. (a>b)＋(int(b)%2)　　D. －－－a＋b

26. 在 int a＝3，＊p＝&a；中，＊p 的值是(　)。

A. 变量 a 的地址值　　B. 无意义

C. 变量 p 的地址值　　D. 3

第3章 控制结构

本章学习目标

1. 学会使用预处理；
2. 熟练掌握顺序结构程序设计方法；
3. 熟练掌握选择结构设计方法；
4. 熟练掌握循环结构设计方法；
5. 掌握控制转移语句使用方法。

3.1 编译预处理

3.1.1 编译预处理的作用

为了C++程序能够使用外部文件中的程序代码，C++源代码中可以使用预处理命令对程序的编译环境进行扩充。预处理命令不属于C++语言部分。预处理命令在程序中以“#”引导，每条预处理命令必须单独占用一行，由于它不是C++的语句，因此一般在结尾处没有分号“;”。

3.1.2 编译预处理语句

C++提供了3类预处理命令：文件包含命令、宏定义命令和条件编译命令。主要包括：#include，#define，#error，#if #else，#elif，#endif，#ifdef，#ifndef，#undef，#line，#pragma 等。其中重点掌握#include，因为其他预处理在标准C++中可用其他命令代替。

1. 文件包含的使用和注意事项

#include 指令将该指令所指出的另一个源文件嵌入到#include 指令所在的程序，这样可以减少代码的重复编写，提高效率。

格式1：#include <文件名>

格式2：#include "文件名"

这里的文件可以是任何一种C++源程序文件(.cpp,.hpp,.h)，但使用最多的是头文件。

第一种格式一般用于包含系统头文件，主要在系统目录中查找文件，因此速度较快。第二种格式会在更多的目录下查找，如程序文件所在的目录和系统目录等，因此查找速度会较慢。

注意：

① 文件包含命令应该放在源程序的开始处。

② 一条文件包含命令只能包含一个文件。

2. 宏定义的用法和注意事项

宏定义也叫宏替换，可以定义符号常量或宏。#define 指令的一般格式为：

(1) 定义符号常量

#define 符号常量标识符 标识内容

如，＃define PI 3.14

(2) 定义宏

＃define　宏标识符　字符串

如，＃define ADD(X,Y) X＋Y

(3) 取消宏定义

＃undef　标识符

注意：

① 在定义符号常量时常量名习惯上用大写，以区别变量名。

② 定义符号常量尽量用 const double PI＝3.14；代替。

【例 3.1】 分析下面程序的运行结果。

```
#include<iostream.h>
void main()
{
    double    pi(3.14);
    #define pi 3.142
    #define area(r) pi*(r)*(r)
    int r(3);
    cout<<area(r+1)<<endl;      //3.142*(3+1)*(3+1)
    #undef pi
    cout<<area(r+1)<<endl;      //3.14*(3+1)*(3+1)
    #define pi 3.1416
    cout<<area(r+1)<<endl;      //3.1416*(3+1)*(3+1)
}
```

程序运行结果：

```
50.272
50.24
50.2656
```

3. 条件编译

条件编译的作用是使定义的内容在满足一定的条件时参与编译，否则不参与编译。常用条件编译有三种，由于它们可用其他命令代替，所以只简单介绍其用法。

用法一：

```
#if  常量表达式 1
    程序段 1;
#elif 常量表达式 2
    程序段 2;
#elif 常量表达式 3
    程序段 3;
    ……
#else
    程序段 n;
```

```
#endif
```

含义:如果 if 后面的常量表达式 1 成立,则程序段 1 参与编译;否则判别 elif 后面的常量表达式 2 是否成立,成立,程序段 2 参与编译;依次类推。如果后面的所有 elif 的表达式都不成立,则 else 后面的程序段 n 参与编译。

【例 3.2】 分析下面程序的运行结果。

```
#include<iostream.h>
#define X -10
void main()
{
    #if X>0
        cout<<"X>0"<<endl;
    #elif X<0
        cout<<"X<0"<<endl;
    #else
        cout<<"X==0"<<endl;
    #endif
}
```

运行结果为:X<0

用法二:

```
#ifdef 宏替换名
    程序段 1;
#else
    程序序段 2;
#endif
```

含义:如果宏替换名定义过,则程序段 1 参与编译;否则程序段 2 参与编译。

此用法相当于

```
#if define(宏替换名)
```

用法三:

```
#ifndef 宏替换名
    程序段 1;
#else
    程序序段 2;
#endif
```

含义:如果宏替换名未定义过,则程序段 1 参与编译;否则程序段 2 参与编译。

此用法相当于

```
#if ! define(宏替换名)
```


3.2 顺序结构

3.2.1 C++输入输出

C++中输入输出方法可以分两类:一类是 C++保留的来自 C 语言的输入输出功能,通

过输入输出函数完成，函数定义包含在 stdio.h 文件中；另一类是 C++通过输入输出流对象进行输入输出，C++的输入输出功能包含在 iostream 类库中。其中 iostream.h 包含了大部分功能。具体用法将在第10章详细介绍，这里为编程方便，简单加以说明。

1. 保留C语言的输入输出函数

保留C语言的输入输出函数有字符输入函数 getchar()、字符输出函数 putchar()、格式化输入函数 scanf()和格式化输出函数 printf()等。

int getchar(void)：从标准输入设备输入一个字符，读入的字符以整数形式返回，而且该字符回显在显示器屏幕上。

int putchar(int c)：向标准输出设备输出 c 所代表的一个字符。

scanf(<格式控制字符串>,<参数列表>)：按照格式控制字符串指定的方式从键盘输入数据到参数列表中。

printf(<格式控制字符串>,<参数列表>)：按照格式控制字符串指定的方式将参数列表中内容依次输出。

2. C++流输入输出

主要有 cin 对象和 cout 对象，它们都包含在 iostream.h 中。

cout<<表达式，将表达式值输出到屏幕上，表达式可以是基本类型的常量、变量或者由它们组成的表达式。

cin>>变量，从键盘读入一个数据并存在变量中，该变量一般是算术类型的。

3.2.2 顺序结构程序

1. 什么是顺序结构

所谓顺序结构，就是按照语句的顺序一条一条地执行。顺序控制语句是一类简单的语句，包括声明语句、表达式语句、空语句、输入输出语句和复合语句等。

2. 表达式语句的用法

任何一个表达式末尾加上分号就可以构成表达式语句，下面给出常用的几种表达式语句：

```
a+b;
++i;
sum=a+b;
sum(a,b);
```

3. 空语句

空语句是指只有一个分号的语句。空语句在程序执行时不产生任何动作。程序设计中有时需要加一个空语句来表示存在一条语句，如：

```
for(sum=0,i=0;i<100;sum+=i,i++);
```

此处的分号就代表一条空语句，表示循环体不需要执行任何操作。

注意：随意加分号会导致逻辑上的错误，需要慎用。

4. 复合语句

复合语句也可称为“语句块”，是用一对花括号把若干语句括起来的一个语句组。在语法上被视为一条语句，花括号内的语句数量不限。格式为：

```
{
    语句组
```

}

在复合语句内，不仅可以有执行语句，还可以有定义语句。复合语句右花括号的后面不必加分号。当程序中某个位置在语法上应该是一条语句，而需要用多条语句才能完成时，就可以用复合语句。

3.3 选择结构

选择结构程序根据条件做出选择，有时只有一个条件可供选择，就是单分支结构；有时提供两个条件只能选其一，就是双分支结构；有时可以从多个条件选其一，就是多分支结构。选择结构语句有 if 语句和 switch 语句。

3.3.1 if 语句

1. if 语句的语法格式

if 语句格式为：

```
if (条件 1)
    语句 1
else if(条件 2)
    语句 2
……
else if(条件 n)
    语句 n
else
    语句 n+1
```

2. if 语句的三种形式

用 if 语句可以构造单分支、双分支和多分支程序。当只有 if 条件，省略后面的 else if 和 else 时，就构成单分支结构，如图 3.1 所示；当有 if 条件和 else 时，而省略后面的 else if，就构成双分支结构，如图 3.2 所示；各部分都有时就是多分支结构，如图 3.3 所示。

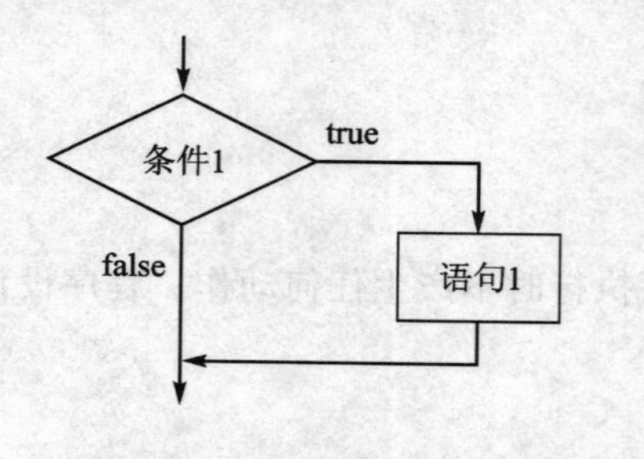

图 3.1 if 单分支流程图

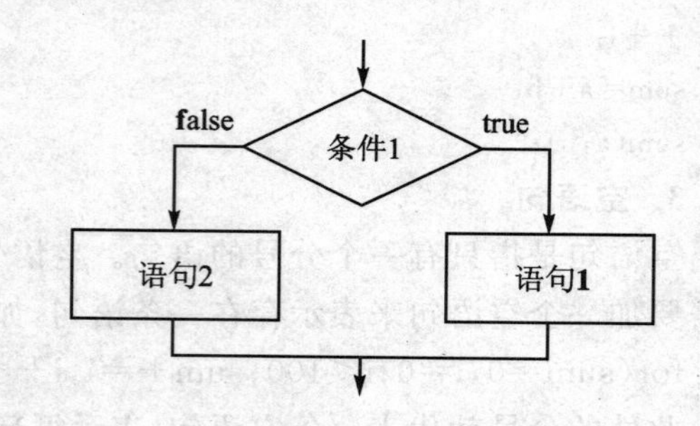

图 3.2 if 双分支流程图

3. if 语句执行过程

先判别条件 1，当为真时，执行语句 1；否则判别条件 2，当为真时，执行语句 2；依次类推。如果条件都为假，有 else，执行后面的语句 n+1；没有 else，则什么也不执行。

4. 使用 if 语句的注意事项

(1) if 后面的条件必须用圆括号括起来。

(2) 每个条件后面的语句如果不止有一条时，必须用花括号括起来组成复合语句；否则只能执行前面的一条语句。

(3) 条件一般是表达式，当表达式值不为0为true，否则为false。

(4) if语句可以嵌套使用，即if语句可以包含if语句里，也可以包含在else语句里。

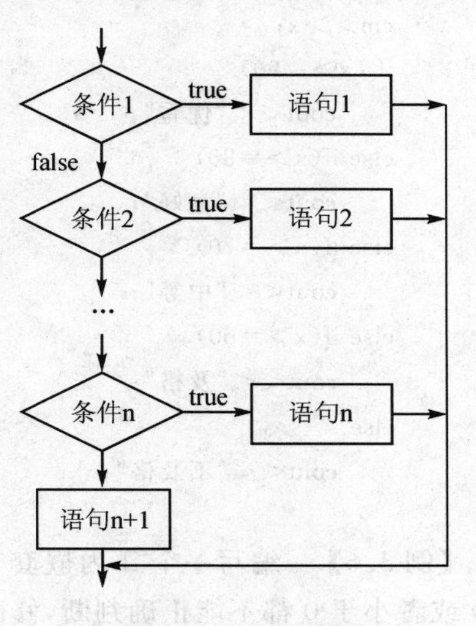

图3.3 if多分支流程图

5. if语句举例

【例3.3】 编写一个单分支结构的程序，用于显示用户输入数值的绝对值。

```
#include <iostream.h>
void main()
{
    int x;
    cout<<"输入一个整数:";
    cin>>x;
    if(x<0)
        x=-x;
    cout<<x<<"绝对值是:"<<x;
}
```

【例3.4】 编写一个双分支结构的程序，用于显示用户输入数值的绝对值。

```
#include <iostream.h>
void main()
{
    int x,y;
    cout<<"输入一个整数:";
    cin>>x;
    if(x<0)
        y=-x;
    else
        y=x;
    cout<<x<<"绝对值是:"<<y;
}
```

【例3.5】 编写一个if的多分支结构的程序，将学生的百分成绩转换成五级分成绩。当成绩大于等于90分为优秀，80～90分为良好，70～80分为中等，60～70分为及格，否则为不及格。

```
include <iostream.h>
void main()
{
    int x;
    cout<<"输入百分成绩:";
```

```
    cin>>x;
    if (x>=90)
        cout<<"优秀";
    else if(x>=80)
        cout<<"良好";
    else if(x>=70)
        cout<<"中等";
    else if(x>=60)
        cout<<"及格";
    else
        cout<<"不及格";
}
```

【例 3.6】 编写一个 if 内嵌套 if 的多分支结构程序，在例 3.4 中如果输入的成绩大于 100 或者小于 0 都不能正确判断，修改程序使输入的成绩大于 100 或者小于 0 时能做出提示。

```
#include <iostream.h>
void main()
{
    int x;
    cout<<"输入百分成绩:";
    cin>>x;
    if (x>=0 && x<=100)
        if (x>=90)
            cout<<"优秀";
        else if(x>=80)
            cout<<"良好";
        else if(x>=70)
            cout<<"中等";
        else if(x>=60)
            cout<<"及格";
        else
            cout<<"不及格";
    else
        cout<<"输入数据应该在 0-100";
}
```

注意：当使用嵌套结构时，else 最近的 if 配对使用。

【例 3.7】 用操作符“?:”可以代替 if…else，如例 3.3 可以用如下程序完成。

```
#include <iostream.h>
void main()
{
    int x,y;
    cout<<"输入一个整数:";
    cin>>x;
```

```
    y=(x>0? x:-x);
    cout<<x<<"绝对值是"<<y;
}
```

3.3.2　switch 语句

当可以根据多个条件可以选择执行不同分支时，可以用 if 语句的嵌套来完成。但当分支多时，程序比较长，而且比较难读，可以使用 switch 多分支选择语句。

1. switch 语句的语法格式

```
switch (表达式)
{
    case 常量表达式 1:
        语句 1
        break;
    case 常量表达式 2:
        语句 2
        break;
    …
    case 常量表达式 n:
        语句 n
        break;
    default :
        语句 n+1
        break;
}
```

图 3-4　witch 语句流程图

2. switch 执行过程

switch 语句的执行过程可以用图 3.4 表示，先计算 switch 后面的表达式值，然后测试是否与第一个 case 后面的常量值相同，如果相同则执行后面的语句，直到遇到 break;否则接着测试后面的 case 常量值是否与表达式值相同，依次类推，所有 case 都测试完，如果都不相同，有 default 则执行其后面的语句，没有就跳出 switch 语句。

3. 使用 switch 语句的注意事项

(1) switch 后面的表达式只能是字符类型、整数类型或枚举类型，与 case 后面的常量类型要一致。

(2)“case 常量表达式”相当于标号，不进行条件的判断，所以一般每个 case 语句的结尾都要加 break，否则会接着执行后面的 case，但是当有多个 case 共同执行一段相同的代码时，可以只在最后一个 case 结尾加 break。

(3) switch 语句中的 case 和 default 的排列顺序是任意的，default 也可以位于 case 的前面，case 的次序也不必一定按常量表达式值的大小顺序排列。

(4) switch 语句也可以嵌套使用，break 语句只能退出所在层次的语句。

4. switch 语句编程举例

【例 3.8】 用 switch 语句编程实现例 3.6。

```
#include <iostream.h>
void main()
{
    int x,y;
    cout<<"输入百分成绩:";
    cin>>x;
    y=x/10;
    switch (y)
    {
        case 9:
            cout<<"优秀";
            break;
        case 8:
            cout<<"良好";
            break;
        case 7:
            cout<<"中等";
            break;
        case 6:
            cout<<"及格";
            break;
        case 5:
        case 4:
        case 3:
        case 2:
        case 1:
        case 0:
            cout<<"不及格";
            break;
        default:
            cout<<"输入数据应该在0-100";
            break;
    }
}
```

3.4 循环结构

当一段代码要按一定规律反复执行多次时,可以用循环结构实现。C++循环语句有三种:while 语句、do-while 语句和 for 语句。

3.4.1 循环结构的组成

一个循环结构一般由四个部分组成:

(1) 循环初始化部分:用来设置循环的初始条件。

(2) 循环体部分:就是要反复执行的一段代码,可以是一条语句,也可以是复合语句。

(3) 循环迭代部分:用来修改循环控制。

(4) 循环条件判断部分:用来判别是否继续执行循环体。

3.4.2 while 语句

1. while 语句的格式

```
while  (表达式)
      语句
```

说明:

while 语句为循环的判别,语句为循环体。当 while 后面的表达式结果为假时,循环体一次也不会执行。

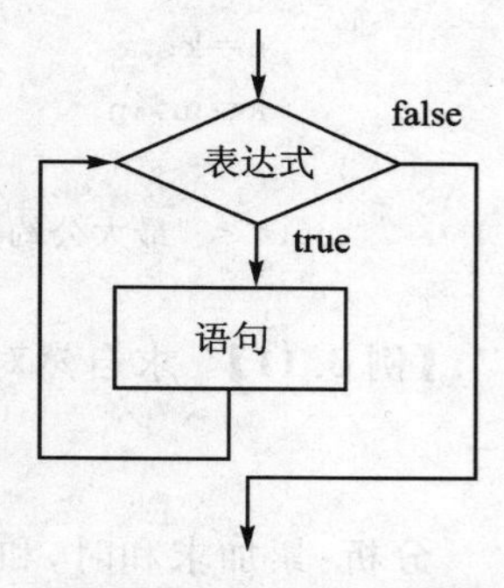

图 3.5 while 语句流程图

2. while 语句执行过程

先计算 while 后面的表达式,当结果为真时,则重复执行"语句"。每执行完就会重新计算一次"表达式",当该表达式的值为假时,循环结束。执行过程如图 3.5 所示。

3. 使用 while 语句的注意事项

(1) while 语句后面的可以是任何表达式,非 0 为 true,0 为 false。

(2) 循环体可以是一条简单语句,也可以是复合语句,所以循环体是多条语句时应该用大括号{}括起来,否则只执行第一条语句。

(3) 在循环体内一般应该包含循环条件的变化语句,使程序能向循环终值的方向变化,否则程序可能会一直执行下去,造成死循环。

(4) while 语句一般用于循环次数不确定的情况。

4. while 语句举例

【例 3.9】 求 100 以内自然数和。

```
#include<iostream.h>
void main()
{
    int sum(0),i(1);
    while(i<=100)
    {
        sum+=i;
        i++;
    }
    cout<<"\n100 以内的自然数和为:"<<sum<<endl;
}
```

【例 3.10】 输入两个正整数,求最大公约数。

分析:可以用辗转相除法,过程是用输入的两个数相除,若余数不为 0,用除数和余数组成新的除法再相除,直到余数为 0,最后的除数就是最大公约数。

```
#include <iostream.h>
void main()
{
    int m,n,k;
```

```
    cout<<"输入两个正整数:";
    cin>>m>>n;
    k= m%n;
    while(k! =0)
    {
        m=n;
        n=k;
        k=m%n;
    }
    cout<<"最大公约数是:"<<n<<endl;
}
```

【例 3.11】 求自然对数 e 的近似值,误差要求小于 0.00001,e 的近似值公式为:

$$e=1+\frac{1}{1!}+\frac{1}{2!}+\frac{1}{3!}+\cdots+\frac{1}{n!}$$

分析:累加求和时,和的初值是 1,加数的分子都是 1,分母变化规律是累乘。

```
#include <iostream.h>
#include <iomanip.h>
void main()
{
    int i(1);
    double e(0),t(1);
    while(t>0.000001)
    {
        e+=t;
        t/=i;
        i++;
    }
    cout<<"e="<<setprecision(7)<<e<<endl;
}
```

程序运行结果为:

e=2.718282

说明:cout 中的 setprecision(n)用来控制输出流的显示精度,即小数点和小数位数共 n 位,它包含在 iomanip.h 文件中。

3.4.3 do while 语句

1. do-while 语句的格式

```
do
    语句
while  (表达式);
```

说明:

while 语句为循环的判别,语句为循环体。当 while 后面的表达式结果为假时,循环终止。

2. do-while 语句执行过程

(1) 执行循环体。

(2) 计算 while 后面的表达式,当结果为真时,则重复执行循环体,回到(1)步骤,每执行完就会再重新计算一次"表达式"。当该表达式的值为假时,循环结束。执行过程如图 3.6 所示。

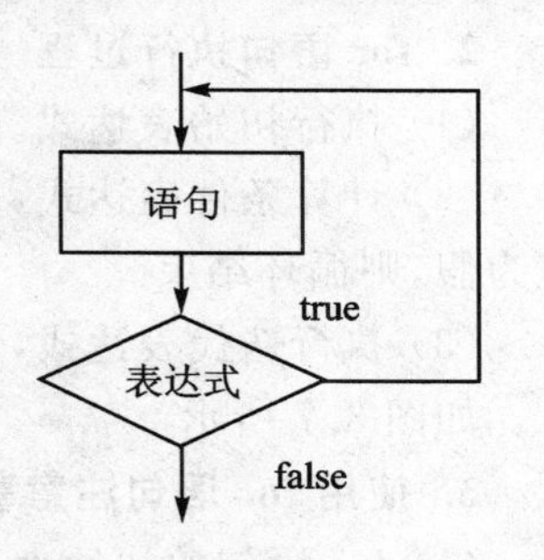

图 3.6 do-while 语句流程图图

3. 使用 do-while 语句的注意事项

(1) while (表达式)后面有分号。

(2) do-while 语句的循环体可以是一条语句,也可以是一个复合语句。

(3) do-while 语句的循环体至少要执行一次,这是和 while 语句的不同。

4. do-while 语句举例

【例 3.12】 用 do-while 语句编程求 100 以内自然数和。

```
#include<iostream.h>
void main()
{
    int sum(0),i(1);
    do
    {
        sum+=i;
        i++;
    }
    while(i<=100);
    cout<<"\n100 以内的自然数和为:"<<sum<<endl;
}
```

【例 3.13】 计算从 1 到 n 个自然数的和,当和刚好大于 100 时结束,求这个 n 值。

```
#include<iostream.h>
void main()
{
    int sum(0),n(0);
    do
    {
        n++;
        sum+=n;
    }while(sum<=100);
    cout<<"自然数和为:"<<sum<<"\t"<<"n="<<n<<endl;
}
```

3.4.4 for 语句

1. for 语句格式

for (初始表达式;条件表达式;迭代表达式)
    语句

说明:初始表达式是循环的初始条件,是赋值表达式,条件表达式是循环条件的判断,迭代表达式是改变循环条件的表达式。

2. for 语句执行过程

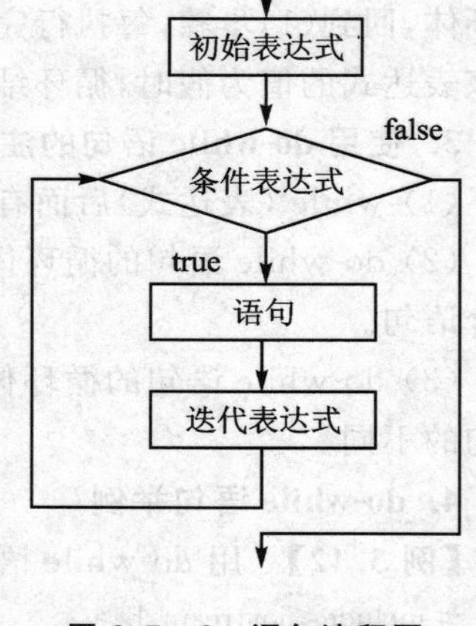

图 3.7 for 语句流程图

(1) 执行初始表达式。

(2) 计算条件表达式,若其值为真,则执行循环体;若其值为假,则循环结束。

(3) 执行迭代表达式,然后转到步骤(2)。

如图 3.7 所示。

3. 使用 for 语句注意事项

(1) for 语句的初始表达式和迭代表达式可以用逗号表达式,即顺序执行多条语句,各语句用逗号分开。

(2) for 语句的循环体可以是一条语句,也可以是一个复合语句,还可以是空语句。

(3) for 语句的三个表达式都可以使用省略格式,但两个分号不能省略。实际上省略部分表达式在其他位置出现。

可以三个表达式都省略,如

```
for(;;)
{
    …
}
```

相当于一个无限循环。

也可以省略两个表达式,如

```
i=1
for(;i<=100;)
{
    …
    i++;
}
```

无论使用怎样的格式,循环的三个部分都应该能实现,只是位置不同。

4. for 语句举例

【例 3.14】 用 for 语句编程求 100 以内自然数和。

```
#include<iostream.h>
void main()
{
    for(int sum(0),i(0);i<=100;i++)
        sum+=i;
    cout<<"自然数和为:"<<sum<<endl;
}
```

读者思考,用 for 语句其他的方式实现。

3.4.5 三种循环结构的比较

一般情况下三种循环结构程序可以相互替代实现,如求自然数累加和等。当循环次数已

知的情况下，for 循环比较简洁，因为在 for 循环语句头中包含了控制循环的各部分。当循环次数不确切时，可以用 while 循环或 do-while 循环；如果循环体至少要执行一次则选用 do-while 循环；如果循环体可能一次也不执行，则选用 while 循环。

3.4.6　循环嵌套

1. 什么是循环嵌套

在一个循环语句的循环体里又包含一个循环语句称为循环嵌套。如图 3.8 就是一个循环嵌套的例子。第一个 for 语句的循环体是另一个 for 循环语句，第一个 for 循环是外层循环，作为外层循环的循环体的 for 语句是内层循环。

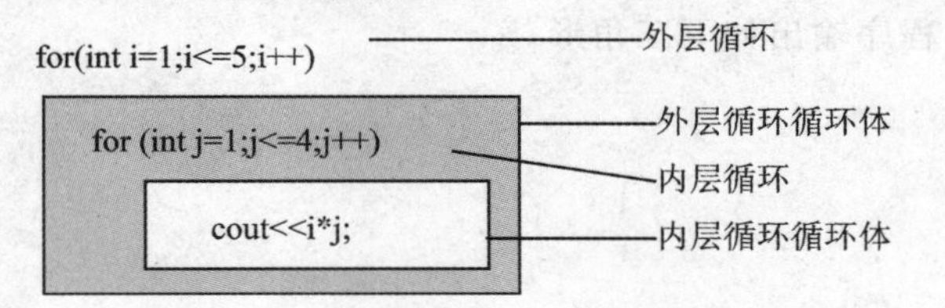

图 3.8　循环嵌套的结构

2. 循环嵌套使用的注意事项

(1) 外循环和内循环语句可以是 for 循环、while 循环和 do-while 循环的任意一种。

(2) 循环嵌套可以有的层数不限制。

(3) 外层循环的循环体里可以包含两个以上的内循环，但内循环不能交叉。

(4) 要区分清循环嵌套和循环并列，如下面程序中，for (int i=0; i<5; i++)是外循环。它的循环体是两个并列的循环。

```
for (int i=0; i<5; i++)
{
    for (int j=0; j<3; j++ )
        cout<<i*j;
    for( int k=0;k<2;k++)
        cout<<i*k;
}
```

(5) 内循环式外循环的循环体，所以外循环执行一次，内循环从初值到终值执行一周。

3. 循环嵌套例子

【例 3.15】　编写程序输出如下九九乘法表。

```
1*1=1   1*2=2   1*3=3   1*4=4   1*5=5   1*6=6   1*7=7   1*8=8   1*9=9
2*1=2   2*2=4   2*3=6   2*4=8   2*5=10  2*6=12  2*7=14  2*8=16  2*9=18
3*1=3   3*2=6   3*3=9   3*4=12  3*5=15  3*6=18  3*7=21  3*8=24  3*9=27
4*1=4   4*2=8   4*3=12  4*4=16  4*5=20  4*6=24  4*7=28  4*8=32  4*9=36
5*1=5   5*2=10  5*3=15  5*4=20  5*5=25  5*6=30  5*7=35  5*8=40  5*9=45
6*1=6   6*2=12  6*3=18  6*4=24  6*5=30  6*6=36  6*7=42  6*8=48  6*9=54
7*1=7   7*2=14  7*3=21  7*4=28  7*5=35  7*6=42  7*7=49  7*8=56  7*9=63
8*1=8   8*2=16  8*3=24  8*4=32  8*5=40  8*6=48  8*7=56  8*8=64  8*9=72
9*1=9   9*2=18  9*3=27  9*4=36  9*5=45  9*6=54  9*7=63  9*8=72  9*9=81
```

分析：乘法表的第一行，第一个乘数用 i 表示，其值从 1 变到 9，第二乘数用 j 表示，在每个 i 值时，都从 1 变到 9，可以用一个双循环实现。

```
#include <iostream.h>
void main()
```

```
{
    for(int i=1;i<10;i++)
    {
        for(int j=1;j<10;j++)
            cout<<i<<"*"<<j<<"="<<i*j<<"\t";
        cout<<endl;
    }
}
```

读者思考：如果只输出右下部分的乘法表，该如何修改程序？

【例 3.16】 编写程序输出如下三角形。

```
      *
     ***
    *****
   *******
  *********
```

分析：

行号	空格数	星号数
1	6	1
2	5	3
3	4	5
4	3	7
5	2	9

行号用 i 表示，空格数用 k 表示，星号数用 j 表示，i 从 1 递增 1 到 5，在每行 k 从 1 递增 1 到 7－i，j 从 1 递增 1 到 2＊i－1。

```
#include <iostream.h>
void main()
{
    for(int i=1;i<=5;i++)
    {
        for(int k=1;k<=7-i;k++)
            cout<<' ';
        for(int j=1;j<=2*i-1;j++)
            cout<<'*';
        cout<<endl;
    }
}
```


3.5 其他控制语句

C++中控制程序流程的语句还有 break，continue 和 goto 语句。它们共同点都是改变程序的执行顺序，在结构化程序设计中不提倡使用。

3.5.1 break 语句

1. break 语句的语法格式

break;

2. break 语句的执行过程

终止 switch 语句和循环语句的执行，接着执行后面的语句。

3. 使用 break 语句的注意事项

(1) break 语句只能用在 switch 语句和循环语句中。

(2) break 如果用在一个嵌套的 switch 语句和循环语句中，只能跳出它所在的层。

(3) break 用在循环体内时，一般是有条件的，通常放在一个条件语句里。

4. break 语句举例

【例 3.17】 从键盘输入字母和数字，统计其中字母(不区分大小写)和数字字符的个数，直到输入“#”为止。

分析：输入多少个字符事先不知道，直到输入“#”，可采用无限循环。当输入“#”时，退出循环体，结束。

```
#include <iostream.h>
void main()
{
    char ch;
    int letter(0),digit(0);
    while(1)
    {
        cin>>ch;
        if(ch=='#')
            break;
        else
            if(ch>='a' && ch<='z'||ch>='A' && ch<='Z')
                letter++;
            else
                if(ch>='0' && ch<='9')
                    digit++;
    }
    cout<<"字母有"<<letter<<"个"<<endl;
    cout<<"数字有"<<digit<<"个";
}
```

3.5.2 continue 语句

1. continue 语句的语法格式

continue;

2. continue 语句的执行过程

停止当前的这次循环，回到循环条件的判断部分，决定是否要执行下一次的循环。

3. 使用 continue 语句的注意事项

(1) continue 语句只能用在循环体内，而且一般是有条件的，通常放在一个条件语句中。

(2) continue语句只是不跳过其后面的语句，回到所在的循环的条件判断部分。

4. continue语句举例

【例3.18】 从键盘输入字母和数字，统计其中数字字符的个数，直到输入"#"为止。

分析：与例3.16类似，输入多少个字符事先不知道，直到输入"#"，可采用无限循环。当输入"#"时，退出循环体，结束；当输入非数字时，停止本次循环，进行下一次的判断。

```
#include <iostream.h>
void main()
{
    char ch;
    int digit(0);
    while(1)
    {
        cin>>ch;
        if(ch=='#')
            break;
        if(ch<'0' ||ch>'9')
            continue;
        digit++;
    }
    cout<<"数字有"<<digit<<"个";
}
```

3.5.3 goto语句

1. goto语句的语法格式

goto <标号>;

2. continue语句的执行过程

程序中遇到goto语句，跳转到其后面的标号位置的语句接着执行。

3. 使用goto语句的注意事项

(1) C++中允许在语句的前面加标号，标号的命名规则与变量相同，标号后面加冒号。

(2) 标号和goto语句必须在同一个函数体内，也就是说goto语句不能跳转出它所在的函数。

(3) goto语句也可以跳出循环和switch语句，goto语句是非结构化程序设计控制语句，应该限制使用。

4. goto语句举例

【例3.19】 用goto语句编程从键盘输入10个字符，统计其中数字字符的个数。

分析：这是已知循环次数的程序，用goto语句代替循环语句实现读入10个字符。

```
#include <iostream.h>
void main()
{
    char ch;
    int i(1),digit(0);
L1: cin>>ch;
    if(ch>='0' && ch<='9')
```

```
        digit++;
    i++;
    if(i<=10)
        goto L1;
    cout<<"数字有"<<digit<<"个";
}
```

3.6 习题三

一、判断对错

1. 预处理命令是在进行编译时首先执行的,然后再进行正常编译。
2. 宏定义命令是以分号结束的。
3. 带参数的宏定义只能有 1 个或 2 个参数。
4. 文件包含命令所包含的文件是不受限制的。
5. 条件编译命令只在编译时才有作用。
6. 预处理命令的主要作用是提高效率。
7. 条件语句不能作为多路分支语句。
8. 开关语句不可以嵌套,在开关语句的语句序列中不能再有开关语句。
9. 开关语句中的 default 关键字,只能放在该语句的末尾,不能放在开头或中间。
10. switch 语句中必须有 break 语句,否则无法退出 switch 语句。
11. while 循环语句的循环体至少执行一次。
12. 循环是可以嵌套的,一个循环体内可以包含另一种循环语句。
13. break 语句可以出现在各种循环体中。
14. continue 语句只能出现在循环体中。
15. C++语言中不允许使用宏定义方法定义符号常量,只能用关键字 const 来定义符号常量。

二、选择题

1. 预处理命令在程序中都是以(　)开头的。

   A. *　　B. #　　C. :　　D. /

2. 带参数的宏定义中,程序中引用宏定义的实参(　)。

   A. 只能是常量　　B. 只能是整型量

   C. 只能是整型表达式　　D. 可以是任意表达式

3. 下列(　)是语句。

   A. ;　　B. a=17　　C. x+y　　D. cout<<"\n"

4. 已知 int a , b ;,下列 switch 语句中,(　)是正确的。

   A. switch (a) { case a : a ++; break; case b : b++; break;}

   B. switch (a+b) {case 1: a+b ; break;case 2: a-b;}

   C. switch (a*a) {case 1,2:++a; case 3,4:++b;}

   D. switch (a/10+b) {case 5:a/5; break; default: a+b;}

5. 下列 for 循环的循环体执行次数为(　)。

   for(int i(0),j(10); i=j=10; i++,j--)

A. 0　　B. 1　　C. 10　　D. 无限

6. 下述关于循环体的描述中,(　)是错误的。

A. 循环体中可以出现 break 语句和 continue 语句

B. 循环体中还可以出现循环语句

C. 循环体中不能出现 goto 语句

D. 循环体中可以出现开关语句

三、程序改错

1. 程序功能为计算并输出 100 至 200 之间的所有素数。

```
#include <math.h>
#include <iostream.h>
void main( )
{
        int n,k,f,m;
        for(n=101;n<=199;n+=2)
        {
            m=sqrt(n);
            k=3;
            f=0;
            /***********FOUND***********/
            while(k<=m && f=0)
            {
                /***********FOUND***********/
                if(n%k==0)   f=0;
                /***********FOUND***********/
                m++;
            }
            /***********FOUND***********/
            if(f) cout<<n<<"\t";
        }
    }
```

2. 程序功能为打印出 100 到 5000 之间各位数字和为 5 的所有整数的个数。

```
#include <iostream.h>
void main()
{
        int a,b,c,d,k,i;
        k=0;
        for(i=104;i<=500;i++)
        {
            /***********FOUND***********/
            a=i%100;
            b=(i-a*100)/10;
            c=i-a*100-b*10;
```

```
        /***********FOUND***********/
        if(a+b+c<>5) k++;
    }
    for(i=1000;i<=5000;i++)
    {
        a=i/1000;
        b=(i-a*1000)/100;
        /***********FOUND***********/
        c=(i-A*1000-b*100)/100;
        d=i-a*1000-b*100-c*10;
        /***********FOUND***********/
        if(a+b+c==5)  k++;
    }
    cout<<k;
}
```

四、程序填空

1. 程序功能为求 n 个任意数的最大值和最小值之差。

```
#include <iostream.h>
void main()
{
  float x[100],max,min,r;
  int i,n;
  cin>>n;
  for(i=0;i<【1】;i++)
     cin>>x[i];
  max=min=【2】;
  for(i=0;i<n;i++)
  {if(【3】)
     max=x[i];
   if(【4】)
    min=x[i];
   }
   r=max-min;
   cout<<r;
}
```

五、程序设计

1. 编写程序，将 10 个数按降序排列。
2. 编写程序，输出 2000 年到 3000 年之间的所有闰年。
3. 编写程序，求多项式 1！+2！+3！+…+15！的值。
4. 编写程序，输入一个班学生的成绩，输入－1 表示结束，求最高成绩、最低成绩和平均成绩。
5. 编写程序，求一个数各位数字之和。

第4章 数组

本章学习目标

1. 掌握一维数组和二维的定义、引用和初始化方法;
2. 掌握字符数组的定义、引用和初始化方法;
3. 掌握指针和数组的关系;
4. 掌握一维数组有关的算法。

4.1 一维数组

4.1.1 一维数组的声明

1. 一维数组的声明语句格式

类型说明符 数组名[常量表达式];

2. 声明一维数组的注意事项

(1) 类型说明符可以是任何合法的数据类型。

(2) 数组名的命名规则与变量的命名规则相同。

(3) 常量表达式一定用方括号括起来。

(4) 常量表达式的值是数组可以存放元素的个数,不允许是变量。

例如,声明可以存放4个整型元素的数组score,可以用如下语句:

```
int score[4];
```

也可以用一个类型说明符同时说明多个相同类型的数组和变量,例如,

```
float data[10],buffer[100],f;
```

声明浮点型数组data有10个元素,浮点型数组buffer有100个元素和浮点型变量f。

3. 一维数组在内存中的存储

一维数组在内存中按顺序存储,如int score[4];在内存中存放如图4.1所示。

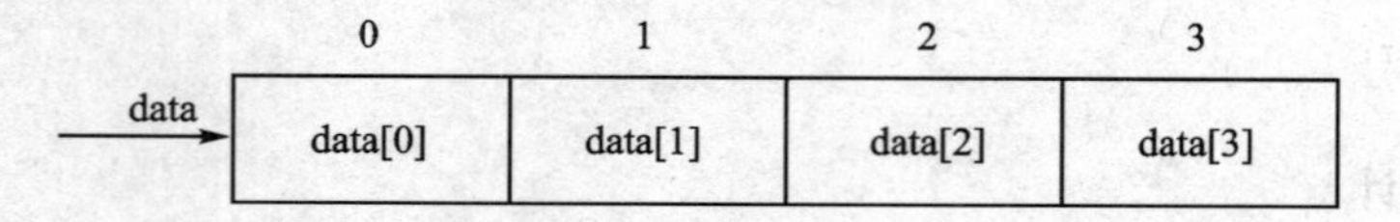

图4.1 一维数组在内存中的存储

数组在内存存放的地址可以直接用数组名data表示,也就是data[0]在内存的地址,编译时为数组分配连续的存储单元,所占的内存字节数=数组长度 * sizeof(元素数据类型)。如上例中的data数组共有4个元素,每个int类型占4字节,共占内存数是16字节,data[3]的地址是data+12。

4. 一维数组的引用与赋值

声明一维数组后,就可以引用其中的每个元素。

引用格式：

数组名[下标表达式]

其中，下标表达式的取值范围是0～数组长度－1。

例如，int score[4]；

该数组共有4个元素，下标从0到3，各元素分别是score[0]，score[1]，score[2]和score[3]。

注意：在C++中只能一次引用一个元素，而不允许一次引用整个数组。

可以如同给简单变量赋值一样给一维数组每个元素赋值，例如：

score[0]=98；score[1]=89；

【例4.1】　一维数组的定义、赋值与输出。

```
#include <iostream.h>
void main()
{
  int data[10];                        //声明数组
  for(int i=0;i<10;i++)
  {
      data[i]=i+1;                     //给数组各元素赋值
      cout<<data[i]<<'\t';             //输出数组

  }
}
```

4.1.2　一维数组的初始化

在声明数组时，可以将数组元素的值放在用左、右花括号括起来的初始表中，每个值之间用逗号隔开。

在声明数组时初始化一维数组的格式为：

类型说明符 数组名[常量表达式]={初始化表}；

说明：

(1) 用初始化表中的值为数组元素依次赋值，例如：

int score[4]={89,93,70,65}；

它相当于如下若干语句：

score[0]=89；score[1]=93；score[2]=70；score[3]=65；

(2) 当初始化表中的初值个数小于数组长度时，仅对前面的元素赋初值，其余元素为0。

例如：

float data[10]={1.5,20.6,16,22.5}

它相当于如下若干语句：

data[0]=1.5；data[1]=20.6； data[2]=16； data[3]=22.5；

其余元素都是0。

(3) 当使用初始化表给数组赋初始值时，也可以省略数组的长度，如

int score[]={89,93,70,65}；

因为初始化表中有四个元素，所以score数组长度隐含地确定为4。但是如果不用初始化表进行赋值，数组长度就不能省略。

(4) 数组不初始化,其元素值为随机数,对 static 数组元素不赋初值,系统会自动赋以 0。例如:

static int a[5];

等价于:a[0]=0; a[1]=0; a[2]=0; a[3]=0; a[4]=0;

4.1.3 一维数组应用举例

【例 4.2】 给一维数组输入 10 个整数,输出其中最大的数。

分析:定义一个整型数组 data,长度为 10,输入 10 个整数可以通过循环 10 次依次向数组赋值,设置一个存最大数的变量 max,初值为 data[0],再通过循环将后面元素下标从 1 到 9 的元素分别与 max 比较,如果比 max 大,就用其重新给 max 赋值。循环完成后,变量 max 中存放数组中最大的数。

```
#include <iostream.h>
void main()
{
  int data[10];
  int max;
  cout<<"输入 10 个整数:"<<endl;
  for(int i=0;i<10;i++)
     cin>>data[i];
  max=data[0];
  for(int j=1;j<10;j++)
    if(data[j]>max)
       max=data[j];
  cout<<"最大数是:"<<max<<endl;
}
```

【例 4.3】 将一维数组中元素逆置,即第一个元素变成最后一个元素,第二个元素变成倒数第二个元素。

分析:在声明数组时给各元素赋值,数组长度 size=sizeof(array)/sizeof(int),通过循环"size/2"次,将 a[i]与 a[size-1-i]交换,再将逆序的数组输出。

```
#include <iostream.h>
void main()
{
  int array[]={1,3,5,7,9,2,4,6,8,10};
  int size=sizeof(array)/sizeof(int);          //求数组长度
  for(int i=0;i<size/2;i++)
  {
      int t;
      t=array[i];
      array[i]=array[size-i-1];
      array[size-i-1]=t;
  }
  for(int j=0;j<size;j++)
```

```
        cout<<array[j]<<'\t';
    }
```

4.2　二维数组

4.2.1　二维数组的声明

二维数组也称为矩阵，需要两个下标才能标识某个元素的位置，按行和列格式存放信息。

1. 二维数组的声明语句格式

类型说明符 数组名[常量表达式1][常量表达式2]；

说明：

"常量表达式1"是二维数组的行数，"常量表达式2"是二维数组的列数。

例如，定义数组a有2行3列，共6个元素，每个元素都是int型。

int a[2][3]；

二维数组可以看做是一种特殊的一维数组。它的元素又是一个一维数组。如二维数组a[2][3]可以看成由{a[0]，a[1]}组成，a[0]由{a[0][0]，a[0][1]，a[0][2]}组成，a[1]由{a[1][0]，a[1][1]，a[1][2]}组成，如图4.2所示。

2. 二维数组在内存中的存储

二维数组一般是按先行后列的顺序在内存中线性排列的，如图4.3是二维数组int a[2][3]在内存中的存储。

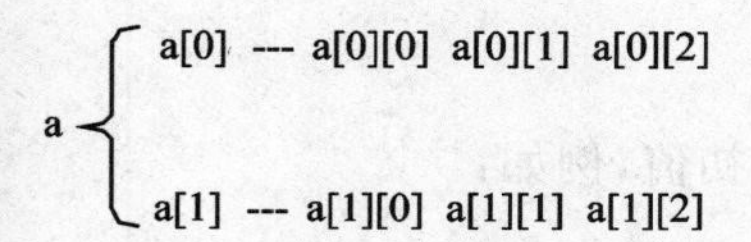

图4.2　二维数组的组成

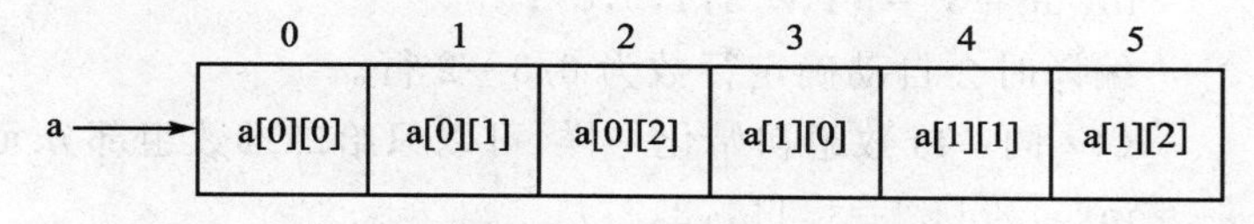

图4.3　二维数组在内存中的存储

数组名a是a[0][0]在内存的地址，整个数组共占6*4=24字节。

3. 二维数组的引用与赋值

二维数组的引用格式：

数组名[下标表达式1][下标表达式2]；

例如，int a[2][3]；

其数组元素分别是a[0][0]，a[0][1]，a[0][2]，a[1][0]，a[1][1]，a[1][2]。注意在引用数组时，每一维的最大下标都是这一维的长度－1，超过这个长度就会出现下标越界错误。

【例4.4】　二维数组的定义、引用、赋值和输出。

```
#include <iostream.h>
void main()
{
  int a[2][3];
  for(int i=0;i<2;i++)
  {for(int j=0;j<3;j++)
    {
      a[i][j]=i*3+j;              //给数组赋值
```

```
            cout<<a[i][j]<<'\t';
        }
    cout<<endl;
    }
}
```

4.2.2 二维数组的初始化

和一维数组一样，二维数组也能在定义时被初始化。其格式为：

类型说明符　数组名[常量表达式1][常量表达式2]={初始化表}；

其中：

(1) 初始化表可以逐一写出每个数据元素，顺序是第一行各元素，第二行各元素等。例如：

```
int  a[2][3] = {1,2,3,4,5,6};
```

(2) 初始化表也可以把每行元素再用花括号括起来，分行给二维数组赋值，例如：

```
int a[2][3] = {{1,2,3},{4,5,6}};
```

初始化表中的第一个花括号里{1,2,3}赋值给a[0]中的各元素，第二个花括号里{4,5,6}赋值给a[1]中的各元素。

(3) 当使用初始化表给二维数组所有元素都赋值时，可以省略第一维的长度，但第二维长度不能省。例如：

```
int a[][3]={1,2,3,4,5,6};
```

编译时会自动确定行数为6/3=2行。

(4) 同一维数组初始化一样，可以只给二维数组部分元素赋初值，例如：

```
int a[2][3]={{1},{2,3}};
```

相当于a[0][0]=1，a[1][0]=2，a[1][1]=3，其余元素都为0。

4.2.3 二维数组应用举例

【例4.5】 编写程序，实现用二维数组产生并输出杨辉三角的前七行。

```
1
1    1
1    2    1
1    3    3    1
1    4    6    4    1
1    5    10   10   5    1
1    6    15   20   15   6    1
```

分析：杨辉三角的第i行第一个元素和第i个元素都是1，从第三行到第七行，第二个元素到第i个元素，其值可以表示为a[i][j]=a[i-1][j]+a[i-1][j]。


```
#include<iostream.h>
#include<iomanip.h>
void main ( )
{
  int a[7][7];
```

```
    int i,j;
    for (i=0;i<7;i++)
    {
      a[i][0]=1;
      a[i][i]=1;
    }
    for (i=2;i<7;i++)
       for (j=1;j<i;j++)
          a[i][j]=a[i-1][j-1]+a[i-1][j];
     for (i=0;i<7;i++)
     {
        for (j=0;j<=i;j++)
               cout<<setw(4)<<a[i][j];
        cout<<endl;
     }
}
```

4.3 字符数组

字符数组就是数据元素为字符类型的数组,用法和普通数组相同,可以是一维的,也可以是多维的。

4.3.1 字符数组的定义

1. 定义一维字符数组格式

char 数组名[常量表达式];

例如,定义一个一维字符数组 c,共有 10 个元素的语句为:

char c[10];

2. 定义二维字符数组格式

char 数组名[常量表达式 1][常量表达式 2];

例如,定义一个二维字符数组 ch2,共 3 行 4 列,12 个元素,语句为:

char ch2[3][4];

4.3.2 字符数组的引用与赋值

字符数组中的元素引用同普通数组,要注意的是每个元素都是 char 类型的变量,其中只能存放一个字符型数据。

例如:

c[5]='a';

ch2[1][1]='Y';

1. 字符数组在定义时使用初始化表赋值

同普通数组一样,如果初始化表中的元素个数超过数组的长度会出错;如果初始化表中的元素个数小于数组的长度,数组前面的元素用初始化表中的数据依次赋值,其余元素会自动赋值成空字符('\0');当初始化表中的元素个数与数组长度相同时,也可以在定义数组时省略数组长度,系统会自动根据初始化表中储值的个数确定数组长度。

例如：

char s1[10]= {'I',' ','l','i','k','e',' ','c','+','+'};

等效于

char s1[]= {'I',' ','l','i','k','e',' ','c','+','+'};

在计算机中的存储如图 4.4 所示。

s1[0]	s1[1]	s1[2]	s1[3]	s1[4]	s2[5]	s1[6]	s1[7]	s1[8]	s1[9]
I	空格	l	i	k	e	空格	c	+	+

图 4.4 字符数组 s1 在内存中的存储

char s2[10]={'C','h','i','n','a'};

在计算机中的存储如图 4.5 所示。

s2[0]	s2[1]	s2[2]	s2[3]	s2[4]	s2[5]	s1[6]	s1[7]	s1[8]	s1[9]
C	h	i	n	a	\0	\0	\0	\0	\0

图 4.5 字符数组 s2 在内存中的存储

2. 用字符串给字符数组赋值

C++中字符串常量是用双引号括起来的字符序列，以 '\0' 结尾。其中 '\0' 是一个 ASCII 码为 0 的不可显示字符，称作字符串的结束符。字符串中字符的个数(不包括 '\0')称为字符串的长度，因此，当用字符串给字符数组赋值时，长度为 n 的字符串需要 n+1 个字节的存储空间。如下面的这三个语句是等效的：

char c1[10]={"I like c#" };

char c1[]= "I like c#";

char c1[]= {'I',' ','l','i','k','e',' ',' c','#','\0'};

二维字符数组的用法同一维一样，如下面这三个语句也是等效的：

char ss[3][4]={{'c','+','+','\0'},{'a','b','c','\0'},{'1','2','3','\0'}};

char ss[3][4]={"c++","abc","123"};

char ss[][4]={"c++","abc","123"};

3. 字符串与字符数组的关系

C++中字符串常量是用双引号括起来的字符序列，以 '\0' 结尾，也可以看成是以 '\0' 结束的字符数组。C++基本数据类型中没有字符串变量，用字符数组和 string 类对字符串进行处理。

4.3.3 字符串处理函数

由于C++中字符串使用广泛，所以有处理字符串的函数。这些函数包含在 string.h 头文件中。

1. strcat 函数

一般格式：

strcat(字符数组 1,字符数组 2);

功能：

将字符数组 2 中的字符串连接到字符数组 1 字符串的后面。函数值是第一个字符数组的地址。注意字符数组 1 的长度要足够大,以保证能足够存储这两个字符数组的字符串。

例如:

```
char s1[18]="C++";
char s2[18]="programming";
cout<<strcat(s1,s2);
```

在计算机中的存储如图 4.6 所示。

字符数组 s1

C	+	+	\0	\0	\0	\0	\0	\0	\0	\0	\0	\0	\0	\0	\0	\0	\0

字符数组 s2

P	R	O	g	r	a	m	m	i	n	g	\0	\0	\0	\0	\0	\0	\0

连接后的字符数组 s1

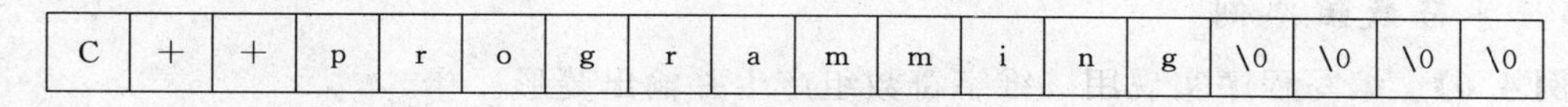

C	+	+	p	r	o	g	r	a	m	m	i	n	g	\0	\0	\0	\0

图 4.6 字符串的连接

2. strcpy 函数

一般格式:

strcpy(字符数组 1,字符数组 2);

或者

strcpy(字符数组 1,字符串);

功能:将字符数组 2 的字符串复制到字符数组 1 中,将一个字符数组的相应字符覆盖。

说明:

(1) 第一个参数是数组名,第二个参数可以是字符数组名,也可以是字符常量。

(2) 字符数组 1 必须定义得足够大,以便容纳被复制的字符串。字符数组 1 的长度不应小于字符串 2 的长度。

(3) 可以用 strncpy 函数将字符串 2 中前面若干个字符复制到字符数组 1 中去。例如:

strncpy(str1,str2,2);作用是将 str2 中前面 2 个字符复制到 str1 中去,然后再加一个'\0'。

例如:

```
char s1[20]="C++";
char s2[]="programming";
strcpy(s1,s2)
strcpy(s1,"programming")
```

3. strcmp 函数

一般格式:

strcmp(字符串 1,字符串 2)

功能:比较字符串 1 和字符串 2 是否相等。如果字符串 1 等于字符串 2,函数值为 0;如果字符串 1 大于字符串 2,函数值为正整数;如果字符串 1 小于字符串 2,函数值为负整数。

例如：

```
strcmp(str1,str2);
strcmp("China","Korea");
strcmp(str1,"Beijing");
```

注意：对两个字符串比较，不能用语句 if(str1>str2) cout<<"yes";

而只能用 if(strcmp(str1,str2)>0) cout<<"yes";

4. strlen 函数

一般格式：

strlen（字符数组）

功能：测试字符串长度。函数的值为字符串中的实际长度（不包括'\0'在内）。

例如：

```
char s1[10]={"abc"};
cout<<strlen(s1);
```

输出结果是 3。

4.3.4 字符数组举例

【例 4.6】 编写程序实现用二维字符数组产生并输出菱形。

```
#include<iostream.h>
void main ( )
{
    char c[][5]={{' ',' ','*'},{' ','*','*','*'},{'*','*','*','*','*'},{' ','*','*','*'},{' ','
','*'}};
    int i,j;
    for(i=0;i<5;i++)
    {
      for(j=0;j<5;j++)
        cout<<c[i][j];
      cout<<endl;
    }
}
```

图 4.7 程序运行结果

运行结果为如图 4.7 所示。

【例 4.7】 比较用字符初始化数组和字符串初始化数组的区别。

```
#include<iostream.h>
void main ( )
{
    char c1[]={"I like c++" };                              //按字符串初始化化数组
    char c2[]= "I like c++";                                //按字符串初始化化数组
    char c3[]= {'I',' ','l','i','k','e',' ','c','+','+','\0'};  //按字符串初始化化数组
    char c4[]= {'I',' ','l','i','k','e',' ','c','+','+'};       //按字符初始化化数组
    cout<<sizeof(c1)<<endl;
    cout<<sizeof(c2)<<endl;
    cout<<sizeof(c3)<<endl;
```

```
    cout<<sizeof(c4)<<endl;
    cout<<c1<<endl;
    cout<<c2<<endl;
    cout<<c3<<endl;
    cout<<c4<<endl;
}
```

```
11
11
11
10
I like c++
I like c++
I like c++
I like c++烫I like c++
```

图 4.8 程序运行结果

程序运行结果如图 4.8 所示。

分析：从程序运行结果可以看出存储一样的字符，字符串初始化数组时数组长度为有效字符数+1，在输出数组结果时，由于字符数组 c4 没有结尾符，所以结果有乱码。

4.4 指针和数组

指针可以指向变量，也可以指向数组。在 C++中，数组和指针的关系非常密切，引用数组元素，可以通过下标引用，也可以通过指针引用，而且使用数组的指针方法更灵活。一维数组被定义后，数组名是一个指针常量，指向下标为 0 的元素。二维数组被定义后，数组名也是一个指针常量，表示指向二维数组的首行的指针。

4.4.1 指针和一维数组

1. 指向一维数组指针

C++语言规定，数组名代表数组在内存的起始地址，即数组第一个元素的地址。数组名就是一个指针常量，它指向该数组的地址。

例如：

```
int a [5]={1,2,3,4,5} ,*p;
p=&a[0];   //把 a[0]元素的地址赋值给指针变量 p。
```

上面语句等效于：p=a；

2. 访问一维数组元素的方式

C++语言规定，当指针 p 指向数组的某一元素时，p+1 是指向数组的下一个元素，和数组的类型无关。所以，当 p 指向 a[0]时，p+i 则指向 a[i]。

访问数组元素的方式有：下标法、地址法和指针法。如引用数组 a 的第 i 个元素，下标法：a[i]；地址法：*(a+i)；指针法：*(p+i)。

3. 指针变量引用数组元素和地址引用的区别

当数组的首地址赋值给指针变量后，两者都可以表示数组的地址。很多情况下，数组名和指针变量名可以互换，但两者有本质的不同，数组名是数组的首地址，是常量，它的值是不允许被改变的，即不允许出现 a++或 a--，而指针变量的值是允许改变的，它可以被重新赋值。

例如：p+1，a+2，p=p+1，p-a，p++，p--都是合法的，而 a=a+1，a=a-1 是不合法的。

【例 4.8】 使用三种不同的引用数组元素方式完成给一维数组输入 10 个整数，显示数组中所有元素及其中最大的数。

```
#include<iostream.h>
void main ( )
```

```
{
    int a[10],i,*p,max;
    for(i=0;i<10;i++)
        cin>>a[i];                        //使用下标方式引用数组元素
    for(i=0;i<10;i++)
        cout<<*(a+i)<<" ";                //使用地址方式引用数组元素
    max=*a;
    p=a;
    for(i=1;i<10;i++)
        if(max<*(p+i))                    //使用地址方式引用数组元素
            max=*(p+i);
    cout<<"max="<<max;
}
```

4.4.2 指针和二维数组

1. 用一级指针表示二维数组元素

一个二维数组可以看做是一个一维数组,一维数组中的每个元素又是一个一维数组。

例如,声明一个二维数组 int a[2][3]?;

数组名 a 是二级指针常量,指向 a[0]和 a[1]构成的一维数组,a[0]是由 a[0][0]、a[0][1]和 a[0][2]元素组成的一维数组的一级指针常量,a[1]的性质同 a[0]。

可以用一级指针变量引用二维数组,例如,

int a[2][3],*p;

p=a[0];

可以将一维数组的地址赋值给指针变量,但不能使用 p=a;因为 a 是二级指针常量,在 C++ 中会显示 cannot convert from 'int [2][3]' to 'int *'。

由于二维数组在内存是线性存储的,所以可以用 p 指针依次引用二维数组的元素。

【例 4.9】 利用指针方式依次输出二维数组中的各个元素。

```
#include<iostream.h>
void main ( )
{
    int a[2][3]={{1,2,3},{4,5,6}};
    int i,*p;
    p=a[0];
    for(i=0;i<6;i++,p++)
        cout<<*p++<<" ";                  //使用下标方式引用数组元素
}
```


2. 用地址方式引用二维数组元素

对于二维数组 a[i][j],a 表示 a[0]的地址,a+i 可以表示第 i 行的首地址,则 *(a+i)可以表示第 i 行第 0 列的元素地址,a[i]+j 可以表示第 i 行第 j 列的地址,*(a+i)+j 第 i 行第 j 列的元素地址,那么 a[i][j]元素可以用 *(*(a+i)+j)表示。

【例 4.10】 利用地址方式按行列方式输出二维数组中的各个元素。

```
#include<iostream.h>
```

```
void main ( )
{
    int a[2][3]={{1,2,3},{4,5,6}};
    int i,j;
    for(i=0;i<2;i++)
    {
        for(j=0;j<3;j++)
            cout<<*(*(a+i)+j)<<" ";                //使用地址方式引用数组元素
        cout<<endl;
    }
}
```

3. 用数组指针引用二维数组元素

数组指针是存放数组地址的指针变量，数组指针通常用于指向二维或二维以上的数组，通过这个指针访问二维数组的元素。数组指针的定义格式：

<数据类型>　(*指针名)[维数]；

当用数组指针表示二维数组时，数组元素个数应与二维数组的列数相同。例如：

```
int   (*p)[4], a[3][4];
p=a;
```

二维数组 int a[3][4]，可以看成由三个一维数组 a[0]，a[1]，a[2]组成，每个一维数组由 4 个整型元素组成。数组指针 p 是一个指向一维数组的指针。它指向具有 4 个整型元素的一维数组，a 是一个 3*4 二维整型数组，将数组名 a 赋给 p，就是使指针 p 指向二维数组 a 的第 0 行，则 p+i 指向数组 a 的第 i 行，*(p+i)可以表示第 i 行第 0 列的元素地址，*(p+i)+j 第 i 行第 j 列的元素地址，那么 a[i][j]元素可以用*(*(p+i)+j)表示。

【例 4.11】　利用数组指针按行列方式输出二维数组中的各个元素。

```
#include <iostream.h>
int a[][5]={{1,2,3,4,5},{6,7,8,9,10},{11,12,13,14,15}};
void main()
{
    int (*p)[5]=a;
    for(int i=0;i<3;i++)
    {
        cout<<"\n";
        for(int j=0;j<5;j++)
            cout<<*(*(p+i)+j)<<"\t";
    }
    cout<<"\n";
}
```

4. 用指针数组引用二维数组元素

数组中数据元素是指针的数组叫指针数组。定义格式为：

数据类型 *数组名[常量表达式 1][常量表达式 1]

例如：

```
int  a[3][4];
int  *p[3]={a[0],a[1],a[2]};
```

二维数组 int a[3][4],可以看成由三个一维数组 a[0],a[1],a[2]组成指针数组,将它们赋值给指针数组 p,p[i]指向二维数组 a 的第 i 行的地址,p[i]+j 可以表示第 i 行第 j 列的元素地址,*(p[i]+j)表示 a[i][j]元素。

【例 4.12】 利用指针数组按行列方式输出二维数组中的各个元素。

```
#include <iostream.h>
int a[][5]={{1,2,3,4,5},{6,7,8,9,10},{11,12,13,14,15}};
void main()
{
    int *p[3]={a[0],a[1],a[2]};
    for(int i=0;i<3;i++)
        for(int j=0;j<5;j++)
            cout<<*(p[i]+j)<<"\t";
    cout<<"\n";
}
```

4.4.3 字符指针与字符串

1. 字符指针

字符指针可以指向一个字符串常量,也可以指向一个字符数组,当把字符串常量直接赋给字符指针时,实际是把字符串常量的首字符地址赋给字符指针。

例如,char *p="programming";

相当于:

```
char *p;
p="programming";
```

或者将字符数组的首地址赋值给指针,如:

```
char a[20]="programming";
char  *p=a;
```

【例 4.13】 利用字符指针输出字符串内容。

```
#include <iostream.h>
void main()
{
    char *p="c++ programming";           //指向字符串的字符指针
    char a[20]="c++ programming";
    p=p+4;
    cout<<p<<endl;
    char *pa=a;                          //指向数组的字符指针
    cout<<pa<<endl;                      //用字符指针输出字符串
    cout<<a<<endl;                       //用字符数组首地址输出字符串
    for(int i=0;i<20;i++)
        cout<<*(pa+i)<<"\t";             //用字符指针表示数组的元素
}
```

2. 字符指针数组

字符指针数组是数据元素为字符的指针数组。如：

char *pc[3]={"c programming","c++ Programming","c# Programming"};

【例 4.14】 定义字符数组,并输出其内容。

```
#include <iostream.h>
void main()
{
    char *p[3]={"c++ programming","c programming","c# programming"};
    for(int i=0;i<3;i++)
        cout<<p[i]<<endl;
}
```

【例 4.15】 比较字符数组的大小,输出最大和最小的字符串。

```
#include <iostream.h>
#include <string.h>
void main()
{
    char * a[5] = {"student","worker","cadre","soldier","peasant"};
    char *p1, *p2;
    p1=p2=a[0] ;
    for(int i=0; i < 5 ; i++)
    {
        if (strcmp(a[i],p1) > 0 ) p1 = a[i] ;
        if (strcmp(a[i],p2) < 0 ) p2 = a[i] ;
    }
    cout<<p1<<' '<<p2<<endl;
}
```

4.5 应用举例

4.5.1 排序算法

排序是计算机程序设计中的一个重要操作,就是将数据元素按升序或降序重新组织排列顺序。排序算法有很多,这里介绍几种常用的排序算法:直接插入排序、冒泡排序、简单选择排序等等。

1. 冒泡排序

用冒泡法对数组 a 中 n 个元素按升序排序的基本思想:比较第一个数与第二个数,若为逆序即 a[0]>a[1],则交换;然后比较第二个数与第三个数,若为逆序 a[1]>a[2],则交换;依次类推,直至第 n-1 个数和第 n 个数比较为止,第一趟冒泡排序结束,结果最大的数被安置在最后一个元素位置上。然后对前 n-1 个数按上述方法进行第二趟冒泡排序,结果使次大的数被安置在第 n-1 个元素位置。重复上述过程,共经过 n-1 趟冒泡排序后,排序结束。

【例 4.16】 用冒泡法将数组元素按升序排序输出。

```
#include<iostream.h>
void main()
```

```
{
    int a[10]={4,6,1,9,21,45,12,67,90,8};
    for(int i=0;i<10;i++)
    {
        for(int j=0;j<10-i;j++)
            if(a[j]>a[j+1])
            {
                int x=a[j]; a[j]=a[j+1]; a[j+1]=x;
            }
    }
    for(i=0;i<10;i++)
        cout<<a[i]<<" ";
}
```

思考:若降序输出数组元素如何修改程序?

2. 简单选择排序

简单选择排序对有 n 个元素的数组元素升序排序的基本思想:首先通过 n－1 次比较,从 n 个数中找出最小的,将它与第一个数交换完成第一趟选择排序,结果最小的数被安置在第一个元素位置上。再通过 n－2 次比较,从剩余的 n－1 个数中找出次小的记录,将它与第二个数交换完成第二趟选择排序。重复上述过程,共经过 n－1 趟排序后,排序结束。

【例 4.17】 用简单选择排序法将数组元素按升序排序输出。

```
#include<iostream.h>
void main()
{
    int a[10]={4,6,1,9,21,45,12,67,90,8};
    for(int i=0;i<10;i++)
    {
        int k=i;
        for(int j=i+1;j<10;j++)
            if(a[j]<a[k]) k=j;
        int x=a[i];
    a[i]=a[k];
    a[k]=x;
     }
    for(i=0;i<10;i++)
        cout<<a[i]<<" ";
}
```


3. 直接插入排序

直接插入排序算法对有 n 个元素的数组 a 升序排序的基本思想:初始时,a[0]自成 1 个有序区,无序区为 a[1]到 a[n]。从 i=1 起直至 i=n 为止,依次将 a[i]插入当前的有序区 a[0]到 a[i－1]中,生成含 n 个元素的有序区。

具体算法实现是:第一个元素认为就是有序,当要插入第 i 个元素时,将其先保存到 x 中,令 j=i－1,在有序区 a[0]到 a[j]中从左向右查找到其插入位置,如果 x 小于 a[j],那么从 j 到 i

—1这些元素就要按向右移动，a[j]就是要插入的位置，如果x大于等于x，这个位置就不需移动。

【例 4.18】 用直接插入排序法将数组元素按升序排序输出。

```
#include<iostream.h>
void main()
{
    int a[10]={4,6,1,9,21,45,12,67,90,8};
    for(int i=1;i<10;i++)
    {
        int x=a[i];
        for(int j=0;j<i;j++)
        {
          if(a[j]>x)
          {
            for(int k=i;k>j;k--)
              a[k]=a[k-1];
            a[j]=x;
            break;
          }
        }
    }
    for(i=0;i<10;i++)
        cout<<a[i]<<" ";
}
```

4.5.2　查找算法

典型的查找算法有顺序查找和二分(折半、对分)查找。

1. 顺序查找

在数组中查找指定数据的一种比较简单的方法就是顺序查找，将数组中的每个元素逐一与指定数据比较，如果某个元素值与指定数据相同，则找到，如果没有相同元素则说明没找到。这种查找方法的效率相对较低。

【例 4.19】 用顺序查找法在数组中查找指定数据。

```
#include<iostream.h>
void main()
{
    int a[10]={4,6,1,9,21,45,12,67,90,8};
    int x;
    cout<<"输入要查找的数据";
    cin>>x;
    for(int i=0;i<10;i++)
        if(a[i]==x)
          break;
```

```
    if (i==10)
        cout<<"没有要查找的数据";
    else
        cout<<"要查找的数据的下标是"<<i;
}
```

2. 二分查找

二分查找也叫折半查找或对分查找。其前提是数组中的数据必须是有序的(可以是升序，也可以是降序)。这里以升序为例,每次都与中间的那个元素比较,若相等则查找成功;否则，调整查找范围;若中间那个元素的值小于待查值,则在表的后一半中查找;若中间那个元素的值大于待查值,则在表的前一半中查找;如此循环,直到找到待查值或者查找区域为空为止。由于每次只与一半中的一个元素比较,可使查找效率大大提高。

【例 4.20】 用折半查找法在数组中查找指定数据。

```
#include<iostream.h>
void main()
{
    int a[10]={4,6,1,9,21,45,12,67,90,8};
    int x;
    cout<<"输入要查找的整数";
    cin>>x;
    int low=0;                      //low 是第一个数组元素的下标
    int high=9;                     //high 是最后一个数组元素的下标
    int mid=(low+high)/2;           //mid 是中间那个数组元素的下标
    while(low<=high && a[mid]!=x)
    {
      if(a[mid]<x)
           low=mid+1;               //要找的数可能在数组的后半部分中
      else
        high=mid-1;                 //要找的数可能在数组的前半部分中
      mid=(low+high)/2;
    }
    if(low>high)
      cout<<"没找到!";
    else
      cout<<"所查整数在数组中的位置下标是:"<<mid;
}
```


4.6 习题四

一、判断题

1. C++中数组元素的下标是从 0 开始,数组元素是连续存储在内存单元中的。

2. C++通过初始值表给数组赋初值,初始值表中的数据项的目可以大于或等于数组元素的个数。

3. C＋＋中数组元素的最大下标是数组长度。
4. 当使用初始化表给数组赋初始值时，也可以省略数组的长度。
5. 二维数组元素在计算机中按行列存储。

二、选择题

1. 在 int a[5] = {1,3,5};中，数组元素 a[1]的值是(　)。
   A. 0　B. 1　C. 2　D. 3
2. 在 int b[][3]={{1},{3,2},{4,5,6},{O}};中 b[2][2]的值是(　)。
   A. 0　B. 5　C. 6　D. 2
3. 在对字符数组进行初始化时，(　)是正确的。
   A. char s1[]="abcd";　B. char s2[3]="xyz";
   C. char s3[][3]={'a','x','y'};　D. char s4[2][3]={ "xyz","mnp"};
4. 对于 int *pa[5];的描述，(　)是正确的。
   A. pa 是一个指向数组的指针，所指向的数组是 5 个 int 型元素
   B. pa 是一个指向某数组中第 5 个元素的指针，该元素是 int 型变量
   C. pa[5]表示某个数组的第 5 个元素的值
   D. pa 是一个具有 5 个元素的指针数组，每个元素是一个 int 型指针
5. 指针可以用来表示数组元素，下列表示中(　)是错误的。已知：int a[3][7];
   A. *(a+1)[5]　B. *(*a+3)
   C. *(*(a+1))　D. *(&a[0][0]+2)
6. 在下面的一维数组定义中，(　)有语法错误。
   A. int a[]={1,2,3};　B. int a[10]={0};
   C. int a[];　D. int a[5];
7. 假定 a 为一个数组名，则下面的(　)表示有错误。
   A. a[i]　B. *a++　C. *a　D. *(a+1)

三、程序填空

1. 程序的功能是求 n 个任意数的最大值和最小值之差，将程序补充完整。

```
#include <iostream.h>
void main()
{
  float x[100],max,min,r;
  int i,n;
  cin>>n;
  for(i=0;i<【1】;i++)
      cin>>x[i];
  max=min=【2】;
  for(i=0;i<n;i++)
  {
      if(【3】)
        max=x[i];
      if(【4】)
```

```
        min=x[i];
    }
    r=max-min;
    cout<<r;
}
```

2. 程序的功能是以字符串的形式从键盘输入一个自然数,求该数的各位数字之和。

```
#include <iostream.h>
void main()
{
    char n[20];
    int s,i,k;
    cin.getline(n,20);
    【1】;
    for(i=0;n[i]! ='\0';i++)
    {
        k=【2】;
        s=【3】;
    }
    【4】;
}
```

3. 以下程序的功能是产生并输出杨辉三角的前七行。

```
1
1    1
1    2    1
1    3    3    1
1    4    6    4    1
1    5    10   10   5    1
1    6    15   20   15   6    1
```

```
#include<iostream.h>
void main ( )
{
    【1】;
    int i,j,k;
    for (i=0;i<7;i++)
    {
        a[i][0]=1;
        【2】;
    }
    for (i=2;i<7;i++)
        for (j=1;j<i;j++)
            a[i][j]=【3】;
        for (i=0;i<7;i++)
```

```
    {
        for (j=0;【4】;j++)
         cout<<a[i][j];
      cout<<endl;
    }
}
```

4. 以下程序用来对从键盘上输入的两个字符串进行比较,然后输出两个字符串中第一个不相同字符的 ASCII 码之差。例如:输入的两个字符串分别为 abcdef 和 abceef,则输出为 −1。

```
#include<iostream.h>
#include<string.h>
void main()
{
  char   str1[50],str2[50];
  int i,s;
  cout<<"\n input string 1:\n";
  【1】;
  cout<<"\n input string 2:\n";
  cin.getline(str2,50);
  i=0;
  while((【2】)&&(str1[i]!='\0'))
        【3】;
  【4】;
  cout<<s<<endl;}
```

四、程序改错

程序功能是用顺序交换法将 12 个整数中处于奇数位的数从大到小排序。

```
#include <iostream.h>
void main()
/***********FOUND***********/
{int m[12],i,j;
/***********FOUND***********/
for(i=1;i<=12;i++)
cin>>m[i];
for(i=0;i<11;i+=2)
/***********FOUND***********/
for(j=i+1;i<11;i++)
/***********FOUND***********/
   if(m[i]>m[j])
     {k=m[i];
      m[i]=m[j];
      m[j]=k;}
for(i=0;i<12;i++)
```

```
    cout<<m[i];
}
```

五、编程题

1. 编程实现,将数组中的10个数按降序排列输出。
2. 编写程序,统计出具有n个元素的一维数组中大于等于所有元素平均值的元素个数。
3. 编程实现,求矩阵对角线元素之和。
4. 编程实现,求5×5矩阵的转置。

第 5 章
函　数

本章学习目标

1. 掌握函数定义和函数声明方法的区别；
2. 掌握函数的调用方法；
3. 掌握函数调用时参数间的数值传递和地址传递的用法和区别；
4. 理解和掌握函数嵌套调用的功能和递归函数调用方法；
5. 了解标识符作用域的规则和同名标识符可见性的规定；
6. 掌握局部变量、全局变量、静态变量和动态变量的区别和用法；
7. 理解内联函数、具有默认值的函数和重载函数的使用。

5.1　函数的定义和声明

5.1.1　函数定义和声明的区别及注意事项

1. C++语言中函数的定义格式

[<属性说明>]　<类型>　<函数名>([<参数表>])

{

　<若干条语句>

}

说明：

<属性说明>可省略。一般可以是下面的关键字之一：inline(表示该函数为内联函数)、static(表示该函数为静态函数)、virtual(表示该函数为虚函数)、friend(表示该函数为某类class 的友元函数)等。

<类型>是该函数的类型，即为该函数返回值的类型。它包含数据类型和存储类别，数据类型可以是各种类型，包含基本数据类型、构造数据类型、指针和引用类型；存储类别通常省略，表示为外部函数。如果该函数没有返回值，只是一个调用，则该函数的类型为 void。

<函数名>要符合标识符的规定，最好做到“见名知意”。

<参数表>由 0 个、1 个或多个参数组成；参数个数为 0，表示没有参数，但是圆括号不可省，这种函数叫无参函数；多个参数之间用逗号分隔。每个参数包括参数名和参数类型。

以上称为函数头，用花括号括起来的<若干条语句>组成了函数体。当函数体是 0 条语句时，称该函数为空函数。

2. 函数声明的一般形式

一般来说，函数的声明格式是在函数头后加分号，具体格式如下：

[<属性说明>] <类型> <函数名>([<参数表>])；

函数声明的作用是告诉编译器函数的返回类型、名称和形参表构成，以便编译系统对函数的调用进行检查。

函数声明有以下原则：

(1) 如果一个函数定义在先，调用在后，则调用前可以不必说明。

(2) 如果一个函数定义在后，调用在先，则调用前必须说明。

3. 函数定义与函数声明的区别

函数声明是说明函数名、类型、参数等等内容。它仅仅给出函数的原型；而函数定义是在函数体内使用语句规定出函数的功能。两者是不同的。

5.1.2 函数值及其类型

1. 函数值语句的格式

函数值是指该函数的返回值。函数的返回值是用一个表达式来表示的。格式如下：

return [＜表达式＞];

其中，return 是返回语句的关键字，＜表达式＞的值是要返回的值，在返回该＜表达式＞值之前，须将表达式的类型转换为函数的类型，再将其他值返回给调用函数作为调用函数的值。

2. 函数返回值与函数类型的关系

函数的类型决定函数返回值的类型。在 C++中有些函数有返回值，有些函数没有返回值。一个有返回值的函数中需要有上述的返回语句。

3. 函数的返回值几点说明

(1) 有返回值的函数需要使用 return 语句，用它可以返回一个表达式的值。

(2) 无返回值的函数必须用 void 来说明类型。

5.2 函数的调用

5.2.1 函数调用的几种方式

一个函数被定义后就是为了将来对它调用。调用函数是实现函数功能的手段。在 C++语言中，函数调用时在主调函数中有以下几种方式：

1. 函数语句

函数语句的调用，是指把被调函数作为一个独立的语句直接出现在主调函数中。例如：

```
add(3,5);    //调用有参函数 add
print();     //调用无参函数 print
```

这 2 个语句都是函数调用语句。由函数语句直接调用的函数，一般不需要返回值，只要求函数完成某些操作。

2. 函数表达式

被调函数存在于主调函数的表达式中。在被调函数中，必须有一个函数返回值，返回主调函数以参加表达式的运算。例如：

```
c=add(3,5);
```


3. 函数参数

函数参数的调用，是指被调函数作为另一个函数参数的一种调用形式，而另一个函数则是该函数的主调函数。例如：

```
void main()
{
cout<<max(3,add(7,10));
```

}

这条语句中，函数的调用关系为：由 main 函数调用 max 函数，而 add 函数作为 max 函数的一个参数。这种调用称为嵌套调用，如图 5.1 所示。

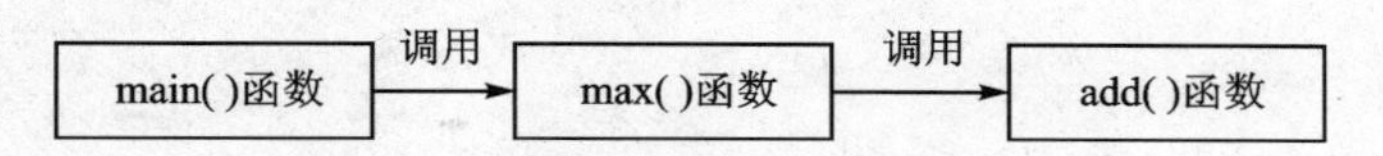

图 5.1　函数嵌套调用

5.2.2　在调用时形参和实参应注意的问题

1. 在调用时，形参和实参注意以下几点

(1) 实参与形参的类型应该一致或赋值兼容。

(2) 实参与形参的个数应相等。

(3) 实参与形参的次序必须一一对应。

(4) 实参与形参的名字可以不同。

(5) 为了进行运算，被调函数内部要有自己的临时变量。这些临时变量的作用域仅限于本函数。

(6) 被调函数内部的临时变量不可与形参同名。

(7) 为了保证函数调用的正确性，在调用之前应注意函数调用的三要素：即函数功能、函数参数、函数返回值，才能达到正确调用的目的。

2. 在调用时参数间传递方式

在 C++中，函数调用的方式有传值调用、传址调用，还有引用调用。三者的调用方式如表 5.1 所列。

表 5.1　传值调用、传址调用和引用调用

调用方式	实　参	形参	调用时	传递的实质	对实参的影响
传值调用	常量、变量、表达式	变量	先计算实参表达式的值，再将实参的值按位置对应赋给形参	复制一副本给形参	不影响实参值
传址调用	地址值	指针	将实参的地址赋给对应的形参指针	让形参的指针指向实参	改变实参值
引用调用	变量名	引用名	将实参的变量名赋给形参的引用	在被调用函数中使用了实参的变量值	通过引用来改变实参的变量值

【例 5.1】　分别用传值调用、传址调用和引用调用三种方式进行函数参数传递。

```
#include <iostream.h>
void swap1(int k,int l)                    //传值调用
{
    int t;
    t=k;k=l;l=t;
    cout<<"in swap1_function"<<endl;
    cout<<"k="<<k<<",l="<<l<<endl;
}
void swap2(int *m,int *n)                  //传址调用
```

```
{
    int temp;
    temp= * m;
    * m= * n;
    * n=temp;
    cout<<"in swap2_function"<<endl;
    cout<<"m="<< * m<<","<<"n="<< * n<<endl;
}
void swap3(int &s,int &p)                    //引用调用
{
    int temp;
    temp=s;
    s=p;
    p=temp;
    cout<<"in swap3_function"<<endl;
    cout<<"s="<<s<<","<<"p="<<p<<endl;
}

void main()
{
    int x,y,a,b;
    cout<<"please enter two integer number"<<endl;
    cin>>x>>y;
    a=x,b=y;
    cout<<"befor swap"<<endl;
    cout<<"x="<<x<<",y="<<y<<endl<<endl;
    swap1(x,y);
    cout<<"after swap1"<<endl;
    cout<<"x="<<x<<",y="<<y<<endl<<endl;
    x=a,y=b;
    swap2(&x,&y);
    cout<<"after swap2"<<endl;
    cout<<"x="<<x<<",y="<<y<<endl<<endl;
    x=a,y=b;
    swap3(x,y);
    cout<<"after swap3"<<endl;
    cout<<"x="<<x<<",y="<<y<<endl<<endl;
}
```


运行结果如图 5.2 所示。

3. 传值调用与传址调用的区别

函数的传值调用和传址调用都属于传值调用。其特点是将调用函数的实参值按其顺序传递给被调用函数的形参，要求实参和形参个数相等，对应类型相同。但是，这两种调用形式有

区别。传值调用时，实参为表达式值，形参为变量名，将实参值传递给形参，即形参从实参处复制一个副本。在被调用函数中改变形参值只影响副本中的值，而对实参变量没有影响。传址调用时，实参用变量的地址值，形参用指针，将实参的地址值传递给形参的指针，使形参指针直接指向实参的变量，于是可以通过改变形参所指向的变量值来改变实参值。

4. 引用调用的实质

在引用调用中，形参定义为引用类型，则参数传递采用按引用传递方式。C++语言引入引用类型来提供按引用传递的参数传递方式。声明一个引用类型的对象并不会真正创建一个新对象，而只是声明了另一个对象的别名而已，因而使用该别名所做的任何操作其实就是对原对象进行操作。采用按引用传递的参数传递方式时，形参就是实参，只不过采用了另一个名字，所以函数体中对形参的修改也就是对实参的修改，因而，按引用传递方式可以真正改变实参的值。

```
3 5
befor swap
x=3,y=5

in swap1_function
k=5,l=3
after swap1
x=3,y=5

in swap2_function
m=5,n=3
after swap2
x=5,y=3

in swap3_function
s=5,p=3
after swap3
x=5,y=3

Press any key to continue
```

图 5.2　程序运行结果

5. 引用调用与传址调用区别

函数的传址调用时，形参用指针，实参用地址值。被调用函数中可以通过改变形参所指向的变量值来改变实参变量值。传址调用不复制实参的副本，可以提高运行效率。函数的引用调用要求形参用引用，实参用变量可通过改变形参影响实参的特点。因此在C++中用引用调用来替代地址调用，引用调用的实参实现方法比传址调用的实现方法更简单明了。

5.2.3　设置函数默认值的注意事项

在C++的函数说明或定义中，允许给一个或多个参数指出默认值。在函数调用时，编译器按从左至右的顺序将实参与形参结合，当实参的数目不足时，编译器将按同样的顺序用说明或定义中的默认值来补足所缺少的实参。在设置函数默认值时，应该注意如下问题：

(1) 在设置默认值形参值时要从参数表的最右边的参数向左设置，不允许在设置了默认值的参数右边出现没设置默认值的参数。

(2) 如果一个函数有定义又有说明时，默认值应设置在说明中，在函数定义时不能重复写出默认参数值。

(3) 如果不写出函数说明而直接把函数定义写在程序首部，则函数定义的参数表中应写出默认值。

(4) 可设置一个参数的默认值，也可以设置所有参数的默认值。

(5) 在函数调用时，如果实参没有给出值时，使用形参的默认值；如果实参给定值时，使用实参值而不用默认值。这种替代是从左向右的。

(6) 在重载函数中，设置默认值可能导致二义性而破坏了重载规则。

5.2.4 函数的嵌套调用规则

C++程序是由若干个函数构成的。程序执行是由主函数 main()开始,在主函数中可以调用其他函数,最后又回到主函数中结束。其他函数之间彼此间可以进行嵌套调用,调用原则是:

(1) 在一个被调用的函数体内可以再调用其他函数。

(2) 调用函数的个数及嵌套的层数一般不受限制。

(3) 函数在嵌套调用中,要求被嵌套的函数是程序已定义的,或者是系统中定义的。

(4) 调用的用户自定义函数一般应在调用前进行说明。

(5) 调用系统定义的函数通常要把头文件包含在程序的开头。

5.2.5 函数的递归调用

1. 函数的递归调用的概念

函数的递归调用是指在调用一个函数的过程中直接或间接调用函数本身,即自己调用自己。

2. 构成函数递归调用的条件

利用递归调用解决问题时,形成递归调用的两个条件是:

(1) 存在某个特定条件,在这个特定条件下,可得到指定的结果,即递归存在着终止状态(递归出口)。

(2) 对任意给定的条件,有明确的定义规则,可以产生新的状态,并将最终导出终止状态,即存在导致问题求解的递归步骤。

3. 函数递归调用的执行过程

在函数执行过程中由递推和回归两个过程组成。"递推"阶段是将原问题不断地分解为新的子问题,逐渐从未知的方向向已知的方向推测,最终达到已知的结束条件,即递归结束条件,这时递推阶段结束。"回归"阶段是从已知的条件出发,按照"递推"的逆过程,逐一求值回归,最后到达递推的开始处,结束回归阶段,完成递归调用。以 5! 为例,过程如图 5.3 所示。

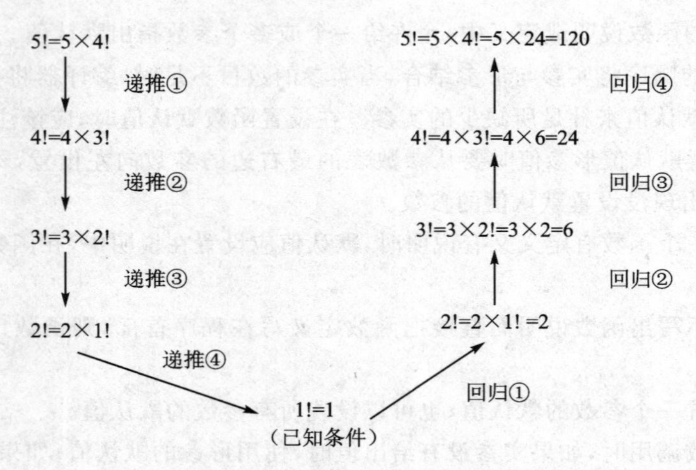

图 5.3 递归的执行过程示意图

5.3　内联函数

5.3.1　内联函数引入的原因

一个函数可以被多个函数调用，也可以被某个函数多次调用。由于函数代码可重用，因此当函数体比较大时，使用函数就能大大地节省内存空间。但是，函数调用时要进行栈操作。这种额外开销要占用 CPU 时间。当函数体很小而又需要反复调用时，运行效率与代码重用的矛盾变得很突出，这时，函数体的运行时间相对比较小，而函数调用所需的栈操作却要花费比较多的时间。为了解决上述矛盾，可以将该函数声明为内联函数。

5.3.2　内联函数定义方法

定义内联函数的方法是在函数定义的前面加上关键字 inline 即可。在编辑时在程序中出现内联函数的调用表达式用内联函数的函数体进行替换，而不像其他函数是在调用时运行时被主调函数做暂停去执行被调用函数。

5.3.3　使用内联函数注意事项

（1）使用函数原型声明内联函数时，一定要添加关键字 inline，否则系统将该函数作为非内联函数处理。

（2）函数体过大时，不宜把函数声明为 inline 函数。

（3）内联函数中不能有 switch，for、while 和 do…while 之类的控制语句，否则编译系统将函数视为一般函数来处理。

（4）内联函数的定义必须出现在内联函数第一次被调用之前。

5.4　函数重载

5.4.1　函数重载的概念

利用函数重载，可以使用相同的函数名来命名功能相近的函数，既可以省去为功能相似，但处理不同类型数据的函数取不同名字的麻烦，又可以使程序更容易理解，提高程序的可理解性。

函数重载的本意是将多个功能类似的函数赋以相同的名字以便于理解。因此不能将多个功能相关相差甚远的函数硬赋以相同的名字。

函数重载是指同一个作用域内相同的函数名对应着不同函数的实现。每种实现对应一个函数体。这些函数被调用时应执行哪个函数代码，系统将根据调用函数的实参情况来选择某个实现。确定函数实现时，主要从函数参数的个数和类型上来区别。这就是说，进行函数重载时，要求同名函数在参数个数或类型上不同，或者在参数顺序上不同。否则，将无法实现重载。

5.4.2　函数重载应满足的条件

函数重载应满足的条件是要求被重载的相同函数名的函数中，其参数个数、类型或顺序有所不同，即通过参数可以将它们分辨清楚。

不管函数的返回类型如何，在各函数的参数表中，参数个数、类型或顺序总应有所不同，这样，才能区别函数的功能。

以下两个函数的参数表完全相同，仅返回类型不同，因此不能认为是重载函数。

```
int    func(double,int);
double func(double,int);
```

5.4.3 函数重载的确定方法

当重载函数调用时,系统确定执行哪个函数体大致可分3个步骤实现:

(1) 确定候选函数。候选函数是在该作用域中与被调函数同名的可见函数。

(2) 选择可行函数。所谓可行函数,指的是能够用该函数调用中指定的实参进行调用的函数,即可行函数必须满足两个条件:函数的形参个数与该调用的实参个数相同;每个形参的类型要么与对应实参的类型相同,要么是对应实参可以隐式转换到的类型。若找不到可行函数,编译器则提示该调用出错。

(3) 确定最佳匹配。根据函数调用中的实参,找出对应形参与之最匹配的可行函数,原则是:实参类型与形参类型越接近则匹配越佳。如果在这个步骤中,找不到最匹配的可行函数,编译器则提示该调用出错。

5.4.4 函数重载时应注意的问题

(1) 函数重载时,要求同名函数在参数的个数、类型和顺序上有所区别,以便区别不同的函数实现。

(2) 函数的返回值类型不能用于区别重载函数。如果两个函数的名字和形参表完全相同,只有返回值类型不同,则认为后一个函数声明是错误的。

(3) 用typedef定义的类型别名不能用于区别重载函数。因为typedef只是给已经存在的数据类型提供别名,并没有创建新的数据类型。

(4) 默认参数不能用于区别重载函数。因为函数是否包含默认参数并不影响函数的参数个数及类型。

(5) 不同的参数传递方式不能用于区别重载函数,而如果两个函数的形参个数和对应位置的形参类型无区别,仅采用了不同的参数传递方式(即按值传递和按引用传递的区别),则它们不是合法的重载函数。

(6) 在C++程序中,main函数不能重载。

5.5 作用域

5.5.1 作用域的分类

作用域是指各个标识符作用的范围。标识符只能在说明它或定义它的范围内是可见的,而在该范围之外是不可见的。按大小分为:程序级、文件级、函数级和块级。

(1) 程序级的作用域最大,包含着组成该程序的所有文件。如果在某个文件中定义的,在该程序的其他文件中都是可见的,一般在访问之前需要加以说明。

(2) 属于文件级作用域的有内部函数和外部静态类变量。这种作用域仅在定义它的文件内。对外部静态变量来讲,作用域是从定义时起到该文件结束为止。

(3) 属于函数级作用域有函数的形参和在函数定义的自动类变量和内部静态类变量以及语句标号。这些标识符的作用域都是在它所定义的函数体内。这类标识符的作用域是在定义它的函数体内从定义时开始,到该函数体结束为止。

(4) 属于块级作用域的有定义在分程序中、if语句中、switch语句中以及循环语句中的自

动类变量和内部静态类变量。

5.5.2 变量的分类

在C++程序中，所定义的变量分为局部变量和全局变量两大类。

局部变量是指作用域为函数级和块级的变量，包含自动类变量和内部静态类变量以及函数参数。用auto定义的变量或什么都不加的是自动类变量；用register定义的变量为寄存器变量；内部静态类变量是用static定义的在函数体内或分程序内的变量。它的作用域与自动变量是相同的，但是它的生存期是长的，其可见性与存在性不一致。

全局变量是指作用域为程序级和文件级的变量，包含外部变量和外部静态变量。程序级的外部变量定义在函数体外，定义时不加任何存储说明；文件级的外部变量在引用之前需要用extern说明，表示该变量是外部变量。

1. 自动变量

(1) 在函数内部定义的局部变量为自动型变量，用于说明自动变量的关键字auto可以省略。

(2) 在函数内定义的自动变量作用域为定义它的函数；而在块语句定义的自动变量作用域为所在块。

(3) 编译程序不给自动变量赋予隐含的初值，故其初值不确定。

(4) 形参可以看成是函数的自动变量，作用域仅限于相应函数内。

(5) 自动变量所使用的存储空间由程序自动地创建和释放。

2. 内部的静态变量

(1) 在局部变量前加上static关键字就成为内部静态变量。

(2) 内部静态变量作用域在定义它的函数内。但该类型变量采用静态存储分配，当函数执行完，返回调用点时，该变量并不撤销，其值将继续保留。若下次再进入该函数时，其值仍然存在。内部静态变量有隐含初值0，并且只在编译时初始化一次。

3. 寄存器变量

(1)自动(局部)变量和函数参数可指定为寄存器存储类变量。它的作用域与自动变量完全相同。

(2) 当指定的寄存器变量个数超过系统所能提供的寄存器数量时，多出的寄存器变量将视同自动变量。

(3) 只限于int，char，short，unsigned和指针类型可使用register存储类。

(4) 不能对寄存器变量取地址。

(5) 使用寄存器变量可以提高存取速度，可将使用频率最高的变量说明成为寄存器变量。一般常用于说明循环变量。

4. 外部变量

(1) 在函数外部定义的变量即为外部变量。

(2) 外部变量的作用域是整个程序(全局变量)。

(3) 在C++中，程序可以分别放在几个源文件上，每个文件可作为一个编译单位分别编译。外部变量只需在某个文件上定义一次，其他文件若要引用此变量时，应用extern加以说明(外部变量定义时不必加extern关键字)。

5. 外部静态变量

(1) 在函数外部定义的变量前上 static 关键字便成了外部静态变量。

(2) 外部静态变量的作用域为定义它的文件,即成为文件“私有”(private),只有其所在文件上的函数可以访问外部静态变量,而其他文件上的函数一律不得直接访问该变量,除非通过外部静态变量所在文件上的各种函数来对它进行操作,这也是一种实现数据隐藏的方式。

(3) 与内部静态变量一样,外部静态变量也采用静态存储分配,有隐含初值 0。

5.5.3 函数的分类

函数按其存储类可为两种:一类是内部函数(用 static 说明的函数),在定义它的文件中可以被调用,而同一程序的其他文件中不可调用;另一类是外部函数(用 extern 说明的,一般情况下省略),是在整个程序中都能被调用的函数。

5.6 系统函数

1. 系统函数

C++语言系统所提供的系统函数的说明分类放在不同的.h 文件(又称头文件)中。例如:

math.h 文件中包含有关数学常用函数。

string.h 文件中包含有关字符串处理的函数。

graph.h 文件中包含的是图形处理函数。

2. 使用系统函数的注意事项

(1) 了解所使用的 C++语言系统提供了哪些系统函数。方法是阅读该编译系统的使用手册。手册会给出各种系统函数的功能、函数的参数和返回值以及函数的使用方法。

(2) 知道某个系统函数说明在哪个头文件中。

(3) 调用一个函数时,一定要将该函数的功能、参数和返回值弄清楚,要正确使用这个函数。

5.7 应用举例

【例 5.2】 函数默认参数值的用法。

```
#include <iostream.h>
void myfunc(int x=0,int y=1);
void main()
{
    myfunc(2,3);
    myfunc(2);
    myfunc();
}
void myfunc(int x,int y)
{
    cout<<"x="<<x<<",y="<<y<<endl;
}
```

运行结果如图 5.4 所示。

```
x=2,y=3
x=2,y=1
x=0,y=1
Press any key to continue
```

图 5.4　程序运行结果

【例 5.3】　内联函数的应用。

```
#include <iostream.h>
inline int mymax(int x,int y);
void main()
{
    cout<<mymax(3,5)<<endl;
}
inline int mymax(int x,int y)
{
    return(x>y? x:y);
}
```

```
5
Press any key to continue_
```

图 5.5　程序运行结果

运行结果如图 5.5 所示。

【例 5.4】　带 return 语句的例子,实现从输入的 10 个整数中找到最大值。

```
#include <iostream.h>
int max(int x,int y);
void main()
{
    int a;
    int maxnum;
    cout<<"Enter 10 integer number:"<<endl;
    cin>>a;
    maxnum=a;
    for(int i(1);i<10;i++)
    {
        cin>>a;
        maxnum=max(maxnum,a);
    }
    cout<<"The maximal number is:"<<maxnum<<endl;
}

int max(int x,int y)
{
    return(x>y? x:y);
}
```

```
Enter 10 integer number:
31 45 365 78 32 13 45 68 10 456
The maximal number is:456
Press any key to continue
```

图 5.6　程序运行结果

运行结果如图 5.6 所示。

【例 5.5】　函数递归调用的应用,求 5!的值。

```
#include <iostream.h>
int f(int x);
void main()
```

```
{
    cout<<"5!=:"<<f(5)<<endl;
}

int f(int x)
{
    if(x<=1)
        return 1;
    else
        return   x*f(x-1);
}
```


图 5.7 程序运行结果

运行结果如图 5.7 所示。

【例 5.6】 函数重载的使用。

```
#include <iostream.h>

int mymax(int x,int y);
char mymax(char first,char second);
double mymax(double u,double v);

void main()
{
    cout<<"in 3 and 5,the Max number is:"<<mymax(3,5)<<endl;
    cout<<"in 'c' and 'f',the Max char is:"<<mymax('c','f')<<endl;
    cout<<"in 5.2 and 11.5,the Max double number is:"<<mymax(5.2,11.5)<<endl;
}

int mymax(int x,int y)
{
    return(x>y? x:y);
}

char mymax(char first,char second)
{
    return(first>second? first:second);
}

double mymax(double u,double v)
{
    return(u>v? u:v);
}
```


运行结果如图 5.8 所示。

【例 5.7】 关于变量类型的使用。

```
in 3 and 5,the Max number is:5
in 'c' and 'f',the Max char is:f
in 5.2 and 11.5,the Max double number is:11.5
Press any key to continue
```

图 5.8　程序运行结果

```
#include<iostream.h>
void other();
int d=80;
void main()
{
    int a=3;
    register int b=4;
    static int c;
    cout<<"a="<<a<<",b="<<b<<",c="<<c<<",d="<<d<<endl;
    other();
    other();
}

void other()
{
    int a=11;
    static int b=12;
    b+=13;
    cout<<"a="<<a<<",b="<<b<<",d="<<d<<endl;
}
```

运行结果如图 5.9 所示。

```
a=3,b=4,c=0,d=80
a=11,b=25,d=80
a=11,b=38,d=80
Press any key to continue
```

图 5.9　程序运行结果

【例 5.8】 字符串函数的使用。

程序代码如下：

```
#include <iostream.h>
#include <string.h>
void main()
{
    char str1[] = "Hello!", str2[] = "How are you?",str[20];
     int len1,len2,len3;
     len1=strlen(str1);
     len2=strlen(str2);
    if(strcmp(str1, str2)>0)
     {
        strcpy(str,str1);
        strcat(str,str2);
     }
     else  if (strcmp(str1, str2)<0)
     {
        strcpy(str,str2);
        strcat(str,str1);
     }
      else
```

```
        strcpy(str,str1);
    len3=strlen(str);
    cout<<str<<endl;
  cout<<"Len1="<<len1<<",Len2="<<len2<<",Len3="<<len3<<endl;
}
```

运行结果如图 5.10 所示。

```
How are you?Hello!
Len1=6,Len2=12,Len3=18
Press any key to continue
```

图 5.10　程序运行结果

5.8　习题五

一、判断题

1. 函数参数顺序引起的二义性完全是由不同的编译系统决定的。
2. 使用内联函数是以增大空间开销为代价的。
3. 内部静态类变量与自动类变量作用域相同,但是生存期不同。
4. 在 C++语言中,定义函数时必须给出函数的类型。
5. 在 C++语言中,说明函数时要用函数原型,即定义函数时的部分。
6. 在 C++语言中,所有函数在调用前都要说明。
7. 如果一个函数没有返回值,所有函数在调用前都要说明。
8. 使用内联函数是以增大空间开销为代价的。
9. 返回值类型、参数个数和类型都相同的函数也可以重载。
10. 在设置了参数默认值后,调用函数的对应实参就必须省略。
11. 函数形参的作用域是该函数的函数体。
12. 定义外部变量时,不用存储说明符 extern,而说明外部变量时用它。
13. 所有的函数在定义它的程序中都是可见的。
14. 调用系统函数时,要先将该系统函数的原型说明所在的头文件包含进去。
15. 内部静态类变量与自动类变量作用域相同,但是生存期不同。
16. 带有返回值的函数只能有一个返回值。
17. 当在用户自定义函数中使用 return 语句时,函数立即终止执行。
18. 函数的默认参数没有次序要求,可以随意定义。
19. 在程序中使用全局变量是良好的程序设计风格,它优于局部变量,因为可以避免定义额外的变量。

20. 内部静态变量的生存周期贯穿函数调用过程的始终。

二、选择题

1. 考虑下面的函数原型:

void　f(int a,in b=7,char z='*');

下面不合法的是(　　)。

A. f(5)　　　B. f(5,8)　　　C. f(6,'#')　　　D. f(0,0,'*')

2. 在函数定义前加上关键字“inline”,表示该函数被定义为( )。

A. 重载函数　　B. 内联函数　　C. 成员函数　　D. 普通函数

3. 函数定义为 Fun(int &k),变量定义 n=100,则下面调用正确的是( )。

A. Fun(20)　　B. Fun(20+n)　　C. Fun(n)　　D. Fun(&n)

4. 下列描述中( )是引用调用。

A. 形参是指针,实参是地址值　　B. 形参和实参都是变量

C. 形参是数组名,实参是数组名　　D. 形参是引用,实参是变量

5. 不能作为函数重载判断依据的是( )。

A. const　　B. 返回类型　　C. 参数个数　　D. 参数类型

6. 在 C++语言中,对函数参数默认值描述正确的是( )。

A. 函数参数的默认值只能设定一个

B. 一个函数的参数若有多个,则参数默认值的设定可以不连续

C. 函数参数必须设定默认值

D. 在设定了参数的默认值后,该参数后面定义的所有参数都必须设定默认值是错误的。

7. 下列叙述错误的是( )。

A. 一个函数中可以有多条 return 语句。

B. 调用函数必须在一条独立的语句中完成。

C. 函数中通过 return 语句传递函数值。

D. 主函数 main 也可以带有形参。

8. 下列是正确的递归函数的是( )。

A.
```
int fun(int n)
{   if (n<1) return 1;
        else return n * fun(n+1);
}
```

B.
```
int fun(int n)
{   if (abs(n)<1   return 1;
        else return n * fun(n/2);
}
```

C.
```
int fun(int n)
{  if (n>1) return 1;
        else return n * fun(n * 2);
}
```

D.
```
int fun(int n)
{  if (n>1) return1;
        else return n * fun(n-1);
}
```

9. 函数重载的目的是( )。

A. 实现共享　　B. 使用方便,提高可读性

C. 减少空间　　D. 提高速度

10. 下列存储类标识符中,( )的可见性与存在性不一致。

A. 外部类　　B. 自动类　　C. 内部静态类　　D. 寄存器类

11. 在将两个字符串连接起来组成一个字符串时,选用( )函数。

A. strlen()　　B. strcpy()　　C. strcmp()　　D. strcat()

12. 下面的( )保留字能作为函数的返回类型。

A. void　　B. delete　　C. new　　D. malloc

三、编程题

1. 编写一个函数 void SelectSort (int a[ ],int n),采用选择排序的方法按升序排列数组 a 中的 n 个元素。

```
void SelectSort (int a[ ],int n)
{
/********** Program **********/

/**********  End   **********/
}
void main()
{
        int a[]={3,4,5,2,1,7,9,6,10};
        SelectSort(a,9);
        for(int i=0;i<9;i++)
            cout<<a[i]<<'\t';
}
```

2. 将所有大写字母改写成小写字母。

```
#include <iostream.h>
#include <fstream.h>
#include <string.h>
void fun(char s[])
{
/********** Program **********/

/**********  End   **********/
}
void main()
{
    char s[80] = "abdsaFDSAFdsafASFDSafghHFDHTjte";
    fun(s);
}
```

3. 在包含 10 个数的一维整数数组 a 中查找给定的数据 num。如果找到则返回 1,未找到返回 0。

```
#include <fstream.h>
#include <iostream.h>

int fun(int a[],int num)
{
/********** Program **********/

/**********  End   **********/
}
```

```
void main()
{
        int a[10]={54,256,563,754,34,56,345,543,45,65};
        int num = 46;
        if (fun(a,num)==1)
              cout <<"找到!"<<endl;
        else
              cout <<"没有找到!"<<endl;
}
```

4. 用 while 循环编程,求自然数 1 至 100 之间各奇数平方和 sum。

```
#include <iostream.h>
#include <fstream.h>
void main()
{
int i=1,sum=0;
/**********Program**********/

/**********  End  **********/
}
```

5. 编写一个函数,统计出一维数组中大于等于所有元素平均值的元素个数,并返回它。

```
#include<iostream.h>
#include<fstream.h>
int Count(double a[], int n)
{
/**********Program**********/


/**********  End  **********/
}
void main()
{
    int c;
    double a[10] = {34,54,75,86,53,45,34,45,34,45};
    c=Count(a,10);
    cout<<"数组中大于等于所有元素平均值的元素个数为:"<<c;
}
```

第 6 章

类与对象基础

本章学习目标

1. 了解面向对象程序设计的基本概念；
2. 掌握类与对象的定义和基本使用方法；
3. 掌握类的静态成员的基本概念和友元机制；
4. 理解类的作用域和对象的生存期的概念。

6.1 面向对象程序设计基础

在程序设计中，面向过程的程序设计和面向对象的程序设计是两种不同的程序设计方法。下面重点介绍一下面向对象程序设计的基本概念。

6.1.1 什么是面向对象程序设计

面向对象程序设计是一种重要的程序设计方法。它面向问题，把现实世界看成是由对象组成的，问题求解的方法与现实世界是对应的。因此，面向对象程序设计的关键是分析客观问题包含的对象、确定对象，并将对象分类，按层次关系进行组织、定义和管理。如将物体按图 6.1 的层次结构进行分类。

面向对象程序设计的本质是将数据和处理数据的过程看作对象，而程序是由对象组成

通过相应各对象之间传递消息、响应消息、处理消息来实现相应功能。相对面向过程的程序设计，面向对象程序设计可开发出更健壮、更易于扩展和维护的程序。

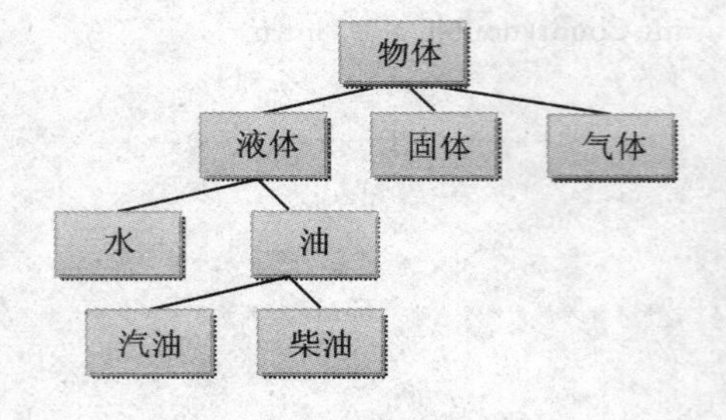

图 6.1 物体层次结构图

由此可见，类和对象是面向对象程序设计的重要概念。类本质上是一种自定义的数据类型，它将不同类型的数据与操作这些数据的方法进行封装。而对象是类的实例，类和对象是密切相关的。

6.1.2 面向对象程序设计的要素

封装性、继承性和多态性是面向对象程序设计的基本要素。

1. 封装性

封装性就是自成一体，即类负责自己的职责。如内存条是自成一体的，只需要购买安装使用即可，不需要了解它内部的工作原理。内存条自己负责数据存储职责。

定义好的类可以看成是一个封装的实体，可以作为一个整体使用。在使用时，只需知道它能做什么，不必关系它如何去做。

2. 继承性

要设计一种新车一般不是从头做起，而是在原有车型的基础上增加一些新功能，这样，新车不仅具有旧车的原有功能，而且还具有新增加的功能。面向对象程序设计允许类派生子类，子类称为派生类，它继承了原有类的所有成员，同时还可以增加一些新成员。

3. 多态性

面向对象程序设计采用多态性为类定义具体行为，使该类实例化后的对象可以有不同的表现方式。如学生类一般包括一个计算成绩的操作。对计算机专业的本科生来说，该操作可能表示计算高等数学、操作系统、数据结构、专业英语等课程的成绩；而对研究生来说，该操作可能表示计算组合数学、人工智能等课程的成绩。

6.2 定义类与对象

在面向对象的程序设计中，需要先设计并建立类，然后将类实例化成对象，再利用对象的属性和方法解决问题。

6.2.1 如何定义类

类是一种复杂的自定义数据类型。它的定义形式一般包括说明部分和实现部分。说明部分用来声明类包含的数据成员和成员函数，实现部分用来定义成员函数的具体实现。类的一般定义形式如下：

```
class 类名
{
访问属性:
    数据成员与成员函数的说明或实现
};
```

1. class 是关键字

类名是自定义的名称，必须是有效的 C＋＋标识符。

2. 数据成员的定义

数据成员的定义与普通变量的声明是相同的，格式如下：

```
数据成员类型 1:数据成员列表;
数据成员类型 2:数据成员列表;
        ⋮
```

3. 成员函数的定义

成员函数的定义由说明和实现两部分组成。说明是将成员函数以函数原型的形式在类体内声明，实现是在类体内或体外完成成员函数的定义，前者与普通函数的定义类似，后者的定义格式如下：

```
函数类型 类名::成员函数(<参数列表>)
{
    <函数体>;
};
```

(1)“::”是作用域运算符，用来标识成员函数归属的类。类名是成员函数所属的类的名称。

(2) 成员函数即成员函数名称,参数列表可以为空。

(3) 函数体即成员函数的具体实现代码。

4. 访问属性

类的成员包括数据成员和函数成员,各个成员可以有不同的存取权限,称为访问属性(也称为存取属性、访问权限)。访问属性包括 3 种,即 public,private 和 protected。

(1) public:公有访问属性,具有该属性的成员可以被任何函数访问。

(2) private:私有访问属性,此属性为默认属性,具有该属性的成员仅能由该类的成员函数访问。

(3) protected:保护访问属性,具有该属性的成员仅能由该类及该类的派生类的成员函数访问。

类中数据成员的访问属性默认为 private,即只允许该类的成员函数访问,体现了面向对象程序设计的封装性。

【例 6.1】 建立一个日期(Tdate)类,成员函数在类体外定义。

程序代码如下:

```
class Tdate
{
  private:                          //私有数据成员:year,month 和 day
    int year;
    int month;
    int day;
  public:                           //公有函数声明:set(),isLeapYear(),print()
    void set(int y,int m,int d);
    bool isLeapYear();
    void print();
};
void Tdate::set(int y,int m,int d)//定义成员函数 set()
{
    year=y;
    month=m;
    day=d;
}
bool Tdate::isLeapYear()          //定义成员函数 isLeapYear()
{
    return ((year%4==0&&(year%100!=0))||year%400==0);
}
void Tdate::print()               //定义成员函数 print()
{
    cout<<year<<"-"<<month<<"-"<<day<<endl;
}
```

说明:上面的例子定义了类 Tdate。该类包括三个成员函数 set(int,int,int),isLeapYear(),print()和三个数据成员 year,month 和 day。三个成员函数在类体内声明,在类体外定义。

【例 6.2】 修改例 6.1 代码，实现成员函数在类体内定义。

程序代码如下：

```
class Tdate
{
private:
    int year;
    int month;
    int day;
public:
    void set(int y,int m,int d)
    {
        year=y;
        month=m;
        day=d;
    }
    bool isLeapYear()
    {
        return ((year%4==0&&(year%100!=0))||year%400==0);
    }
    void print()
    {
        cout<<year<<"-"<<month<<"-"<<day<<endl;
    }
};
```

说明：在类体内定义的成员函数成为内联函数，函数的执行效率可以得到提高，但是函数体代码却受制于内联函数的一些限制。

思考：成员函数在类体外定义和类体内定义有何差异？

6.2.2 如何定义对象

类相当于一种特殊的数据类型，对象则相当于一种特殊的变量。变量具有明确的类型，而对象则具有对应的类。类是对象的模板，对象则是实例化后的类。类的使用则是通过对象来实现的。

1. 对象的定义

对象的定义形式有如下 2 种：

(1) 类名 对象名列表

(2) class 类名

```
{
    …
}对象名列表;
```

说明：

(1) 类名是对象所归属的类的名称。

(2) 对象名列表是定义的一个或多个对象的名称，多个对象之间用逗号分隔。

(3) 第 2 种定义形式定义的是全局对象，任何函数都可以使用它，只要程序运行对象就存在，系统就为对象分配存储空间；程序结束时，对象所占的存储空间被释放，对象才被撤销。

注意：一般都采用第 1 种形式定义对象。

2. 对象的使用

定义了对象，就可以使用对象访问其成员(属性和方法)，访问格式如下：

(1) <对象名>.数据成员名

(2) <对象名>.成员函数名(参数列表)

说明：

(1)"."称为成员引用符，指示对象的成员。

(2) <对象名>也可以使用指向对象的指针替代，则访问对象的格式为：

<指向对象的指针>->数据成员

<指向对象的指针>->成员函数名(参数列表)

【例 6.3】 建立一个 main 函数，在函数体中使用 Tdate 类实例化的对象。

程序代码如下：

```
#include<iostream.h>
void main()
{
    Tdate d, *p;
    p=&d;
    d.set(2010,3,4);
    d.print();
    if (p->isLeapYear())
        cout<<"is LeapYear."<<endl;
    else
        cout<<"is not LeapYear."<<endl;
}
```

```
2010-3-4
is not LeapYear.
Press any key to continue
```

图 6.2 程序运行结果

程序运行结果如图 6.2 所示。

6.3 对象的初始化

在面向对象程序中声明一个类对象时，编译程序为对象分配存储空间，进行初始化。在 C++中，这部分工作由构造函数完成。构造函数是属于某个类的特殊成员函数，它的名字与类名相同。我们可以自己设计构造函数，也可以由系统自动生成，不管哪种方式，当声明了一个对象时，程序就会自动调用对应类的构造函数进行对象的初始化。

1. 如何定义构造函数

构造函数的定义格式：类名(参数表){ … }

【例 6.4】 修改(Tdate)类加入构造函数，并使用构造函数对对象进行初始化。

程序代码如下：

```
#include<iostream.h>
class Tdate
{
```

```
private:
    int year;
    int month;
    int day;
public:
    Tdate()                          //构造函数
    {
        year=1000;
        month=1;
        day=1;
    }
    void set(int y,int m,int d)
    {
        year=y;
        month=m;
        day=d;
    }
    bool isLeapYear()
    {
        return ((year%4==0&&(year%100!=0))||year%400==0);
    }
    void print()
    {
        cout<<year<<"-"<<month<<"-"<<day<<endl;
    }
};
void main()
{
    Tdate d;
    d.print();
}
```

```
1000-1-1
Press any key to continue
```

图 6.3　程序运行结果

程序运行结果如图 6.3 所示。

说明：

(1) 构造函数为对象初始化，就是对数据成员赋初值。

(2) 构造函数没有被显示调用，它是在定义对象时被系统自动调用的。

(3) 由于构造函数是成员函数，所以它可以在类体内或体外定义。

(4) 构造函数可以重载，可以有多个参数，也可以无参数。系统默认调用无参的构造函数。

2. 如何使用重载构造函数

构造函数可以被重载，C++根据对象声明中的参数不同，选择合适的构造函数执行。

【例 6.5】 在例 6.4 的基础上，重载构造函数。

程序代码如下：

```
#include<iostream.h>
class Tdate
{
private:
    int year;
    int month;
    int day;
public:
    Tdate()                         //无参构造函数
    {
        year=1000;
        month=1;
        day=1;
    }
    Tdate(int y,int m,int d)        //具有三个参数的构造函数
    {
        year=y;
        month=m;
        day=d;
    }
    void set(int y,int m,int d)
    {
        year=y;
        month=m;
        day=d;
    }
    bool isLeapYear()
    {
        return ((year%4==0&&(year%100!=0))||year%400==0);
    }
    void print()
    {
        cout<<year<<"-"<<month<<"-"<<day<<endl;
    }
};
void main()
{
    Tdate d1,d2(2000,2,2);
    d1.print();
```

```
    d2.print();
}
```

```
1000-1-1
2000-2-2
Press any key to continue
```

图 6.4　程序运行结果

程序运行结果如图 6.4 所示。

说明：

在 main()函数中，对象 d1 由无参构造函数 Tdate()初始化；对象 d2 由构造函数 Tdate(int y,int m,int d)初始化。因此，通过重载构造函数可以使不同的对象匹配不同的构造函数，方便对象根据实际情况进行不同的初始化。

3. 如何使用复制构造函数进行对象间的赋值

复制构造函数利用已经初始化的对象建立一个新对象。它可以由用户自己定义，也可以由系统自动产生默认的复制构造函数。

自定义默认构造函数的一般定义格式：类名(类名 & 对象名)

【例 6.6】　在例 6.5 的基础上，自定义复制构造函数。

程序代码如下：

```
#include<iostream.h>
class Tdate
{
private:
    int year;
    int month;
    int day;
public:
    Tdate()
    {
        year=1000;
        month=1;
        day=1;
    }
    Tdate(int y,int m,int d)
    {
        year=y;
        month=m;
        day=d;
    }
    Tdate(Tdate &p)          //自定义复制构造函数
    {
        year=p.year+1;month=p.month+1;day=p.day+1;
    }
    void set(int y,int m,int d)
    {
        year=y;
        month=m;
```

```
        day=d;
    }
    bool isLeapYear()
    {
        return ((year%4==0&&(year%100!=0))||year%400==0);
    }
    void print()
    {
        cout<<year<<"-"<<month<<"-"<<day<<endl;
    }
};
void main()
{
    Tdate d1,d2(2000,2,2);
    Tdate d3(d2);                   //调用自定义复制构造函数
    d1.print();
    d1=d2;
    d1.print();
    d3.print();
}
```

```
1000-1-1
2000-2-2
2001-3-3
Press any key to continue
```

图 6.5 程序运行结果

程序运行结果如图 6.5 所示。

说明：

(1) Tdate d3(d2);调用自定义复制构造函数进行对象间属性的赋值，将 d2 对象的 year 等属性+1 后赋值给 d3 对象对应的属性。

(2) d1=d2;使用了默认复制构造函数，虽然 Tdate 类中没有定义，但是系统默认使用默认复制构造函数将对象 d2 的属性值赋值给 d1 对应的属性。

(3) 复制构造函数简化了同类对象间的操作。

思考：不同类的对象能否使用复制构造函数进行初始化？

6.4 成员函数

一般成员函数执行类的主体功能，除了类中定义的一般意义上的成员函数外，还包括构造函数和析构函数。

6.4.1 成员函数的访问

对象能够访问实现它的行为操作，即调用类中的成员函数。下面介绍几种访问成员函数的方法。

1. 如何用指针访问成员函数

【例 6.7】 用指针访问成员函数。

```
#include<iostream.h>
class Tdate
{
private:
```

```
    int year;
    int month;
    int day;
public:
    void print()
    {
        cout<<year<<"-"<<month<<"-"<<day<<endl;
    }
    int Isleapyear()
    {
        return (year%4==0&&year%100! =0)||(year%400==0);
    }
    void set(int y,int m,int d)
    {
        year=y;month=m;day=d;
    }
};
void Sfunc(Tdate * p)
{
    p->print();
    if (p->Isleapyear())
        cout<<"leap year\n";
    else
        cout<<"not leap year\n ";
}
void main()
{
    Tdate s;
    s.set(2010,2,26);
    Sfunc(&s);
}
```

```
2010-2-26
not leap year
 Press any key to continue
```

图 6.6　程序运行结果

程序运行如图 6.6 所示。

说明:普通函数 Sfun()的参数是对象 s 的地址。该地址作为指针对象引用类 Tdata 的成员函数 print()。

2. 如何用引用访问成员函数

【例 6.8】 使用例 6.7 定义的 Tdate 类利用引用访问成员函数。

程序代码如下：

```
void Sfunc(Tdate &p)
{
    p.print();
    if (p.Isleapyear())
        cout<<"leap year\n";
```

```
    else
        cout<<"not leap year\n ";
}
void main()
{
    Tdate s;
    s.set(2010,2,26);
    Sfunc(s);
}
```

```
2010-2-26
not leap year
 Press any key to continue
```

图 6.7　程序运行结果

程序运行结果如图 6.7 所示。

说明：

(1) 在 void Sfunc(Tdate &p)函数中，p 是对象 s 的别名，普通函数 Sfunc 调用对象的成员函数 Isleapyear()。

(2) 在 main 函数中，调用 Sfunc(s);，其中 s 为 Tdate 类生成的对象。

6.4.2　析构函数

1. 析构函数的特点

析构函数是一种特殊的类成员函数。它在类对象生命周期结束时由系统自动调用。析构函数执行与构造函数相反的操作，即一些清理任务，如释放对象所占的存储空间。

析构函数可由用户自己定义，如果不定义析构函数，系统会自动产生一个默认的析构函数。析构函数的定义形式如下：

```
类名::～析构函数名()
{
    …
}
```

2. 析构函数的使用实例

【例 6.9】 修改例 6.4 的程序代码，加入析构函数。

```
#include<iostream.h>
class Tdate
{
private:
    int year;
    int month;
    int day;
public:
    Tdate()
    {
        year=1000;month=1;day=1;
    }
    ~Tdate()
    {
        cout<<"destruction is called.";
```

```
    }
    void set(int y,int m,int d)
    {
        year=y;
        month=m;
        day=d;
    }
    bool isLeapYear()
    {
        return ((year%4==0&&(year%100!=0))||year%400==0);
    }
    void print()
    {
        cout<<year<<"-"<<month<<"-"<<day<<endl;
    }
};
void main()
{
    Tdate d;
    d.print();
}
```

说明：

(1) 析构函数没有参数，没有返回值，一个类中只能定义一个析构函数。

(2) 在类对象的生命周期结束时，由编译系统自动调用析构函数释放该对象。

6.5　静态成员

静态成员可以实现多个对象之间的数据共享，并且使用静态成员不会破坏隐藏原则，保证了安全性。静态成员在类中包括：静态数据成员和静态成员函数。

6.5.1　静态数据成员

1. 为什么要使用静态数据成员

在面向对象的程序设计过程中，为了带来数据访问的便利性(如获得全局变量的数据访问便利)，就需要恰当地牺牲数据的封装特性。类的静态数据成员就是为此目的设计的。静态数据成员被存放在静态存储区，被同类建立的所有对象共享。这样类中的静态数据成员在同类所建立的所有对象中体现出了全局共享性。

静态数据成员的初始化在类体外进行，格式如下：

<数据类型><类名>::<静态数据成员名>=<初值>

例如，int time::hour=15;

在程序中如果静态数据成员的访问权限为公有成员，则可按如下格式引用：

<类名>::<静态数据成员名>

注意：静态数据成员所占空间不会随着对象的产生而分配，随着对象的消失而回收。

2. 静态数据成员的使用方法

【例 6.10】 建立一个学生(Student)类,包括学生计数器(Count)静态数据成员。

程序代码如下:

```
#include<iostream.h>
class Student
{
private:
    static int Count;                    //静态数据成员 Count
    int No;
public:
    Student()
    {
        Count++;
        No=Count;
    }
    void print()
    {
        cout<<"["<<No<<"]";
        cout<<"Count="<<Count<<endl;
    }
};
int Student::Count=0;
void main()
{
    Student stu1,stu2;
    stu1.print();
    stu2.print();
}
```

```
[1]Count=2
[2]Count=2
Press any key to continue
```

图 6.8 程序运行结果

程序运行结果如图 6.8 所示。

说明:

(1) static int Count;为静态成员,可以被 Student 类生成的 stu1 和 stu2 对象共享。

(2) 每当创建一个 Student 类对象时,构造函数会执行 Count++使 Count 自增 1。

(3) Student 类对象在使用私有静态数据成员 Count 时,仅能通过调用类公有成员函数的形式访问,如 stu1.print()。

6.5.2 静态成员函数

1. 静态成员函数的特点

静态成员函数与静态成员变量是一样的,它们不是属于一个对象,而是属于整个类。在静态成员函数的实现中,可以直接引用静态成员,但不能直接引用非静态成员。如果要引用非静态成员,可通过对象来引用。对静态成员函数的引用,在程序中一般使用下列格式:

类名.静态成员函数(参数表);

有时也可以由对象来引用,格式如下:

对象.静态成员函数(参数表)；

2. 静态成员函数的使用方法

【例 6.11】 设计一个商品库存盘点程序。建立一个商品(Commodity)类,包括单价(Price)和总价(TotalPrice)数据成员。其中 TotalPrice 为静态 float 类型成员。成员函数包括构造函数和析构函数,以及静态成员函数库存盘点(CheckStock)。

程序代码如下：

```
#include<iostream.h>
class Commodity
{
private:
    float Price;
    static float TotalPrice;
public:
    Commodity(float price)
    {
        Price=price;
        TotalPrice+=Price;
    }
    ~Commodity()
    {
        TotalPrice-=Price;
    }
    static void checkStock()
    {
        cout<<"Stock TotalPrice are "<<TotalPrice<<endl;
    }
};
float Commodity::TotalPrice=0;
void main()
{
    float price;
    cout<<"please enter the price of Commodity:";
    cin>>price;
    Commodity commodity1(price);
    Commodity::checkStock();

    cout<<"please enter the price of Commodity:";
    cin>>price;
    Commodity commodity2(price);
    Commodity::checkStock();
}
```

程序运行结果如图 6.9 所示。

```
please enter the price of Commodity:200
Stock TotalPrice are 200
please enter the price of Commodity:100
Stock TotalPrice are 300
Press any key to continue_
```

图 6.9 程序运行结果

说明：

(1) 静态数据成员 TotalPrice 和静态成员函数 checkStock()仅属于 Commodity 类而不属于具体的对象，如 commodity1 或 commodity2。

(2) 静态成员函数 checkStock()仅能直接使用静态成员 TotalPrice，而不能直接使用普通成员 Price，因为在 checkStock()中没有 this 指针。如果想使用对象的成员，可以通过对象指针或对象引用来实现。如，

```
static void checkStock(Commodity &commodity,int Mount)
{
    TotalPrice=commodity.Price * Mount;
    cout<<"Stock TotalPrice are "<<TotalPrice<<endl;
}
```

6.6 友 元

1. 为什么需要友元机制

类具有封装性和隐蔽性。只有类的成员函数才能访问该类的私有成员，而程序中的其他函数是无法访问类中的私有成员的，它们仅能访问类中的公有成员。这给类的数据访问带来了不便。为了解决这个问题，C++提供了友元机制。

2. 友元函数和友元类的特点与注意事项

(1) 在 C++中，将函数可以声明为某个类的友元函数，使这个函数可以像类中的成员函数一样访问类中的所有成员(包括私有成员)。避免了类成员函数的频繁调用，节约了处理器的开销，提高了程序的效率，但也破坏了类的封装特性。

友元函数是定义在类外部的普通函数，但对它的说明是在类内部，在友元函数的说明前加关键字 friend。

友元函数说明格式：friend *类型 友元函数名(参数表)*；

在类外定义友元函数的格式：*类型 函数名(类 & 对象)*；

(2) 当希望一个类可以存取另一个类的私有成员时，可以将该类声明为另一个类的友元类。此时，该类的所有成员函数都可以访问另一个类中的所有成员。

定义友元类的语句格式如下：

friend class <*类名*>；

其中：friend 和 class 是关键字，类名必须是程序中的一个已定义过的类。

注意：一个普通函数可以是多个类的友元函数；一个类的成员函数也可以是另一个类的友元；使用友元的另外一个重要原因是为了方便重载运算符(在后面章节讨论)。

3. 使用友元函数与友元类

【例 6.12】 建立一个学生(Student)类和一个学生辅导员(Counsellor)类。Counsellor 类

可以访问 Student 类的所有成员；建立一个排序学生的函数(StuSort)，使之可以访问 Student 类的中的私有成员，如学号(No)。

程序代码如下：

```
#include<iostream.h>
#include<string.h>
class Student
{
private:
    int No;
    char Name[8];
    int Assessment_Score;//评价分数:优秀为 5,良好为 4,及格为 3,不及格为 2-1
    friend class Counsellor;
    friend void Assessment_Compare(Student &s1,Student &s2);
public:
    Student(int no,char * pName)
    {
        No=no;
        strcpy(Name,pName);
    }
    void print()
    {
        cout<<"["<<No<<"]"<<Name<<endl;
    }
};
class Counsellor
{
private:
    int No;
    char Name[8];
public:
    Counsellor(int no,char * pName)
    {
        No=no;
        strcpy(Name,pName);
    }
    void assess(Student &s,int assessment_score)
    {
        s.Assessment_Score=assessment_score;
    }
};
void Assessment_Compare(Student &s1,Student &s2)
{
```

```
    if(s1.Assessment_Score>s2.Assessment_Score)
        cout<<s1.Name<<"表现更好"<<endl;
    else
        cout<<s2.Name<<"表现更好"<<endl;
}
void main()
{
    Student stu1(1,"李晓明");
    Student stu2(2,"张子明");
    Counsellor counsellor(1,"李璐");
    counsellor.assess(stu1,5);
    counsellor.assess(stu2,2);
    Assessment_Compare(stu1,stu2);
}
```

```
李晓明表现更好
Press any key to continue
```

图 6.10 程序运行结果

程序运行结果如图 6.10 所示。

说明：

(1) 友元函数不是成员函数，但可以访问类中的私有成员。

(2) 声明可在私有部分，也可在公有部分，作用相同。

(3) 友元函数的调用方式与普通函数相同。

(4) 友元关系不能传递。

6.7 类的作用域与对象的生存期

在面向对象的程序设计中，类具有相应的有效作用范围，类生成的对象也具有相应的生命周期。

6.7.1 类的作用域

1. 变量作用域与类的作用域的异同

一般来说，普通变量的作用域也称为可见性，指变量能够被访问的范围。变量的作用范围主要有 4 个级别：程序级（程序域）、文件级（文档域）、函数级（函数域）和块级（程序块域）四种。在面向对象的程序设计中，由于引入了类，所以类也具有相应的作用域（简称类域）。它是指类的定义和相应成员函数的定义范围，即在类的定义中由一对花括号所括起来的部分。每一个类都具备该类的类域。该类的成员都被限制在该类的类域中。在类域中能够定义变量，也能够定义函数。

显然，文件级作用域（文档域）中包含类域。类域的作用范围小于文档域。一般来说，类域中可包含成员函数的作用域。

2. 使用时的注意事项

由于类中成员的特别访问规则，使得类中成员的作用域变得比较复杂。在具体使用时需要注意以下几点：

(1) 一个类在类域内对任何成员都是开放的，而对类域外的类或函数的访问受到限制。

(2) 在类域中定义的变量不能使用 auto，register 和 extern 等修饰符，只能用 static 修饰符，而定义的函数也不能用 extern 修饰符。

(3) 类本身可被定义在三种作用域内：全局作用域，如一般的C++类；在另一个类的作用域中，如嵌套类；在一个块的局部作用域中，如局部类。

(4) 可以使用作用域运算符(::)标识某个成员是属于哪个类。

6.7.2　对象的生存期

1. 普通变量的生存期

在普通变量的作用域下，变量有三种生存周期，即局部变量、静态变量和全局变量。局部变量的范围较窄，限定在程序中的部分区域(如 auto、register)；而全局变量的范围较宽，可以是整个文件，甚至是整个应用程序(如 static，extern)。静态变量较特别，它具有较小作用域(一般是函数级作用域)，但是却具有较长的生存周期(全局生存周期)。

2. 对象生存期的差异

所谓对象的生存期是指对象从被创建开始到被释放为止的存在时间，即对象的寿命。不同存储类的对象具有不同生存期。

按生存期的不同对象可分为如下三种：

(1) 局部对象：局部对象是被定义在一个函数体或程序块内的，它的作用域小，生存期也短。当对象被定义时调用构造函数，该对象被创建，当程序退出定义该对象所在的函数体或程序块时，调用析构函数，释放该对象。

(2) 静态对象：静态对象是被定义在一个文件中，它的作用域从定义时起到文件结束时止。它的作用域比较大，它的生存期也比较大。当程序第一次执行所定义的静态对象时，该对象被创建，当程序结束时，该对象被释放。

(3) 全局对象：全局对象是被定义在任何函数和程序块之外、某个文件中的对象。它的作用域在包含该文件的整个程序中，作用域是最大的，生存期也是最长的。当程序开始时，调用构造函数创建该对象，当程序结束时调用析构函数释放该对象。

6.8　习题六

一、选择题

1. 下面关键字中，用以说明类中公有成员是(　)。

　A. public　　B. private　　C. protected　　D. friend

2. 下列的各类函数中，(　)不是类的成员函数。

　A. 构造函数　　B. 析构函数　　C. 友元函数　　D. 复制构造函数

3. 作用域运算符的功能是(　)。

　A. 标识作用域的级别　　B. 指出作用域的范围

　C. 给定作用域的大小　　D. 标识某个成员是属于哪个类的

4. 不是构造函数的特征的是(　)。

　A. 构造函数名与类名相同　　B. 构造函数可以重载

　C. 构造函数可以设置默认参数　　D. 构造函数必须指定类型说明

5. 下列选项中，为析构函数特征的是(　)。

　A. 一个类中只能定义一个析构函数　　B. 析构函数名与类名不同

　C. 析构函数的定义只能在类体内　　D. 析构函数可以有一个或多个参数

6. 通常复制构造函数的参数是(　)。

A. 某个对象名 B. 某个对象的成员名

C. 某个对象的引用 D. 某个对象的指针名

7. 下面关于成员函数特征的描述中，(　)是错误的。

A. 成员函数一定是内联函数 B. 成员函数可以重载

C. 成员函数可以设置默认值 D. 成员函数可以是静态的

8. 下述静态数据成员的特性中，(　)是错误的。

A. 说明静态数据成员时前面要加修饰符 static

B. 静态数据成员要在类体外进行初始化

C. 引用静态数据成员时，可在静态数据成员名前加<类名>和作用域运算符

D. 静态数据成员不是所有对象共用的

9. 友元的作用(　)。

A. 提高程序的运行效率 B. 加强类的封装性

C. 实现数据的隐藏性 D. 增强成员函数的种类

二、判断题

1. 使用关键字 class 定义的类中默认的访问权限是私有(private)的。

2. 作用域运算符(::)只能用来限定成员函数所属的类。

3. 构造函数和析构函数都不能重载。

4. 析构函数是一种函数体为空的成员函数。

5. 说明或定义对象时，类名前面不需要加 class 关键字。

6. 对象成员的表示与结构变量成员的表示相同，使用运算符.或->。

7. 所谓私有成员是指只有类中所提供的成员函数才能直接使用它们，任何类以外的函数对它们的访问都是非法的。

8. 某类中的友元类的所有成员函数可以存取或修改该类中的私有成员。

9. 可以在类的构造函数中对静态数据成员进行初始化。

10. 函数的定义不可以嵌套，类的定义可以嵌套。

三、程序改错

改正下列程序中的错误，使之可以输出如下结果：

x=0y=0

x=100y=200

程序代码如下：

```
#include<iostream.h>
class test
{private:
        int x,y;
public:
/*********** FOUND ***********/
        test(){}
/*********** FOUND ***********/
        test(a, b)
        {x=a;y=b;}
```

```
        void print(){cout<<"x="<<x<<"y="<<y<<endl;}
};
void main()
{
/************ FOUND ************/
        test t1(100,200),t2;
/************ FOUND ************/
        test *p[]={t1,t2};
        int i;
        for(i=0;i<=1;i++)
        p[i]->print();
}
```

四、程序设计

1. 定义一个成绩(Score)类，包含私有数据成员数学课成绩(math)、公有成员函数setScore()和printScore()，分别实现设置数学课成绩和显示数学课成绩。定义构造函数，完成对math成员的初始化。在main函数中定义类的两个对象stu1和stu2，其中数学成绩分别为78和91，并输出成绩。

2. 定义一个计算器类Counter，其构造函数将计数器初值置0；成员函数countchar能接受从键盘上输入的若干字符，统计输入的字符个数，按回车键结束计数，但不返回值，而用另一成员函数返回计数器的值。

第 7 章

类与对象的应用

本章学习目标

1. 了解指向类成员的指针和指向对象的指针的基本概念；
2. 掌握对象数组和对象指针数组的基本使用方法；
3. 理解常类型的概念及使用方法；
4. 掌握子对象和堆对象的使用方法。

7.1 类与指针

指针通过直接访问内存地址来提高对程序中各种数据的处理效率。在类的范畴内，指针同样可以提供对类以及类内成员的访问效率。下面介绍几种与类相关的指针。

7.1.1 使用指向对象的指针

类实例化为对象后，系统会为对象分配存储空间，存储对象的成员（属性与方法），这样可以通过对象的首地址来访问对象。指向对象的指针是存储对象的首地址的指针变量。

指向对象的指针变量的定义格式：

＜类名＞ * ＜对象指针变量名＞

【例 7.1】 定义一个商品（Commodity）类，具有编号（No）、名称（Name）、价格（Price）三个私有数据成员和一个 printInfo()公有成员函数。使用指向对象的指针访问 Commodity 类对象。

商品（Commodity）类的程序代码如下：

```
#include<iostream.h>
#include<string.h>
class Commodity
{
private:
    char No[10];
    char Name[8];
    float Price;
public:
    Commodity(char * cNo,char * cName,float cPrice=0)
    {
        strcpy(No,cNo);
        strcpy(Name,cName);
        Price=cPrice;
    }
    void printInfo()
```

```
    {
        cout<<"the Price of "<<Name<<" is "<<Price<<endl;
    }
};
```

main 函数的程序代码如下：

```
void main()
{
    Commodity commodity("1","Pen",3.2f), *cp;
    cp=&commodity;
    cp->printInfo();
    commodity.printInfo();
}
```

```
the Price of Pen is 3.2
the Price of Pen is 3.2
Press any key to continue
```

图7.1　程序运行结果

程序运行结果如图7.1所示。

说明：

(1) Commodity commodity("1","Pen",3.2f), *cp;//定义指向 Commodity 类对象的指针变量 cp 和 commodity 对象并初始化。

(2) cp=&commodity;//commodity 对象的首地址赋值给 cp，即 cp 指针指向 commodity 对象。

(3) cp->printInfo();//通过 cp 指针调用 commodity 对象的 printInfo()方法。

(4) commodity.printInfo();//通过对象名访问对象的 printInfo()方法。

提示：

也可以通过对象指针访问对象的成员。

例如，(*cp).printInfo(); //(*cp)代表 cp 所指向的对象，然后再用成员引用符(.)调用对象的 printInfo()方法。

7.1.2　使用指向类成员的指针

在面向对象的程序设计中，有时需要使用指针访问类内部的成员。由于类由数据成员和成员函数组成，所以，指向类成员的指针主要包括指向类的数据成员和成员函数两种指针。因为类内部的成员被类封装，所以在C++中使用不同的格式定义指向类成员的指针。

1. 指向数据成员的指针

(1) 定义格式：

　　＜类型名＞＜类名＞::* ＜指针名＞[=＜初值＞];

(2) 赋值方法：

　　＜指针名＞=&＜类名＞::＜数据成员名＞;

(3) 使用方法：

　　使用类的对象：＜对象名＞.*＜指针名＞

　　使用对象指针：＜对象指针名＞->*＜指针名＞

【例7.2】　定义一个商品(Commodity)类，具有编号(No)、名称(Name)、价格(Price)三个共有数据成员和一个 printInfo()公有成员函数。利用指向类内部成员的指针访问类对象的属性和方法。

商品(Commodity)类的程序代码如下：

```
#include<iostream.h>
#include<string.h>
class Commodity
{
private:
    char No[10];
    char Name[8];
public:
    float Price;
    Commodity(char * cNo,char * cName,float cPrice=0)
    {
        strcpy(No,cNo);
        strcpy(Name,cName);
        Price=cPrice;
    }
    void printInfo()
    {
        cout<<"the Price of "<<Name<<" is "<<Price<<endl;
    }
};
```

main 函数的程序代码如下：

```
void main()
{
    Commodity commodity("1","Pen",1.2f);
    Commodity * cp=&commodity;
    float Commodity::* p=&Commodity::Price;
    commodity.* p=3.2;
    cp->* p=3.2;

    cout<<commodity.Price<<endl;
    cout<<commodity.* p<<endl;
    cout<<cp->Price<<endl;
    cout<<cp->* p<<endl;
}
```

```
3.2
3.2
3.2
3.2
Press any key to continue
```

图 7.2 程序运行结果

程序运行结果图 7.2 所示。

说明：在主函数中，定义了 Commodity 类对象 commodity。定义了指向 Commodity 类对象 commodity 的指针变量 cp，可以通过 cp 访问 commodity 对象的公有成员。定义了指向 Commodity 类数据成员的指针 p，使其指向 Commodity 类的 Price 数据成员。如果想访问 commodity 对象的 Price 属性，可以使用 commodity. * p 或 cp－＞ * p 的方法实现。这和使用 commodity. Price 或 cp－＞Price 效果相同，因为 p 是执行 Commodity 类内 Price 数据成员的指针。

2. 指向成员函数的指针

(1) 定义格式：

＜类型＞(＜类名＞::*＜指针名＞)(＜参数表＞);

(2) 赋值方法：

＜指针名＞=＜类名＞::＜函数名＞;

(3) 使用方法：

使用类的对象：(＜对象名＞.*＜指针名＞)(＜参数表＞);

使用类的对象指针：(＜对象指针名＞－＞*＜指针名＞)(＜参数表＞);

【例 7.3】 在例 7.2 基础上，修改 main 函数的代码，使用指向成员函数的指针访问 Commodity 类中的 printInfo 成员函数。

main 函数的程序代码如下：

```
void main()
{
    Commodity commodity("1","Pen",1.2f);
    Commodity *cp=&commodity;

    void (Commodity::*pfun)();
    pfun=Commodity::printInfo;

    commodity.printInfo();
    cp->printInfo();

    (commodity.*pfun)();
    (cp->*pfun)();
}
```

```
the Price of Pen is 1.2
the Price of Pen is 1.2
the Price of Pen is 1.2
the Price of Pen is 1.2
Press any key to continue
```

图 7.3　程序运行结果

程序运行结果如图 7.3 所示。

说明：在例题中，定义了指向 Commodity 类成员函数的指针 pfun，并使 pfun 指向 Commodity 类成员函数 printInfo()。然后利用以下方式访问 commodity 对象的 printInfo 方法：

(1) 调用对象 commodity 的成员函数 printInfo()：commodity.printInfo();

(2) 调用 cp 所指向对象的 printInfo()函数：cp－＞printInfo();

(3) 利用指向成员函数的指针 pfun 调用所指的成员函数：(commodity.*pfun)();和(cp－＞*pfun)();

注意：成员指针只能指向类中的公有成员。定义指向类成员函数的指针格式与定义指向普通函数的指针格式不同，需要标识函数指针的类作用域。在进行函数指针赋值时仅使用函数名即可，无需括号。

7.1.3　使用 this 指针

在创建同一个类的多个对象时，每个对象都拥有自己的属性，但是其方法(类中的成员函数)在内存中却仅有一个复制。C++编译器为了区别不同对象对类中成员函数的调用，在编译时隐含地加入一个指针类型的参数，即指向调用对象自身的指针 this 指针。

【例 7.4】 this 指针的使用。程序代码如下：

```
#include<iostream.h>
#include<string.h>
class Commodity
{
private:
    char No[10];
    char Name[8];
public:
    float Price;
    Commodity(char * No,char * cName,float cPrice=0)
    {
        strcpy(this->No,No);
        strcpy(Name,cName);
        Price=cPrice;
    }
    void printInfo()
    {
        cout<<"the Price of "<<this->Name<<" is "<<Price<<endl;
    }
};
void main()
{
    Commodity commodity("1","Pen",1.2f);
    Commodity * cp=&commodity;
    commodity.printInfo();
}
```

```
the Price of Pen is 1.2
Press any key to continue
```

图 7.4 程序运行结果

程序运行结果如图 7.4 所示。

说明：

(1) strcpy(this->No,No);其中 this->No 表示 Commodity 类的 No 数据成员而不是参数 No。

(2) 在 printInfo()函数中的 this->Name 表示 Commodity 类中的 Name 成员。

(3) 一般情况下，在类内部对其成员的访问可以省略 this 指针。

思考：语句 strcpy(this->No,No);中的 this 指针是否可以省略？

7.2 类与数组

在面向对象的程序设计中，类与数组经常配合使用，这极大地方便了程序的编写。下面分别介绍对象数组和对象指针数组以及指向对象数组的指针的使用方法。

7.2.1 对象数组与普通数组的异同

对象数组是指数组元素为对象的数组。数组中若干个元素必须是同一个类的若干个对

象,如图 7.5 所示。创建对象数组和创建普通类型的数组很相似,区别在于对象数组的元素是对象,而其创建与撤销必然涉及到对象的建立与撤销。

对象1	对象2	对象3	对象4	…	对象n

图 7.5 对象数组

1. 定义与初始化

对象数组的定义格式如下:<类名> <数组名>[<大小>]

例如,Commodity c1 ("1","Pen",1.2f), c2("1","Paper",0.2f);

Commodity c[3]={c1,c2};

2. 赋值方法

可以使用创建临时无名对象的方法向对象数组赋值。

例如,Commodity c[0]= c1 ("1","Pen",1.2f);

注意:必须是同一类对象,创建一个临时的对象,赋值后撤销。

3. 对象数组的引用与普通数组一样

(1) 对象数组元素的下标也是从 0 开始。

(2) 使用时可以使用下标法和指针法。

【例 7.5】 创建一个车辆类(Vehicle),并根据初速度(v)、加速度(a)和行驶时间(t)使用对象数组计算和显示 3 辆车的行驶距离。计算车辆行驶距离的公式为 s=v*t+a*t*t。

程序代码如下:

```
#include<iostream.h>
class Vehicle
{private:
    double v,a,t,s;                    //s 存储汽车的行驶距离
public:
    Vehicle();
    Vehicle(double,double,double);
    ~Vehicle();
    void setVel(double);
    void setAcc(double);
    void setTime(double);
    void calcDistance();
    void showDistance();
};
Vehicle::Vehicle()
{     v=0;
    a=0;
    t=0;
    cout<<"default constructure called."<<endl;
}
Vehicle::Vehicle(double vel,double acc,double time)
```

```
{   v=vel;
    a=acc;
    t=time;
    cout<<"constructure called."<<endl;
}
Vehicle::~Vehicle()
{   cout<<"Destructure called."<<endl;
}
void Vehicle::setVel(double vel)
{   v=vel;
}
void Vehicle::setTime(double time)
{   t=time;
}
void Vehicle::setAcc(double acc)
{   a=acc;
}
void Vehicle::calcDistance()
{
    s=v*t+0.5*a*t*t;
}
void Vehicle::showDistance()
{
    cout<<"the distance is "<<s<<endl;
}
void main()
{
    Vehicle car[3]={Vehicle(20,2,3),Vehicle(25,1,1)};
    car[1]=Vehicle(25,2,1);
    car[2]=Vehicle(20,3,4);
    for(int i=0;i<3;i++)
    {
        car[i].calcDistance();
        car[i].showDistance();
    }
    car[2].setVel(21);
    car[2].setAcc(2);
    car[2].setTime(2);
    car[2].calcDistance();
    car[2].showDistance();
}
```


程序运行结果如图 7.6 所示。

说明：

(1) Vehicle car[3]={Vehicle(20,2,3),Vehicle(25,1,1)};定义了一个 car[3]对象数组，并对其中的元素进行初始化。其中，car[0]和 car[1]使用 Vehicle(20,2,3)和 Vehicle(25,1,1)方式建立的两个无名对象进行初始化，并执行重载的构造函数 Vehicle(double,double,double)，而 car[2]则使用无参的默认构造函数 Vehicle()进行初始化。

```
constructure called.
constructure called.
default constructure called.
constructure called.
Destructure called.
constructure called.
Destructure called.
the distance is 69
the distance is 26
the distance is 104
the distance is 46
Destructure called.
Destructure called.
Destructure called.
Press any key to continue
```

图 7.6　程序运行结果

(2) car[1]=Vehicle(25,2,1);首先建立一个 Vehicle 类的无名对象，并给 car[1]赋值，然后再撤销建立的无名对象。在此过程中，由于需要创建一个无名对象，所以会执行 Vehicle 类的重载构造函数 Vehicle(double,double,double)，但是无名对象仅是临时对象，赋值操作完成后，即被撤销，所以会执行析构函数。

(3) 使用循环语句，分别调用每个数组元素中对象的 calcDistance()方法和 showDistance()方法计算和显示车辆的行驶距离。

思考：为什么在程序的最后会执行三次析构函数？

7.2.2　对象指针数组与指针数组的关系

指针数组是指该数组的元素是指向普通类型的指针，而对象指针数组是指该数组的元素是指向对象的指针，如图 7.7 所示。

对象指针数组的定义格式：＜类名＞ *＜数组名＞[＜大小＞]

它与普通的指针数组的区别主要是数组元素是对象指针。

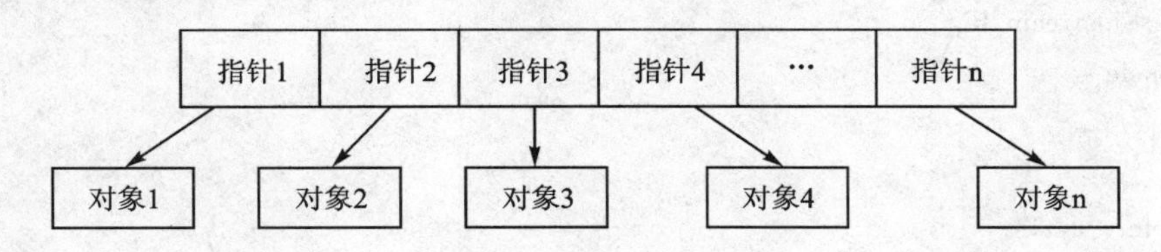

图 7.7　对象指针数组

【例 7.6】　在例 7.5 的基础上，使用对象指针数组访问 3 辆车的行驶距离。

程序代码如下：

```
void main()
{
    Vehicle car(20,2,3),truck(60,3,4),bus(30,2,6);
    Vehicle *p[3]={&car,&truck,&bus};

    for(int i=0;i<3;i++)
    {
        p[i]->calcDistance();
        p[i]->showDistance();
```

```
    }
}
```

程序运行结果如图 7.8 所示。

```
constructure called.
constructure called.
constructure called.
the distance is 69
the distance is 264
the distance is 216
Destructure called.
Destructure called.
Destructure called.
Press any key to continue
```

图 7.8　程序运行结果

说明：

(1) 建立三个对象(car，truck 和 bus)，并调用重载构造函数进行初始化。

(2) 使用三个对象的首地址(&car，&truck 和 &bus)初始化对象指针数组 p。

(3) 使用数组元素(对象指针)调用对象的方法。

思考：在 p[i]－＞showDistance()；中，为什么使用"－＞"而不适用"."？

7.2.3　指向对象数组的指针与指向数组的指针的比较

指向数组的指针是指向普通类型数组的指针，而指向对象数组的指针是指向的对象数据类型的数组指针。

对比两种形式的指针定义格式：

＜类型＞(＊＜指针名＞)[(大小)]…；

＜类名＞(＊＜指针名＞)[(大小)]…；

例如，int (＊p)[3]； //指向整型类型数组的指针

　　　Vehicle　(＊pv)[3]；//指向 Vehicle 类对象数组的指针

注意：pv 是一个指向一维对象数组的指针。该数组中有 3 个元素，每个元素是 Vehicle 类的对象。

【例 7.7】　在例 7.5 基础上，使用指向对象数组的指针访问对象数组元素。

```
#include<iostream.h>
class Vehicle
{
private:
    double v,a,t,s;
public:
    Vehicle();
    Vehicle(double,double,double);
    void calcDistance();
    void showDistance();
};
Vehicle::Vehicle()
{
    v=0;
    a=0;
    t=0;
}
Vehicle::Vehicle(double vel,double acc,double time)
```

```
{
    v=vel;
    a=acc;
    t=time;
}
void Vehicle::calcDistance()
{
    s=v*t+0.5*a*t*t;
}
void Vehicle::showDistance()
{
    cout<<"the distance is "<<s<<'\t';
}
void main()
{
    Vehicle car[2][2]={Vehicle(20,2,3),Vehicle(23,3,4),
        Vehicle(25,2,6),Vehicle(26,2,6)};
    Vehicle (*p)[2]=car;

    for(int i=0;i<2;i++)
    {
        for(int j=0;j<2;j++)
        {
            (*(*(p+i)+j)).calcDistance();
            (*(*(p+i)+j)).showDistance();
        }
        cout<<endl;
    }
}
```

程序运行结果如图 7.9 所示。

```
the distance is 69      the distance is 116
the distance is 186     the distance is 192
Press any key to continue
```

图 7.9　程序运行结果

说明：

在该例题中，定义了一个二维对象数组 car，又定义了一个指向对象数组的指针 p，并将 car 数组的首地址赋值给 p，最后使用指针法访问 p 所指向的数组元素。

思考：(*(*(p+i)+j)).showDistance();是否可以改为 p[i][j].showDistance();?

7.3 类中 const 关键词的使用

有时希望类中有些成员被初始化后不能被改变。在 C++中,使用 const 关键词来限制对象的成员不被修改。使用 const 修饰符的类型称为常类型。常类型可分为常对象、常数据成员、常成员函数和常引用。

注意:定义或说明常类型量时必须进行初始化。

7.3.1 使用 const 修饰对象

在对象名前使用 const 修饰的对象称为常对象。

定义格式如下:

<类名> const <对象名>(<初值>)　或者　const <类名> <对象名>(<初值>)

注意:定义常对象时,同样要进行初始化,并且该对象不能再被更新。

【例 7.8】 在例 7.7 的基础上,修改 main()函数,建立 Vehicle 类的常对象。

```
void main()
{
    const Vehicle car(20,2,3);
    Vehicle const truck(60,3,4);
    car.showDistance();
}
```

说明:在该例题中,利用 const 建立了两个常对象 car 和 truck,并进行了初始化。

思考:此程序能否正常编译运行?为什么?

7.3.2 使用 const 修饰类中的成员

使用 const 关键字进行说明的数据成员,称为常数据成员;使用 const 关键字进行说明的成员函数,称为常成员函数。常成员函数说明格式如下:

<类型说明符> <函数名>(<参数表>) const;

注意:

(1) 类中的常数据成员仅能通过构造函数的成员初始化列表对数据成员初始化。

例如,A::A(int i):a(i),r(a){ x=i;}

其中,冒号后边是一个数据成员初始化列表。数据成员 a 和 r 都是常类型,需要采用初始化列表进行初始化。

(2) 只有常成员函数才能操作常对象,且不能更新对象的数据成员,即常成员函数的 this 指针指向的对象是常对象。

(3) 无论函数的声明或是定义,都需要使用 const 关键词。

【例 7.9】 常成员函数和常数据成员的应用实例。


```
#include<iostream.h>
#include<string.h>
class Vehicle
{
private:
    const char * No;            //车辆编号
```

```
public:
    Vehicle(char * pNo):No(pNo){}
    void showNo() const;                  //常成员函数
    void showNo();                        //普通成员函数
};
void Vehicle::showNo() const
{
    cout<<"the const No of the vehicle is "<<No<<endl;
}
void Vehicle::showNo()
{
    cout<<"the No of the vehicle is "<<No<<endl;
}
void main()
{
    Vehicle car("黑 B88888");
    car.showNo();                         //调用成员函数
    const Vehicle bus("黑 B99999");
    bus.showNo();                         //调用常成员函数
}
```

程序运行结果如图 7.10 所示。

```
the No of the vehicle is 黑B88888
the const No of the vehicle is 黑B99999
Press any key to continue
```

图 7.10　程序运行结果

说明：

(1) 在 Vehicle 类中，定义了两个成员函数 showNo()。其中一个是常成员函数。

(2) 在 main()中，建立了 Vehicle 类的两个对象 car 和 bus，其中 bus 为常对象。

(3) 在常成员函数 showNo()中，仅能使用常数据成员(const char * No;)，而常数据成员仅能通过始化列表来获得初值。

注意：const 在不同位置定义的常类型含义不同。例如，

(1) char * const p：定义一个指向字符的指针常数。

(2) const char * p：定义一个指向字符常数的指针。

(3) char const * p：等同于 const char * p。

7.4　子对象与堆对象的使用

在面向对象的程序设计中，对象是程序设计的基础。类的实际应用是通过对象来体现的。下面介绍两个特殊的对象，子对象和堆对象。

7.4.1　子对象的初始化与使用

类与类之间不一定是孤立的，往往彼此之间存在着各种联系。当一个类的成员是另一个

类的对象时，则该对象就是类的对象成员，即子对象。子对象在使用时同样需要考虑初始化问题。在类中出现了子对象时，该类的构造函数要包含对子对象初始化的参数，通常采用成员初始化表的方法来初始化子对象。类中子对象的使用方法与其他成员相同。

【例 7.10】 扩展例 7.9 加入发动机(Engine)类做为车辆(Vehicle)的子对象成员。

程序代码如下：

```
#include<iostream.h>
#include<string.h>
class Engine
{
private:
    double power;
public:
    Engine(double pv)
    {
        power=pv;
    }
    void start()
    {
        cout<<"the Engine is started. "<<endl;
    }
    void stop()
    {
        cout<<"the Engine is stopped. "<<endl;
    }
    void alerm()
    {
        cout<<"Engine alarm!"<<endl;
    }
};
class Vehicle
{
private:
    const char * No;
    Engine engine;
public:
    Vehicle(char * pNo,double power):No(pNo),engine(power){ }
    void run();
};
void Vehicle::run()
{
    engine.start();
    cout<<"the vehicle is running. "<<endl;
```

```
}
void main()
{
    Engine engine(5000);
    engine.alerm();
    Vehicle car("黑B88888",6000);
    car.run();
}
```

```
Engine alarm!
the Engine is started.
the vehicle is running.
Press any key to continue
```

图7.11　程序运行结果

程序运行结果如图7.11所示。

说明:

(1) Engine类的对象engine作为Vehicle类中的数据成员。

(2) 使用成员初始化列表Vehicle(char * pNo,double power):No(pNo),engine(power)的形式进行成员初始化。其中,pNo和power为参数分别初始化No常成员和engine子对象。

(3) 在Vehicle类内,子对象engine的使用方法与普通对象相同,如engine.start();。

7.4.2　堆空间与堆对象

在C++中,内存格局通常被划分成四个空间:程序全局数据(Data)空间、代码(Code)空间、栈(Stack)空间和堆(Heap)空间。全局变量、静态数据和常量(常类型)被存储在全局数据空间;主程序代码和类的成员函数以及其他相关代码均存储在代码空间;为运行函数而分配的局部变量、函数的参数、返回值(地址或其他数据类型)等都存储在栈空间;余下的空间被视为自由存储区,即堆空间。程序员可以自由地分配和释放堆空间中的数据(对象)。

在C++中,对象的生存期是严格定义的。对象的生存期不能被随意改变。但有时需要设计的对象能够根据程序的运行情况进行自由的创建和删除。根据堆空间的性质,程序员可以在堆空间中自由地创建对象和删除对象。在堆空间中建立的对象就是堆对象。

在C++中,用new运算符来动态分配创建堆对象所需要的堆空间,用delete运算符释放堆对象所占用的堆空间。

new运算符使用格式:new <*类型说明符*>(<*初始化列表*>)

delete运算符使用格式:delete　<*指针名*>

注意:

(1) new运算符返回一个指针,指向所建立的堆对象(或堆中的普通变量)。

(2) 如果new运算符不能分配到所需要的内存空间,则返回空指针(NULL)。

(3) delete运算符必须使用于由运算符new返回的指针。

(4) 对一个指针只能使用一次delete操作。

(5) 如果使用delete释放堆中的数组,无论数组维数是多少,<指针名>名前只用一个[]。

【例7.11】 使用new在堆空间中建立Vehicle类对象及对象数组,并使用delete删除堆对象。

程序代码如下:

```
#include<iostream.h>
```

```
#include<string.h>
class Vehicle
{
private:
    char No[10];
public:
    Vehicle()
    {
        strcpy(No,"no No");
        cout<<No<<" constructure called. "<<endl;
    }
    Vehicle(char * pNo)
    {
        strcpy(No,pNo);
        cout<<No<<" constructure called. "<<endl;
    }
    ~Vehicle()
    {
        cout<<No<<" Destructure called. "<<endl;
    }
    void run();
};
void Vehicle::run()
{
    cout<<No<<" is running. "<<endl;
}
void main()
{
    Vehicle *pBus, *pCar;
    pBus=new Vehicle("黑 B77777");
    delete pBus;
    pCar=new Vehicle[2];
    pCar[0]=Vehicle("黑 B88888");
    pCar[1]=Vehicle("黑 B99999");
    pCar[0].run();
    pCar[1].run();
    delete[] pCar;
}
```


程序运行结果如图 7.12 所示。

说明：

(1) 使用 new 建立一个无名的堆对象 Vehicle("黑 B77777")返回首地址，并赋值给 pBus。再使用 delete 删除 pBus 所指向的堆对象，释放堆空间。

```
黑B77777 constructure called.
黑B77777 Destructure called.
no No constructure called.
no No constructure called.
黑B88888 constructure called.
黑B88888 Destructure called.
黑B99999 constructure called.
黑B99999 Destructure called.
黑B88888 is running.
黑B99999 is running.
黑B99999 Destructure called.
黑B88888 Destructure called.
Press any key to continue
```

图 7.12　程序运行结果

(2) 使用 new 建立一个 Vehicle 类的无名对象数组,并使用 Vehicle("黑 B88888")和 Vehicle("黑 B99999")两个无名对象赋值给 pCar[0]和 pCar[1]。最后,使用 delete[] pCar;语句删除对象数组,并释放堆空间。

(3) 用 new 创建对象时,要调用构造函数,用 delete 删除对象时,要调用析构函数。

(4) 使用 new[]创建对象数组时,类中必须说明默认构造函数,对象数组有几个元素,就调用几次默认构造函数,在给数组的每个元素赋值时,自动调用构造函数创建一个无名对象,赋值运算一结束,立即调用析构函数释放该对象。在整个程序运行结束时,要用 delete 删除对象,有几个元素就调用几次析构函数。

7.5　习题七

一、选择题

1. 已知一个类 A,(　)是指向类 A 成员函数的指针。假如类有三个公有成员:void f1(int),void f2(int)和 int a。

   A. p=f1　　B. p=A::f1　　C. p=A::f1()　　D. p=f1()

2. 运算符->*的功能是(　)。

   A. 使用对象指针通过指向成员的指针表示成员的运算
   B. 使用对象通过指向成员的指针表示成员的运算
   C. 用来表示指向对象指针的成员的运算
   D. 用来表示对象成员的运算

3. 已知 f1(int)是类 A 的公有成员函数,p 是指向成员函数 f1()的指针,采用(　)是正确的。

   A. A *p　　B. int A::*pc=&A::a
   C. void A::*pa()　　D. A *pp

4. 已知 p 是一个指向类 A 数据成员 m 的指针,A1 是类 A 的一个对象。如果要给 m 赋值为 5,(　)是正确的。

   A. A1.p=5　　B. A1->p=5　　C. A1.*p=5　　D. *A1.p=5

5. 已知类 A 中一个成员函数说明如下：void Set(A &a)；其中，A&a 的含意是(　)。

A. 指向类 A 的指针为 a

B. 将 a 的地址值赋给变量 Set

C. a 是类 A 的对象引用，用来作为函数 Set()的形参

D. 变量 A 与 a 按位相与作为函数 Set()的参数

6. 下列关于对象数组的描述中，(　)是错误的。

A. 对象数组的下标是从 0 开始的

B. 对象数组的数组名是一个常量指针

C. 对象数组的每个元素是同一个类的对象

D. 对象数组只能赋初值，而不能赋值

7. 下列定义中，(　)是定义指向数组的指针 p。

A. int *p[5]　　B. int (*p)[5]　　C. (int *)p[5]　　D. int *p[]

8. 下列说明中，const char *ptr；ptr 应该是(　)。

A. 指向字符常量的指针　　B. 指向字符的常量指针

C. 指向字符串常量的指针　　D. 指向字符串的常量指针

9. 已知 print()函数是一个类的常成员函数，它无返回值，下列表示中，(　)是正确的。

A. void print() const　　B. const void print()

C. void const print()　　D. void print (const)

10. 关于 new 运算符的下列描述中，(　)是错误的。

A. 它可以用来动态创建对象和对象数组

B. 使用它创建的对象或对象数组可以使用运算符 delete 删除

C. 使用它创建对象时要调用析构函数

D. 使用它创建对象数组时必须指定初始值

11. 关于 delete 运算符的下列描述中，(　)是错的。

A. 它必须用于 new 返回的指针

B. 它也适用于空指针

C. 对一个指针可以使用多次该运算符

D. 指针名前只用一对方括号符，不考虑所删除数组的维数

12. 具有类型转换功能的构造函数，应该是(　)。

A. 不带参数的构造的构造函数　　B. 带有一个参数的构造函数

C. 带有两个以上参数的构造函数　　D. 默认构造函数

二、判断题

1. 指向对象的指针和指向类的成员的指针在表达形式上是不相同的。

2. 已知 m 是类 A 的对象，n 是类 A 的公有数据成员，p 是指向类 A 中 n 成员的指针，下述两种表示是等价的：m.n 和 m.*p。

3. 指向对象的指针与对象都可以作为函数参数，但是使用前者比后者好些。

4. 对象引用作为函数参数比用对象指针更方便些。

5. 对象数组的元素可以是不同类的对象。

6. 指向对象数组的指针不一定必须指向数组的首元素。

7. 一维对象指针数组的每个元素应该是某个类的对象的地址值。

8. const char ＊p 说明了 p 是指向字符串常量的指针。

9. 一个类的构造函数里可以不包含对其子对象的初始化。

10. new 运算符和 delete 运算符不能一起使用。

三、程序填空

在【?】处，补全下列程序，使之可以输出：

```
moth=7,day=22,year=1998
moth=7,day=23,year=1998
moth=7,day=24,year=1998
moth=7,day=25,year=1998
moth=7,day=26,year=1998
```

程序代码如下：

```
#include<iostream.h>
class DATE
{public:
  DATE(){month=day=year=0;}
/***********SPACE***********/
  【?】
  void print()
  { cout<<"month="<<month<<",day="<<day<<",year="<<year<<endl; }
private:
/***********SPACE***********/
   【?】
};
DATE::DATE(int m,int d,int y)
{ month=m; day=d; year=y;}
void main()
{ DATE dates[5]={DATE(7,22,1998),DATE(7,23,1998),DATE(7,24,1998)};
  dates[3]=DATE(7,25,1998);
/***********SPACE***********/
【?】
  for(int i=0;i<5;i++)
/***********SPACE***********/
【?】
}
```

第8章 继承与派生

本章学习目标

1. 了解为什么要使用继承；
2. 掌握继承的工作方式和派生类的初始化以及对象的撤销；
3. 理解虚基类的使用方式；
4. 掌握继承的使用原则。

8.1 为什么使用继承

在使用面向对象的程序设计方法解决问题时，一般先建立与实际问题相关的类，然后对类进行实例化，即生成对象，最后利用对象的属性和方法编写解决问题的方案。由此可见，构建类是解决问题的关键。

在许多现实问题中，所涉及的类多数是相关的。例如，猫是一种动物。猫具有动物的所有属性，但猫还有自己的一些属性。显然，将猫和动物定义为两个类时，这两个类具有相关性。再进一步考虑，猫又可以分为许多种，如梨花猫、波斯猫、安哥拉猫等。如果建立这些类，这些类便具有了一种特殊的层次结构，如图8.1所示。分析一下会发现它们具有特殊的语义关系，例如，梨花猫是一种猫，猫是一种动物。这种语义关系也称为"是"关系(is-a)。在现实世界中，这种关系很普遍，这也决定了在类的世界中，这种关系也应很普遍。

这种特殊的类之间的关系，为构建类提供了一种特别的方式——继承，即如果已经拥有了一个类(如猫类)，则可以通过继承这个类的成员，再加入扩展的新成员(如毛发颜色：梨花)，构建一个新类(梨花猫)。

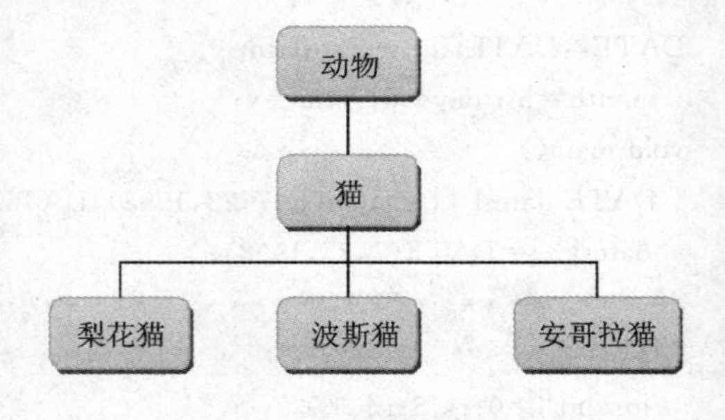

图8.1 类之间的层次结构

从工程角度上看，如果工程规模很庞大，重用已经测试过的类代码要比重新编写新代码要好得多。这样不但可以节省开发时间，也有助于避免新错误的产生。所以，C++的继承机制体现了一种更高层次的代码重用性。

8.2 继承的工作方式

保持已有类的特性而构建新类的过程称为继承；在已有类的基础上构建新类的过程称为派生。在C++的继承机制下，被创建的类具有特殊的定义格式和访问控制方式。

8.2.1 基类与派生类的概念及其关系

从已定义的类产生新类的过程称为派生(derived)。在派生的过程中，已定义的类称为基类(base class)，也称为父类；产生的新类称为派生类(derived class)，也称为子类。例如，从动

物类派生出猫类，动物类是父类，猫类是子类。在 C++中，允许从一个基类或多个基类进行派生。从一个基类派生的继承称为单继承；从多个基类派生的继承称为多继承。例如，从沙发类和床类这个类可以派生出沙发床类，沙发床类继承了沙发类和床类的成员。

派生类从基类中继承成员的过程如图 8.2 所示。从图中可以发现派生类中不仅包含基类的成员，还可以扩展新的类成员。所以，派生类生成的对象中，会包含完整的基类子对象。

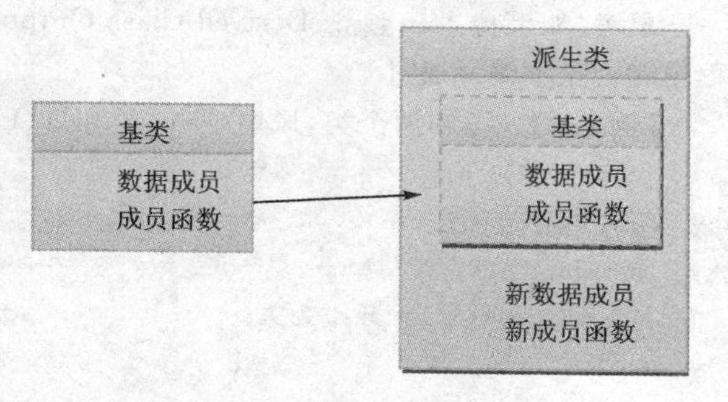

图 8.2　派生类与基类的关系

8.2.2　从基类中派生新类

声明派生类的一般格式为：

```
class  派生类名:[派生方式 1],基类名 1[,…,派生方式 n,基类名 n]
{
    //派生类新增加的成员
};
```

注：派生方式有私有(private)、共有(public)和保护(protected)三种。默认的派生方式为私有派生。

【例 8.1】　已知一个 Person 类，使用默认的派生方式派生一个 Student 类，并加入学号(No)和班级(Class)以及 printInfo()等新成员。

Person 类的定义如下：

```
class Person
{private:
    char Name[10];
    int Age;
    char Sex;
public:
    void print()
    {cout<<"Base Class Output"<<endl;
    }
};
```

Student 类的定义如下：

```
class Student:Private Person
{private:
    char Class[20];
    char No[10];
public:
    void printInfo()
    {cout<<"Derived Class Output"<<endl;
    }
```

```
};
```

思考：如果将 cout<<"Derived Class Output"<<endl;修改为 cout<<Name<<endl;程序能否正常编译通过？

【例 8.2】 已知两个类，风扇(Fan)类和灯(Lamp)类，如何派生出风扇灯(FanLamp)类？

程序代码如下：

```
class Fan
{private:
    int power;//1 为开,0 为关
public:
    void blow()
    {
        power =1;
        cout <<"Fan is blowing. \n";
    }
};
class Light
{private:
    int power;//1 为开,0 为关
public:
    void burn ()
    {
        power =1;
        cout <<"Light is burning. \n";
    }
};
class FanLamp:public Fan,public Light
{private:
    float price;
public:
    void print()
    {
        cout<<"This is FanLight. "<<endl;
    }
};
```

8.2.3 继承下的访问控制

在不同的继承方式下，继承的成员的访问权限也不相同。

(1) 公有(public)继承：派生类若以此方式继承基类，则继承的基类中的 public 和 protected 成员的访问属性不变，即继承的基类成员在派生类中仍然是 public 和 protected 成员，而继承的基类中的 private 成员不可访问，如图 8.3 所示。

(2) 私有(private)继承：派生类若以此方式继承基类，则继承的基类中的 public 和 protected 成员均转化为派生类中的 private 成员，而继承的基类中的 private 成员不可访问，如

图 8.3 所示。

(3) 保护(protected)继承：派生类若以此方式继承基类，则继承的基类中的 public 和 protected 成员均转化为派生类中的 protected 成员，而继承的基类中的 private 成员不可访问，如图 8.3 所示。

注意：派生类无法继承基类中的构造函数、静态成员和友元关系。

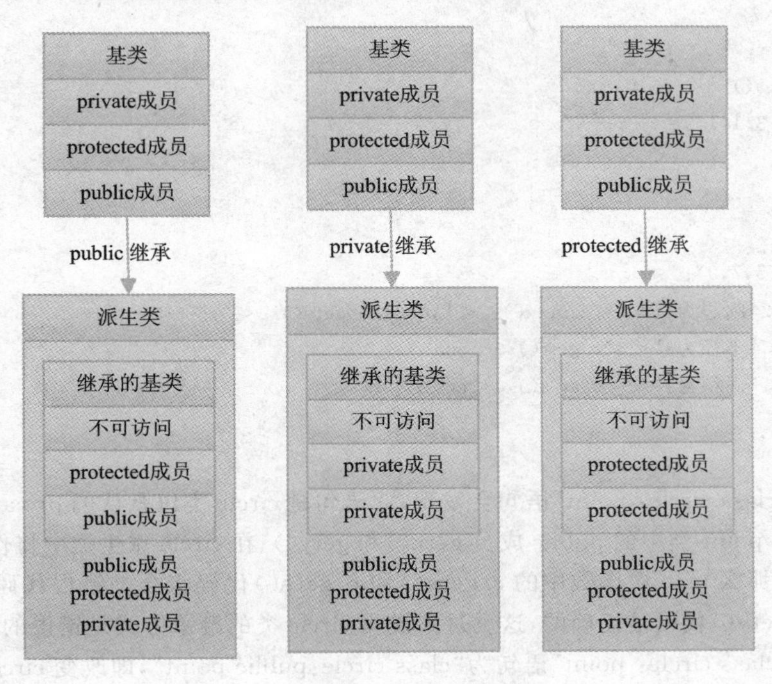

图 8.3　继承下的访问控制

【例 8.3】　有一个点类 point，包含横、纵两个坐标数据 x 和 y，由它派生出圆类 circle，并添加一个半径数据，求其面积。程序运行结果如图 8.4 所示。

(1) 分析"//?"处程序语句的错误。

(2) 改正下面程序代码中的错误。

```
圆心为:(5,7)
半径为:9
面积为:254.469
Press any key to continue
```

图 8.4　程序运行结果

```
class point
{
    int x, y;
public:
    point(int a,int b)
    {x=a;y=b; }
    int getx()
    {return x; }
    int gety()
    {return y; }
};
class circle: point //?
{
```

```
private:
    int r;
public:
    circle(int a,int b,int c):point(a,b)
    {r=c;}
    int getr()
    {return r; }
    float area()
    {return 3.14159*r*r;}
};
void main()
{
    circle c(5,7,9);
    cout<<"圆心为:("<<c.getx()<<","<<c.gety()<<")"<<endl;
    cout<<"半径为:"<<c.getr()<<endl;
    cout<<"面积为:"<<c.area()<<endl;
}
```

解答:

(1) 分析"class circle: point"语句会发现,此语句是circle类以默认的private继承方式继承point类。则point类中的public成员getx()和gety(),在circle派生类中将作为private成员。如果这样,那么main()函数中的c.getx()和c.gety()代码将会是错误代码,但题意显示c.getx()和c.gety()代码是正确的,这反过来说明circle类的继承方式是错误的。

(2) 修改"class circle: point"语句为"class circle:public point",即改变circle类的继承方式为public继承,则circle类会继承point类中的getx()和gety()作为自身的public成员,则main()函数中的c.getx()和c.gety()为正确代码。

思考:"circle(int a,int b,int c):point(a,b)"语句的作用。

小结:不同继承方式的影响主要体现在两方面,即派生类成员函数对基类成员的访问权限和通过派生类对象对基类成员的访问权限。

8.3 派生类对象的初始化和撤销

由于基类的构造函数和析构函数不能被继承,所以,派生类需要自己的构造函数和析构函数。下面针对单继承和多继承分别进行说明。

8.3.1 单继承下的构造函数和析构函数

派生类中的构造函数不仅要对自身新增的成员进行初始化,还必须对从基类继承下来的成员进行初始化。由于基类有自己的构造函数,所以,派生类只需要向基类的构造函数传递相应的参数即可。如果派生类中存在子对象,则初始化方法与基类相同。

单继承下的派生类构造函数的定义:

```
派生类构造函数名(参数表 1):基类构造函数名(参数表 2),子对象名(参数表 3)
{
    派生类构造函数体
```

}

注意：参数表 2 和参数表 3 中的参数必须是参数表 1 中的参数。

在派生类中的析构函数与基类析构函数的功能一样，也是在对象撤销时进行必要的清理工作。派生类的析构函数也没有数据类型和参数。派生类析构函数只需对新增成员进行清理和善后。继承的基类和对象成员的清理和善后由各自的析构函数来完成。

因为基类成员的初始化由基类的构造函数完成，而派生类新加成员的初始化由派生类的构造函数完成，所以，派生类的构造函数和析构函数的执行顺序为：

(1) 先执行基类构造函数，再执行子对象构造函数，最后执行派生类构造函数。

(2) 先执行派生类的析构函数，再执行子对象的析构函数，最后执行基类析构函数。

【例 8.4】 定义研究生(GraduateStudent)类公有继承学生(Student)类，再定义导师(Supervisor)类作为其子对象。分析 GraduateStudent 类的构造函数与析构函数。

程序代码如下：

```
#include<iostream.h>
#include<string.h>
class Supervisor
{
    char Name[10];
    int Age;
public:
    Supervisor(char *pName="no name")
    {
        strcpy(Name,pName);
    }
    void direct()
    {
        cout<<Name<<" Directed the student."<<endl;
    }
};
class Student
{
private:
    char Name[10];
    char No[10];
public:
    Student(char *pName="no name",char *stuNo="no stuNo")
    {
        strcpy(Name,pName);
        strcpy(No,stuNo);
    }
    void print()
    {
        cout<<"No:"<<No<<endl;
```

```
        cout<<"Name:"<<Name<<endl;
    }
};
class GraduateStudent:public Student
{
private:
    Supervisor supervisor;
    int Grade;
public:
    GraduateStudent(char * stuName,char * stuNo,int stugrade,char * supervisor)
        :Student(stuName,stuNo),supervisor(supervisor)
    {
        Grade=stugrade;
    }
    void printSupervisor()
    {
        print();
        cout<<"grade:"<<Grade<<endl;
        supervisor.direct();
    }
};
void main()
{
    Student stu("Li Ming","2010112501");
    stu.print();
    GraduateStudent Gstu("Wang Hai","2010352401",20,"Advisor");
    Gstu.printSupervisor();
}
```

程序运行结果如图 8.5 所示。

```
No:2010112501
Name:Li Ming
No:2010352401Advisor
Name:Wang Hai
grade:20
Advisor Directed the student.
Press any key to continue
```


图 8.5 程序运行结果

8.3.2 多继承下的构造函数和析构函数

多继承时,也涉及到基类成员、对象成员和派生类成员的初始化问题。因此,必要时也要定义构造函数和析构函数。声明多继承构造函数的一般形式为:

<派生类名>(参数总表):基类名 1(参数表 1),……,基类名 n(参数表 n)

```
,对象成员名1(对象成员参数表1),……,对象成员名m(对象成员参数表m)
{
//派生类新增成员的初始化语句
};
```

多继承的构造函数和析构函数具有与单继承构造函数和析构函数相同的性质和特性。当基类中声明有默认形式的构造函数或未声明构造函数时,派生类构造函数可以不向基类构造函数传递参数。若基类中未声明构造函数,派生类中也可以不声明,全采用默认形式构造函数。当基类声明有带形参的构造函数时,派生类也应声明带形参的构造函数,并将参数传递给基类构造函数。

多继承构造函数和析构函数的执行顺序:

(1) 调用基类构造函数,调用顺序按照它们被继承时声明的顺序(从左向右)。

(2) 调用成员对象的构造函数,调用顺序按照它们在类中声明的顺序。

(3) 派生类的构造函数体中的语句。

注意:若建立派生类对象时调用默认复制构造函数,则编译器将自动调用基类的默认复制构造函数。若编写派生类的复制构造函数,则需要为基类相应的复制构造函数传递参数。

多继承析构函数的声明方法与单继承的相同。析构函数也不能继承,派生类需要声明自己的析构函数。声明方法与普通类的析构函数相同。

提示:不需要显式地调用基类的析构函数,系统会自动隐式调用。析构函数的调用次序与构造函数相反。

8.4 虚基类的使用

在多继承中,如果派生类的两个(或多个)基类具有共同的祖先基类,那么当派生类访问继承下来的公共成员时,就有可能由于同名成员的问题而发生二义性,如图8.6(a)所示。通过使用虚基类,可以改变类的继承层次,如图8.6(b)所示,这样就可以避免这种二义性。

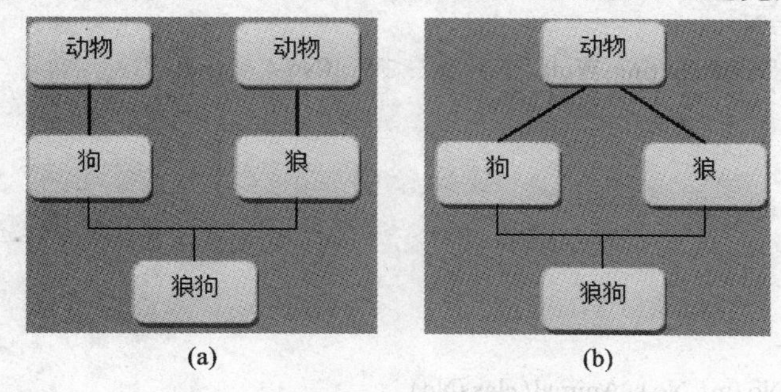

图8.6 类的继承层次图

8.4.1 定义虚基类

虚基类的声明是在派生类的声明过程中进行的,一般形式为:

class <派生类名>:virtual <继承方式> <基类名>

注意:虚基类关键字的作用范围和继承方式与一般派生类相同,即仅对其后的基类起作用。声明了虚基类以后,虚基类的成员在进一步派生过程中和派生类一起维护同一个内存拷贝。

8.4.2 虚基类的初始化

虚基类的初始化与多继承下一般派生类的初始化在语法上相同，仅构造函数的执行顺序有差异。一般来说，虚基类的构造函数的执行在非虚基类的构造函数之前。若同一层次中包含多个虚基类，这些虚基类的构造函数按对它们说明的先后次序执行。若虚基类由非虚基类派生而来，则仍然先执行基类的构造函数，再执行派生类的构造函数。

【例 8.5】 建立一个动物(Animal)类，并派生出狼(Wolf)类和狗(Dog)类，再构建一个狼狗(WolfDog)类，利用虚基类实现，并分别建立各类的构造函数。

程序代码如下：

```
#include<iostream.h>
class Animal
{   private:
      int classNo;
   public:
      Animal(int No)
      {
         classNo=No;
         cout<<"constructing animal,classNo="<<classNo<<endl;
      }
};
class Wolf:virtual public Animal
{
      int WolfNo;
   public:
      Wolf(int classNo,int No):Animal(classNo)
      {
         WolfNo=No;
         cout<<"constructing Wolf,No="<<WolfNo<<endl;
      }
};
class Dog:virtual public Animal
{
      int DogNo;
   public:
      Dog(int classNo,int No):Animal(classNo)
      {
        DogNo=No;
        cout<<"constructing Dog,No="<<DogNo<<endl;
      }
};
class WolfDog:public Wolf,public Dog
{
      int WolfDogNo;
```

```
    public:
        WolfDog(int classNo,int wolfNo,int dogNo,int No)
:Animal(classNo),Wolf(classNo,wolfNo),Dog(classNo,dogNo)
        {
            WolfDogNo=No;
            cout<<"constrcting WolfDog No="<<WolfDogNo<<endl;
        }
};
void main()
{
    WolfDog WD(10,101,102,1012);
}
```

程序运行结果如图 8.7 所示。

```
constructing animal,classNo=10
constructing Wolf,No=101
constructing Dog,No=102
constrcting WolfDog No=1012
Press any key to continue
```

图 8.7　程序运行结果

说明:上例中虚基类 Animal 的构造函数只执行了一次。这是因为当派生类 WolfDog 调用了虚基类 Animal 的构造函数之后,类 Wolf 和类 Dog 便不再调用虚基类 Animal 的构造函数了。

提示:在使用虚基类时应注意以下几个问题:

(1) 虚基类的关键字 virtual 与继承方式的关键字 private、protected 和 public 没有书写顺序的要求,先写虚基类的关键字或先写继承方式的关键字都可以。

(2) 一个基类是否是虚基类,由派生类决定。也就是说一个基类在作为某些派生类的虚基类的同时,也可作为另一些派生类的非虚基类。

(3) 虚基类构造函数的参数必须由最新派生出来的类负责初始化,即使不是直接继承也应如此。

8.5　继承的使用原则

继承(Inheritance)和组合(Composition)是面向对象的程序设计的重要机制。在什么情况下使用继承,什么情况下使用组合,可以说是面向对象程序设计的关键。

8.5.1　类的组合

组合也是构建新类的一种重要手段。它主要通过包含一个已经存在的类对象的方式构建新类。组合表示类之间的"有"(has-a)关系,即部分与整体的关系。其反映的是复杂的对象是由其他的对象组合而成。

注:具有松散的部分与整体的关系的组合形式,也被称为聚合(Aggregation)。

8.5.2　什么情况下使用组合

在构建一个类时,如果发现这个类是由其他的类对象组合而成的,且具有部分与整体的关系,这时就可以使用组合(聚合)的方式构建。例如,汽车有一个发动机。发动机和汽车都是独立的对象。然而,汽车是一个包含发动机对象的更复杂的对象。当然,汽车不仅包含发动机,还包括车轮、车门、车身和音响系统等其他对象。

【例 8.6】　假设已知车轮(Wheel)类、车身(Body)类、车门(Door)类和发动机(Engine)

类,使用组合方式构建汽车(Car)类。

汽车(Car)类程序代码如下:

```
class Car
{
    Body body;
    Wheel wheel[4];
    Door left,right;
    Engine engine;
  public:
    run()
    { cout<<"This Car is running. "<<endl; }
};
```

8.5.3 什么情况下使用继承

观察图 8.1 继承层次结构(也称为继承树)会发现,居于顶层的类更具“一般性”,可以说是其子类共同特征的抽象,反之,沿着继承树的分支延伸,则类变得更加的“具体化”。有人形象的称之为“泛化”-“特化”(Generalization-Specialization)过程。根据这一特征,在使用继承创建类时,需要考虑以下因素:

(1) 新类与已知类是否具有“是”(is-a)关系。

(2) 新类是否需要使用已知类的“全部”成员。

(3) 是否能够将已知类的共有成员提取,建立基(父)类。

(4) 使用组合是否可以替代,如果能,建议使用组合。

8.5.4 类型兼容原则

类型兼容主要指一个公有派生类的对象在使用上可以被当作基类的对象来使用,但是反过来使用则不行。

在具体的使用过程中主要体现在:

(1) 派生类的对象可以被赋值给基类的对象。

(2) 派生类的对象可以初始化基类的引用。

(3) 指向基类的指针也可以指向派生类。

注意:通过基类对象名和指针仅能使用从基类继承的成员,而不能使用派生类的新成员。

【例 8.7】 建立一个人员(Person)类,并派生出一个学生(Student)类,再建立一个 fun()函数,参数为 Person 类对象的引用,最后在 main()函数中,分别建立 Person 类对象和 Student 类对象,并作为实参传递给 fun()函数,测试类型兼容性原则。

程序代码如下:

```
#include<iostream.h>
class Person
{
public:
    void print()
    {
        cout<<"Person.print"<<endl;
```

```
    }
};
class Student:public Person
{
public:
    void print()
    {
        cout<<"Student.print"<<endl;
    }
    void show()
    {
        cout<<"Student.show"<<endl;
    }
};
void fun(Person &p)
{
    p.print();
}
void main()
{
    Person person;
    Student student;
    fun(student);
    fun(person);
}
```

程序运行结果如图 8.8 所示。

```
Person.print
Person.print
Press any key to continue
```

图 8.8　程序运行结果

说明:从程序的运行结果来看,无论 fun()函数的实参是 person 对象,还是 student 对象,函数体中执行的 p.print();都是执行基类中 print()成员函数。

思考:如果 fun()函数的实参是 student,并 fun()函数体中的 p.print()改成 p.show(),则程序是否能够正常运行?为什么?

8.6　习题八

一、选择题

1. 下列对派生类的描述中(　)是错误的。
   A. 一个派生类可以作为另一个派生类的基类
   B. 派生类至少有一个基类
   C. 派生类的成员除了它自己的成员外,还包含了它的基类的成员
   D. 派生类中继承的基类成员的访问权限在派生类中保持不变

2. 派生类的对象对它的基类中(　)是可以访问的。
   A. 公有继承的公有成员　　　　B. 公有继承的私有成员

C. 公有继承的保护成员　　　　　　　　　　D. 私有继承的仍有成员

3. 派生类的构造函数的成员初始化值表中，不能包含(　)。

A. 基类的构造函数　　　　　　　　　　B. 派生类中子对象的初始化

C. 派生类中静态数据成员的初始化　　　D. 派生类中一般数据成员的初始化

4. 关于多继承二义性的描述中(　)是错误的。

A. 一个派生类的两个基类中都有某个同名成员，在派生类中对这个成员的访问可能出现二义性

B. 解决二义性的最常用方法是成员名限定法

C. 基类和派生类中同时出现的同名函数，也存在二义性问题

D. 一个派生类是从两个基类派生来的，而这两个基类又有一个共同的基类，对该基类成员进行访问时，也可能出现二义性

5. 设置虚基类的目的是(　)。

A. 简化程序　　B. 消除二义性　　C. 提高运行效率　　D. 减少目标代码

6. 在带有虚基类的多层派生类构造函数的成员初始化列表中都要列出虚基类的构造函数，这样将对虚基类的子对象初始化(　)。

A. 与虚基类下面的派生类个数有关 B. 多次

C. 二次　　　　　　　　　　　　D. 一次

7. C++类体系中，不能被派生类继承的有(　)。

A. 构造函数　　B. 静态成员函数　C. 非静态成员函数　D. 赋值操作函数

二、判断题

1. C++语言中，既允许单继承，又允许多继承。

2. 派生类是从基类派生出来的，它不能再生成新的派生类。

3. 派生类的继承方式有两种:公有继承和私有继承。

4. 在公有继承中，基类中的公有成员和私有成员在派生类中都是可见的。

5. 在公有继承中，基类中只有公有成员对派生类对象是可见的。

6. 在私有继承中，基类中只有公有成员对派生类是可见的。

7. 在私有继承中，基类中所有成员对派生类的对象都是不可见的。

8. 在保护继承中，对于派生类的访问同于公有继承，而对于派生类的对象的访问同于私有继承。

9. 派生类中至少包含了它的所有基类的成员，在这些成员中可能有的是不可访问。

10. 构造函数可以被继承。

11. 析构函数不能被继承。

12. 子类型是不可逆的。

13. 只要是类 M 继承了类 N，就可以说类 M 是类 N 的子类型。

14. 如果 A 类型是 B 类型的子类型，则 A 类型必然适应于 B 类型。

15. 多继承情况下，派生类的构造函数中基类构造函数的执行顺序取决于定义派生类时所指定的各基类的顺序。

16. 单继承情况下，派生类中对基类成员的访问也会出现二义性。

17. 解决多继承情况下出现的二义性的方法之一是使用成员名限定法。

18. 虚基类是用来解决多继承中公共基类在派生类中只产生一个基类子对象的问题。

三、写出下列程序的运行结果

```
#include<iostream.h>
class M
{
public:
    M(){m1=m2=0;}
    M(int i,int j){m1=i;m2=j;}
    void print(){cout<<m1<<","<<m2<<",";}
    ~M(){cout<<"M's destructor salled.\n";}
private:
    int m1,m2;
};
class N:public M
{
public:
    N(){n=0;}
    N(int i,int j,int k);
    void print(){M::print();cout<<n<<endl;}
    ~N(){cout<<"N's destructor called.\n";}
private:
    int n;
};
N::N(int i,int j,int k):M(i,j),n(k)
{}
void main()
{
    N n1(5,6,7),n2(-2,-3,-4);
    n1.print();
    n2.print();
}
```

第 9 章

多态性

本章学习目标

1. 理解多态性；
2. 掌握编译时多态性-函数重载的方法；
3. 掌握编译时多态性-运算符重载的方法；
4. 掌握运行时多态性-虚函数的使用方法。

9.1 理解多态性

在面向对象的系统中，同样的消息被不同类型的对象接收后，往往会表现出不同的行为，即类中相同的成员函数名对应不同的实现。如图 9.1 所示，本科学生(Student)类为基类，研究生(GraduateStudent)类为其派生类，这两个类中都有公有的 Learn 成员函数。显然，Learn 成员函数在两个类中有不同的实现。在继承机制下，对于这种具有相同的语义且不同实现的成员的使用，主要涉及类的多态性问题。从编程语言的角度看，只有支持多态性的语言才是真正的面向对象的程序设计语言。

Student
-char No[8] -char Name[8]
+void Learn()

GraduateStudent
-Supervisor supervisor -int Grade
+void Learn()

```
void Lesson(Student &stu)
{
stu.Learn();
}
void main()
{
Student S;
S.Learn();
GraduateStudent GS;
GS.Learn();
}
```

图 9.1　理解类的多态性

在 C++中，类的多态性主要有两种表现：编译时的多态性(也称为静态联编)和运行时的多态性(也称为动态联编)。编译时的多态性主要通过类的成员函数重载和运算符重载实现；运行时的多态性则是通过虚函数实现。

9.2 编译时多态性的函数重载

编译时的多态性主要指静态联编，即在程序编译时，系统就确定调用函数的全部信息，可

以明确的调用类的成员函数。因此，静态联编的主要优点是函数调用速度快，效率高。编译时的多态性主要通过基类和派生类中的函数重载来实现。

【例 9.1】 建立一个本科学生(Student)类为基类，研究生(GraduateStudent)类为其派生类，这两个类中都有公有的 Learn 成员。在主函数中建立这两个类的对象，并调用 Learn 成员函数。

程序代码如下：

```
#include<iostream.h>
class Student
{private:
    char Name[10];
public:
    void Learn()
    {cout<<"Student is Learning."<<endl;}
};
```

GraduateStudent 类的程序代码如下：

```
class GraduateStudent:public Student
{private:
    int Grade;
public:
    void Learn()
    {cout<<"GraduateStudent is Learning."<<endl;}
};
void main()
{   Student S;
    S.Learn();
    GraduateStudent GS;
    GS.Learn();
};
```

程序运行结果如图 9.2 所示。

```
Student is Learning.
GraduateStudent is Learning.
Press any key to continue
```

图 9.2　程序运行结果

说明： 函数重载主要有两种情况：一种是函数的名字相同，但是函数的参数或参数的类型不同；另一种是两个函数完全相同，但它们在不同的类中。例题中的函数重载为后者。在编译时，系统会根据对象名来区分重载的函数，如 S. Learn()编译时系统会将基类 Student 中的 Learn 成员函数与之关联；GS. Learn()编译时系统会将派生类 GraduateStudent 中的 Learn 成员函数与之关联。这样系统在编译阶段就已经明确了函数的调用关系。

提示： 在这个过程中需要注意，C++规定，在派生类中继承的基类成员与新成员同名时，默认情况下，派生类的新成员会屏蔽掉基类的成员。如果想调用基类中的同名成员，则需要指明其作用域。

思考： 如果想调用派生类中继承的基类中的 Learn 成员，该如何修改程序代码。

9.3 编译时多态性的运算符重载

在C++中,运算符可以看做是执行相应运算功能的函数。在面向对象的程序设计中,对象是程序的基本元素,为了方便对象间的运算,C++提供了运算符重载功能,即运算符函数重载。如图9.3所示,有一个操作数(Operand)类,可以重载“+”运算符,以提供Operand类对象在运算操作上的灵活性。

提示:在C++中可以重载大多数的运算符,但有些运算符不能重载,如.(成员引用符),::(作用域运算符),.*(通过对象引用成员指针运算符),->*(通过指针引用成员指针运算符),?:(条件运算符)。除了new和delete这两个运算符之外,任何运算符如果作为成员函数重载时不得重载为静态函数。=,[],(),->以及所有的类型转换运算符,只能作为成员函数重载,而且不能是针对枚举类型操作数的重载。

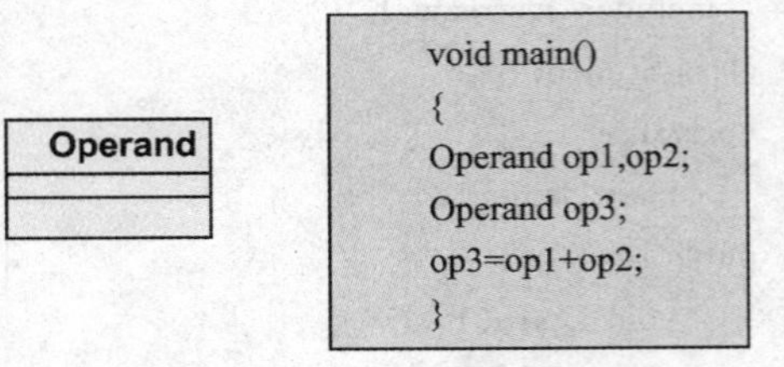

图9.3 运算符重载

9.3.1 运算符重载的形式

运算符重载可以使用两种形式:成员函数和友元函数。这两种形式都可以访问类中的私有成员。运算符重载为类的成员函数格式如下:

```
class 类名
{    ……
     返回类型 operator 运算符符号(参数列表);
     ……
};
返回类型 类名:: operator 运算符符号(参数列表)
{
//函数体的内部实现
}
```

运算符重载为类的友元函数格式如下:

```
class 类名
{    ……
     friend 返回类型 operator 运算符符号(参数列表);
     ……
};
返回类型 operator 运算符符号(参数列表)
{
//函数体的内部实现
}
```

【例9.2】 建立一个复数(Complex)类,分别使用成员函数和友元函数两种形式重载“+”和“-”运算符,使Complex类实例化后的对象可以进行加减运算。

程序代码如下：

```
#include<iostream.h>
class complex
{private:
     double real,imag;
public:
complex();
     complex(double r,double i);
     complex operator +(const complex &c);
     friend complex operator -(const complex &c,const complex &c2);
     friend void print(const complex &c);
};
complex::complex()
{     real=imag=0;    }
complex::complex(double r,double i)
{     real=r;imag=i;   }
complex complex::operator +(const complex &c)
{     return complex(real+c.real,imag+c.imag);   }
complex operator -(const complex &c1,const complex &c2)
{     return complex(c1.real-c2.real,c1.imag-c2.imag);   }
void print(const complex &c)
{     if(c.imag<0)
          cout<<c.real<<c.imag<<'i';
     else
          cout<<c.real<<'+'<<c.imag<<'i';
}
void main()
{     complex c1(1.0,2.0),c2(3.0,-4.0),c3;
     c3=c1+c2;
     cout<<"\nc1+c2=";
     print(c3);
     c3=c1-c2;
     cout<<"\nc1-c2=";
     print(c3);
     cout<<endl;
}
```

```
c1+c2=4-2i
c1-c2=-2+6i
Press any key to continue
```

图 9.4　程序运行结果

程序运行结果如图 9.4 所示。

说明：程序建立了一个 Complex 类，并利用成员函数形式重载了“+”运算符，利用友元函数形式重载了“-”运算符。同时建立了一个 print 友元函数，使之可以访问 Complex 类对象的私有成员。在 main 函数中，建立 Complex 类的 c1，c2 和 c3 三个对象，并利用重载的“+”和“-”运算符进行对象之间的计算，最后，使用 print 函数输出对象的计算结果。

思考:在此程序的基础上,重载"++"运算符,使 Complex 类对象支持"++"运算。

9.3.2 运算符重载的使用原则

运算符重载要遵循以下原则:

(1) 不能改变原运算符的优先级。

(2) 不能改变原运算符的结合性。

(3) 不能改变原运算符的操作数个数。

(4) 不能改变原运算符的语法结构和语义特征。

注意:运算符重载使用不宜过多,且运算符重载要避免给程序带来二义性。

9.4 运行时多态性的虚函数

在 C++中,允许派生类重载继承的基类的成员函数,在编译时,系统会根据对象所属的类来确定调用那个成员函数。这是在编译阶段就已经确定的。但是在实际的开发中,有时会会遇到对象所属类不清的情况。在这种情况下就需要在程序运行时,才能确定是调用哪个类的成员函数。

【例 9.3】 在例 9.1 基础上,建立一个 Lesson ()函数,参数为 Student 类的引用,函数体执行调用 Learn 成员函数。修改 main()函数,并调用 Learn()成员函数和 Lesson ()函数。

程序代码如下:

```
#include<iostream.h>
void Lesson(Student &stu)
{
    stu.Learn();
}
void main()
{    Student S;
    S.Learn();
    GraduateStudent GS;
    GS.Learn();
    Lesson(GS);
    Lesson(S);
};
```

程序运行结果如图 9.5 所示。

```
Student is Learning.
GraduateStudent is Learning.
Student is Learning.
Student is Learning.
Press any key to continue
```

图 9.5 程序运行结果

说明:Lesson ()函数的参数 stu 为 Student 类的引用,函数执行时调用 stu.Learn()成员函数。在 main()函数中,调用了 Lesson()函数,传递的参数分别是 GS 和 S 对象。但输出结果却都是"Student is Learning.",即调用的都是基类的成员函数。这说明系统无法区分,基类对象和派生类对象。为了解决这个问题,C++引入了虚函数。

思考:为什么系统允许 Lesson()函数接受 GS 对象作为参数?

【例 9.4】 使用虚函数修改例 9.3 的程序代码,使之可以在运行时区分调用的对象。

程序代码如下:

```
#include<iostream.h>
```

```
class Student
{private:
    char Name[10];
public:
    virtual void Learn()
    {cout<<"Student is Learning. "<<endl;}
};
class GraduateStudent:public Student
{private:
    int Grade;
public:
    virtual void Learn()
    {cout<<"GraduateStudent is Learning. "<<endl;}
};
void Lesson(Student &stu)
{
    stu.Learn();
}
void main()
{   Student S;
    S.Learn();
    GraduateStudent GS;
    GS.Learn();
    Lesson(GS);
    Lesson(S);
};
```

程序运行结果如图 9.6 所示。

```
Student is Learning.
GraduateStudent is Learning.
GraduateStudent is Learning.
Student is Learning.
Press any key to continue
```

图 9.6　程序运行结果

说明:在 Student 基类和 GraduateStudent 派生类中使用 virtual 关键词将 Learn() 成员函数定义为虚函数,则系统在运行时,会根据具体传递的参数区分 stu 是谁的引用,进而执行相应的 Learn()成员函数。

提示:由于继承的原因,派生类中的同名成员函数前,可以省略掉 virtual 关键词。

9.4.1　动态联编的实现条件

在 C++中,通常都是静态联编,只有满足一定条件时才会实现动态联编。动态联编的实现条件是:

(1) 公有继承下的基类与派生类的使用。

(2) virtual 关键词定义成员函数为虚函数。

(3) 使用基类或派生类的对象指针或引用。

9.4.2　虚函数的使用原则

虚函数的定义和使用需要遵循以下原则:

(1) 虚函数在基类与派生类中出现,必须形式完全相同(参数与返回值),否则即使加上了

virtual 关键字，也不是动态联编。

(2) 由于虚函数应用于具有继承关系的类对象，所以，虚函数仅能用来定义类的成员函数，而类外的普通函数不可定义为虚函数。

(3) 由于静态成员函数与具体对象无关，所以静态成员函数不可定义为虚函数。

(4) 虽然虚函数在类内定义，但是虚函数不是内联函数，因为内联函数在编译时就已经确定了调用关系。

(5) 由于对象在初始化前不是完整意义上的对象，所以，构造函数不可定义为虚函数，但析构函数可以定义为虚函数。

注意：虽然多态性提供了动态识别对象等优点，可以让程序员省去了某些细节方面的考虑，在一定程度上提高了程序开发效率和简化了代码，但是多态特性也增加了一些数据存储和执行指令的开销。

9.5 习题九

一、选择题

1. 下列关于多态性说法不正确的是( )。
   A. 多态性是指同名函数对应多种不同的实现
   B. 多态性表现为重载和覆盖两种方式
   C. 重载方式仅有函数重载
   D. 重载方式包含函数重载和运算符重载
2. 下列函数中，( )不能重载。
   A. 成员函数　　B. 非成员函数　　C. 构造函数　　D. 析构函数
3. 下列运算符中，( )个运算符不能重载。
   A. &&　　B. []　　C. ::　　D. new
4. 下列关于运算符重载的描述中，( )是正确的。
   A. 运算符重载可以改变操作符的个数　　B. 运算符重载可以改变优先级
   C. 运算符重载可以改变结合性　　D. 运算符重载不可以改变语法结构
5. 关于动态联编的下列描述中，( )是错误的。
   A. 动态联编是以虚函数为基础的
   B. 动态联编是在运行时确定所调用的函数代码的
   C. 动态联编调用函数操作是用指向对象的指针或是对象的引用
   D. 动态联编是在编译时确定操作函数的
6. 关于虚函数的描述中，( )是正确的。
   A. 虚函数是一个静态类型的成员
   B. 虚函数是一个非成员函数
   C. 基类中说明了虚函数之后，派生类中将其对应的函数可不必说明为虚函数
   D. 派生类的虚函数与基类的虚函数具有不同的参数个数和类型

二、判断题

1. 多数运算符可以重载，个别运算符不能，运算符重载是通过函数定义实现的。
2. 对每个可重载的运算符来说，只能重载为友元函数。

3. 重载的运算符保持原来的优先级和结合性以及操作数的个数。
4. 虚函数是用 virtual 关键字说明的成员函数。
5. 运算符重载实际上是对已有的运算符重新定义其功能。
6. 运算符重载的形式有两种：成员函数形式和友元形式。
7. 纯虚函数是一种特殊的成员函数，是一种没有具体实现的虚函数。
8. 具有纯虚函数的类是抽象类，它的特点是不可以定义对象。

三、程序改错

定义一个基类 A，又定义两个公有继承的派生类 D1 和 D2，定义一个普通函数 print_info()形参为指向对象的指针，它们的调用都采用动态联编，将 A 类中的 print()定义为虚函数，改正下列程序中的错误，使之可以输出如下结果：

The A version A
The D1 info：4　version 1
The D2 info：100 version A

程序代码如下：

```
#include <iostream.h>
class  A
{ public:
    A()  {  ver='A';}
/**********FOUND**********/
    void  print()
    { cout<<"The A version  "<<ver<<endl; }
  protected:
    char ver;
};
/**********FOUND**********/
class  D1
{ public:
    D1(int  number)  {  info=number;  ver='1';}
    void  print()
    {cout<<"The D1 info:  "<<info<<"  version  "<<ver<<endl;}
   private:
     int  info;
};
class  D2:public A
{ public:
    D2(int  number)  {  info=number;}
    void  print()
    {cout<<"The D2 info:"<<info<<"  version  "<<ver<<endl; }
  private:
    int info;
};
```

```
/**********FOUND**********/
void  print_info(A  p)
{ p->print();}
void main()
{ A a;
  D1 d1(4);
  D2 d2(100);
/**********FOUND**********/
  print_info(a);
  print_info(&d1);
  print_info(&d2);
}
```

第 10 章 C++的 I/O 流类库

本章学习目标

1. 理解 C++的 I/O 流、流类的概念；
2. 掌握 C++的输入、输出的特点及格式控制；
3. 掌握文本文件、二进制文件的读、写过程。

10.1 标准输入和输出

在前面所用到的输入和输出，都是以终端为对象的，即从键盘输入数据，运行结果输出到显示器屏幕上。从操作系统的角度看，每一个与主机相连的输入输出设备都被看做一个文件。程序的输入指的是从输入文件将数据传送给程序，程序的输出指的是从程序将数据传送给输出文件。C++的输入与输出主要包括以下的内容：

(1) 对系统指定的标准设备的输入和输出；

(2) 以外存磁盘(或光盘)文件为对象进行输入和输出。；

(3) 对内存中指定的空间进行输入和输出。

输入和输出是数据传送的过程，数据如流水一样从一处流向另一处。C++形象地将此过程称为流(stream)。数据从内存传送到某个载体或设备中，即输出流。数据从某个载体或设备传送到内存缓冲区变量中，即输入流。流中的内容可以是 ASCII 字符、二进制形式的数据、图形图像、数字音频视频或其他形式的信息。在 C++中，输入输出流被定义为类。C++的 I/O 库中的类称为流类(streamclass)，用流类定义的对象称为流对象。C++的 I/O 类库中有关的类在表 10.1 中列出。

表 10.1 C++的 I/O 类库中有关的类

类 名	作 用	在哪个头文件中声明
ios	抽象基类，可以设置流的状态	iostream
istream	通用输入流和其他输入流的基类	iostream
ostream	通用输出流和其他输出流的基类	iostream
iostream	通用输入输出流和其他输入输出流的基类	iostream
ifstream	输入文件流类	fstream
ofstream	输出文件流类	fstream
fstream	输入输出文件流类	fstream
istrstream	输入字符串流类	strstream
ostrstream	输出字符串流类	strstream
strstream	输入输出字符串流类	strstream

C++的输入输出流类将不同的设备都转换成“流”这样一个逻辑设备，由“流”完成对不同设备的具体操作。“流”在使用前创建，在使用后删除。从流中获取数据的操作称为提取操作，向流中添加数据的操作称为插入操作。

要利用C++流，必须在程序中包含有关的头文件，以便获得相关流类的声明。与C++流有关的头文件有：

iostream：要使用cin，cout的预定义流对象进行针对标准设备的I/O操作，须包含此文件。

fstream：要使用文件流对象进行针对磁盘文件的I/O操作，须包含此文件。

strstream：要使用字符串流对象进行针对内存字符串空间的I/O操作，须包含此文件。

iomanip：要使用setw，fixed等大多数操作符，须包含此文件。

实际上，在内存中为每一个数据流开辟一个内存缓冲区，用来存放流中的数据。当用cout和插入运算符“＜＜”向显示器输出数据时，先将这些数据送到程序中的输出缓冲区保存，直到缓冲区满了或遇到endl，就将缓冲区中的全部数据送到显示器显示出来。在输入时，从键盘输入的数据先放在键盘缓冲区中，当按回车键时，键盘缓冲区中的数据输入到程序中的输入缓冲区，形成cin流，然后用提取运算符“＞＞”从输入缓冲区中提取数据送给程序中的有关变量。总之，流是与内存缓冲区相对应的，或者说，缓冲区中的数据就是流。

说明：cout和cin并不是C++语言中提供的语句，它们是iostream类的对象，在未学习类和对象时，在不引起误解的前提下，为叙述方便，把它们称为cout语句和cin语句。

C++将一些常用的流类对象，如键盘输入、显示器输出、程序运行出错输出、打印机输出等，实现定义并内置在系统中，供用户直接使用。这些系统内置的用于设备间传递数据的对象称为标准流类对象，共有四个：

cin对象：与标准输入设备相关联的标准输入流。

cout对象：与标准输出设备相关联的标准输出流。

cerr对象：与标准错误输出设备相关联的非缓冲方式的标准输出流。

clog对象：与标准错误输出设备相关联的缓冲方式的标准输出流。

在默认方式下，标准输入设备是键盘，标准输出设备是显示器，而不论何种情况，标准输出设备总是显示器。cin对象和cout对象前面已作过说明，cerr对象和clog对象都是输出错误信息，它们的区别是：cerr没有缓冲区，所有发送给它的出错信息都被立即输出；clog对象带有缓冲区，所有发送给它的出错信息都先放入缓冲区，当缓冲区满时再进行输出，或通过刷新流的方式强迫刷新缓冲区。由于缓冲区会延迟错误信息的显示，所以建议使用cout对象。

注意：cout对象也能输出错误信息，但当用户把标准输出设备定向为其他设备时，cerr对象仍然把信息发送到显示器。

10.1.1 输入输出流的控制符

使数据按照指定的格式输出有两种方法：一种是使用控制符；另一种是使用流对象的有关成员函数。输入输出流的控制符在头文件iomanip中定义。控制符的作用如表10.2所列。

表 10.2　流类库的控制符

控制符	作　用
Dec	设置整数的基数为 10 进制
Hex	设置整数的基数为 16 进制
Oct	设置整数的基数为 8 进制
setbase(n)	设置整数的基数为 n(只能是 8,10,16 之一)
setfill(c)	设置填充字符 c,c 可以是字符常量或字符变量
setprecision(n)	设置实数的精度为 n 位。在以十进制小数形式输出时 n 代表有效数字。在以 fixed 形式和 scientific 形式输出时 n 为小数位数
setw(n)	设置字段宽度为 n 位
setiosflags(ios::fixed)	设置浮点数以固定的小数位数显示
setiosflags(ios::scientific)	设置浮点数以科学计数法(即指数)显示
setiosflags(ios::left)	输出数据左对齐
setiosflags(ios::right)	输出数据右对齐
setiosflags(ios::skipws)	忽略前导的空格
setiosflags(ios::uppercase)	在以科学计数法输出 E 和以十六进制输出字母 X 时以大写表示
setiosflags(ios::showpos)	输出正数时给出"+"号
resetioflags()	终止已设置的输出格式状态,在括号中应指定内容

【例 10.1】 分析程序结果。

```
#include<iostream>
#include<iomanip>
using namespace std;
int main()
{
  int x;
  cin>>x;
  cout <<"hex:"<<hex<<x<<endl;
  char *pt="Beijing";
  cout<<setfill('*')<<setw(10)<<pt<<endl;
  const double pi=3.1415;
  cout<<"pi="<<pi<<setprecision(4)<<","<
<pi<<setiosflags(ios::scientific)<<","<<pi<<endl;
  return 0;
}
```

```
20
hex:14
***Beijing
pi=3.1415,3.142,3.1415e+000
Press any key to continue_
```

图 10.1　程序运行结果

程序运行时,输入 20,结果如图 10.1 所示。

10.1.2 用于控制输入、输出格式的流成员函数

表 10.3 给出了控制输入、输出格式的流成员函数。

表 10.3 控制输入、输出格式的流成员函数

流成员函数	与之作用相同的控制符	作 用
precision(n)	setprecision(n)	设置实数的精度为 n 位
width(n)	setw(n)	设置字段宽度为 n 位
fill(c)	setfill(c)	设置填充字符 c
setf()	setioflags()	设置输出格式状态,括号中给出状态
unsetf()	resetioflags()	终止已设置的输出格式状态

表 10.4 给出了用于格式控制的状态标志。

表 10.4 格式控制标志

格式状态标志	说 明
ios::skipws	跳过输入中的空白,用于输入
ios::left	左对齐输出,用于输出
ios::right	右对齐输出,用于输出
ios::internal	在符号和数值之间填充字符,用于输出
ios::dec	转换基数为十进制,用于输入或输出
ios::oct	转换基数为八进制,用于输入或输出
ios::hex	转换基数为十六进制,用于输入或输出
ios::showbase	输出时显示基数指示符(0 表示八进制,0x 或 0X 表示十六进制),用于输入或输出
ios::showpoint	输出时显示小数点,用于输出
ios::uppercase	输出时表示十六进制的 X 为大写,表示浮点数科学计数法的 E 为大写,用于输出
ios::showpos	正整数前显示"+"符号,用于输出
ios::scientific	用科学表示法显示浮点数,用于输出
ios::fixed	用定点形式显示浮点数,用于输出
ios::unitbuf	在输出操作后立即刷新所有流,用于输出
ios::stdio	在输出操作后刷新 stdout 和 stderr,用于输出

【例 10.2】 分析程序结果。

```
#include<iostream>
using namespace std;
int main()
{
 int a;
```

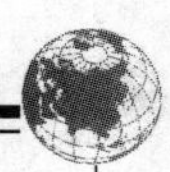

```
    cin>>a;
    cout.setf(ios::hex);
    cout <<"hex:"<<a<<endl;
    char * pt="Beijing";
    cout.fill('*');
    cout.width(10);
    cout<<pt<<endl;
    const double pi=3.14159;
    cout.precision(5);
    cout.setf(ios::scientific);
    cout<<pi<<endl;
    return 0;
}
```

```
20
hex:20
***Beijing
3.14159e+000
Press any key to continue
```

图 10.2　程序运行结果

程序运行时,输入 20,结果如图 10.2 所示。

10.1.3　write 和 read 函数

istream 的成员函数 read 和 ostream 的成员函数 write 实现无格式支持的低级 I/O。它们以原始数据形式读写一组字节数据。

wirte 函数是把内存中的一块内容写到输出文件流中,遇到空格时不停止。该函数的使用格式如下:

cout.write(const char * str,int n)

其中,str 是一个字符指针或字符数组,用来存放一个字符串,n 是一个 int 型数,表示输出显示字符串中字符的个数。

成员函数 read()可以从输入流中读取指定数目的字符,并将它们存入在指定的数组中。该函数的使用格式如下:

cin.read(char * buf,int size)

其中,buf 存放读取来的字符的字符指针或字符数组。size 指定从输入流中读取字符的个数,也可以使用 gcount()函数统计上一次使用 read()函数读取的字符个数。

【例 10.3】　分析程序输出结果。

```
#include <iostream.h>
const int SIZE=80;
int main()
{
    char buffer[SIZE];
    cout<<"Enter a sentence:\n";
    cin.read(buffer,20);
    cout<<"\n The sentence was:\n";
    cout.write(buffer,cin.gcount());      //上一次输入的字节数
    cout<<endl;
    return 0;
}
```

程序运行结果如图 10.3 所示。

gcount()函数统计前面一次低级输入操作的输入字节数，格式化操作可能会使该函数返回 0，使用 ctrl+z 作为输入流的结束符。

istream 类中还有一个常用的成员函数 peek()。它的功能是从输入流中返回下一个字符，但是并不提取它，遇到流结束标志时返回 EOF。

```
Enter a sentence:
abcd
^Z

 The sentence was:
abcd
Press any key to continue
```

图 10.3　程序运行结果

【例 10.4】　分析程序输出结果。

```
#include <iostream.h>
void main()
{
    int ch,cnt=0;
    cout<<"input...\n";
    while((ch=cin.get())!=EOF)
    {
        if(ch=='i'&&cin.peek()=='s')
            cnt++;
    }
    cout<<cnt<<endl;
}
```

程序运行结果如图 10.4 所示。

```
input...
this is a c++ program.
^Z
2
Press any key to continue
```

图 10.4　程序运行结果

程序中使用了 peek()函数从输入流中返回字符，但不提取它，用来检查字符 i 后面是否是字符 's'。

10.1.4　cin 与 cout

cin 是 istream 类的对象。它从标准输入设备(键盘)获取数据，程序中的变量通过流提取符“>>”从流中提取数据，通常跳过输入流的空格、tab 键和换行符等空白字符。

注意：只有在输入完数据再按回车键后，该行数据才被送入键盘缓冲区，形成输入流，提取运算符“>>”才能从中提取数据。当遇到无效数字或遇到文件结束符(不是换行符，是文件中的数据已读完)时，输入流 cin 就处于出错状态，即无法正常提取数据。此时对 cin 流的所有提取操作都将终止。可以通过测试 cin 的值，判定流对象是否处于正常状态和提取操作是否完成。

cout 也是一个 iostream 类的对象。它有一个成员运算符函数 operator<<，每次调用的时候就会向输出设备(一般就是屏幕)输出内容。

说明：cin 和 cout 不是函数，是 iostream 使用的<<、>>操作符的重载。

【例 10.5】　分析程序结果。


```
#include<iostream>
using namespace std;
int main()
{
 int b;
 cin>>b;
```

```
cout<<b<<endl;
int a;
cin>>a;
cout<<a<<endl;
return 0;
}
```

```
b 11
-858993460
-858993460
Press any key to continue
```

(a)

```
11 b
11
-858993460
Press any key to continue
```

(b)

图 10.5　程序运行结果

程序运行时，输入 b　11，结果如图 10.5(a)所示，而输入 11　b，结果如图 10.5(b)所示。

说明：若输入：b　11，当 b 准备提取一个整数时，遇到了字母 b，显然提取操作失败了，此时，cin 被置于出错状态，11 也就不能正常传递。若输入：11　b，可在输入后加入语句 if(!cin) cout<<"error";来进行判断。

10.1.5　流成员函数 get()和 put()

cin.get()从指定的输入流中提取一个字符(包括空白字符)，函数的返回值就是读入的字符；若遇到输入流中的文件结束符，则函数值返回文件结束标志 EOF。例：cin.get(ch)从输入流中读取一个字符，赋给字符变量 ch。如果读取成功则函数返回非 0 值，如失败则返回 0 值。cin.get(字符数组，字符个数 n，终止字符)或 cin.get(字符指针，字符个数 n，终止字符)从输入流读取 n－1 个字符，赋给指定的字符数组(或字符指针指向的数组)。如果在读取 n－1 个字符之前遇到指定的终止符，则提取结束，如果读取成功则函数返回非 0 值；如果失败返回 0 值。

屏幕输出还可以由成员函数 put()实现，完成写一个字符送进输出流，其格式为：

cout.put(char c)；或 cout.put(const char c)；

【例 10.6】　分析程序结果。程序运行结果如图 10.7 所示。

```
#include <iostream.h>
void main()
{
char a,b,x,y;
cin>>a>>b;
x=cin.get();
y=cin.get();
cout<<a<<','<<b<<'\n';
cout.put(x).put(',').put(y).put('\n');     //输出变量
}
```

程序运行时，输入 abcd，结果如图 10.6 所示。

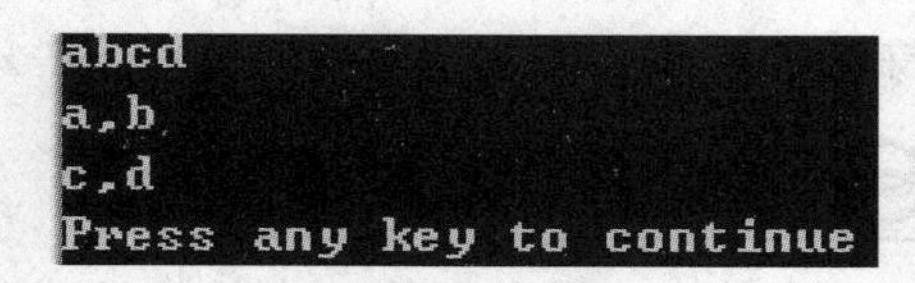

图 10.6　程序运行结果

从该程序中可以看出，可以使用提取符(>>)和插入符(<<)输入、输出字符，也可使用 get()和 put()函数输入、输出字符。put()函数的返回值也是 ostream 类的对象 cout 的引用。并且也可以连续使用。

注意：

(1) get()从输入流返回一个字符的 ACSII 码值，可以赋给一个 int 型量。

(2) EOF 是一个符号常量，它的值是－1，被包含在 iostream.h 文件中。

(3) put(ch) 只能对 char 型量操作，与 get()不同。

get()函数的另外一种形式为 getline()。该函数可以从输入流中读取多个字符，每次读取一行。函数格式如下：

cin.getline(char * buf,int limit,Deline='\n')；

其中，buf 是一个字符指针或字符数组，limit 用来限制从输入流中读取的字符个数，最多 limit－1 个，因为留一个字符来存放结束符。Deline 是读取时指定的结束符，默认是 '\n'。

【例 10.7】 编程统计从键盘上输入每一行字符的个数，从中选取出最短行的字符个数，统计共输入多少行。

```
#include <iostream.h>
const int SIZE=80;
void main()
{
    int lcnt=0,lmin=32767;
    char buf[SIZE];
    cout<<"input...\n";
    while(cin.getline(buf,SIZE))
    {
        int count=cin.gcount();
        lcnt++;
        if(count<lmin) lmin=count;
        cout<<"Line # "<<lcnt<<"\t"<<"chars read: "<<count<<endl;
        cout.write(buf,count).put('\n').put('\n');
    }
    cout<<endl;
    cout<<"Total line: "<<lcnt<<endl;
    cout<<"shortest line: "<<lmin<<endl;
}
```

运行结果如图 10.7 所示。

```
input...
This is a pen
Line # 1        chars read: 14
This is a pen

student
Line # 2        chars read: 8
student

^Z

Total line: 2
shortest line: 8
Press any key to continue
```

图 10.7 程序运行结果

注意：

(1) 程序中 cin.gcount()函数返回上一次 getline()函数实际上读入的字符个数，包含空白符。

(2) 函数 getline()每次从输入流中读取一行字符存放在 buf 中，结束输入使用 ctrl＋z 键。

10.2 字符串流

字符串流类包括输入字符串流类 istrstream、输出字符串流类 ostrstream 和输入输出字符串流类 strstream，都被定义在 strstrea.h 中。字符串流对应的访问空间是内存中由用户定义的字符数组。字符串流所对应的字符数组中没有相应的结束符标记，只能靠用户规定一个特殊字符作为其结束符使用。

三种字符串流的构造函数分别为：

(1) 输入字符串流

istrstream(const char * buffer);

例:istrstream sin(a2);

(2) 输出字符串流

ostrstream(const char * buffer,int n);

例:ostrstream sout(a1,50);

(3) 输入输出字符串流

strstream(const char * buffer,int n,int mode);

10.2.1　ostrstream 类的构造函数

类 ostrstream 是用于执行串流的输出操作。该类中定义了多个重载的构造函数,常用的有:

ostrstream();

ostrstream(char * , int, int = ios::out);

其中,第一个是默认构造函数。它用来创建存放插入数据的对象数组的。第二个构造函数有 3 个参数,其中第一个是字符指针或字符数组,用来存放插入到输出流中的字符数组或字符指针;第二个参数用来指定这个数组最多能存放的字符个数;另一个参数它给出流的方式,默认为 out,还可以选择 app 和 ate 方式。

在进行插入操作时,一般不在输出流中的末尾自动添加空字符,需要时应显示添加空字符。为实现串流的输出操作,ostrstream 类中又提供一些成员函数,如:

int　pcount() const { return rdbuf()－＞out_waiting(); }　//返回流中已插入的字符个数。

inline　char *　str() { return rdbuf()－＞str(); }　//返回标识存储串的数组对象的地址值。

【例 10.8】　分析程序输出结果。

```
#include"iostream.h"
#include "fstream.h"
#include "strstrea.h"
void main()
{
    char buf[80];
    ostrstream out1(buf,sizeof(buf));
    int m=10;
    for(int i=0;i<6;i++)
       out1<<"m="<<(m+=10)<<';';
    out1<<'\0';
    cout<<"buf:"<<buf<<endl;
    double d=123.345678;
    out1.setf(ios::fixed|ios::showpoint);
    out1.seekp(0);
    out1<<"d="<<d<<'\0';
```

```
    cout<<buf<<endl;
    char * pstr=out1.str();
    cout<<pstr<<endl;
}
```

程序运行结果如图 10.8 所示。

```
buf:m=20;m=30;m=40;m=50;m=60;m=70;
d=123.345678
d=123.345678
Press any key to continue
```

图 10.8　程序运行结果

10.2.2　istrstream 类的构造函数

类 istrstream 是用于执行串流的输入操作。该类中定义了多个重载的构造函数,适应于多种情况下创建对象,常用的有:

```
istrstream(char *);
istrstream(char *, int);
```

其中,第一个构造函数带有一个参数。该参数是一个字符指针或字符数组,用来初始化要创建的串流对象。第二个构造函数带有两个参数,第一个参数与前边相同,第二个参数是用来指定用串中前 n 个字符构造串流对象。第一个构造函数没有第二个参数,它表明用第一个参数所指定的串中所有字符来构造串流对象。

【例 10.9】　从一个字符串流中输入用逗号分开的一组整数,并显示出来。

```
#include<strstrea.h>
void main()
{
  char a[]="38,46 ,55,78,42 ,77,60,93@";
  cout<<a<<endl;
  istrstream sin(a);
  char ch=' ';
  int x;
  while(ch! ='@')
  {
   sin>>ws>>x>>ws;      //ws 去除输入时首尾空格
   cout<<x<<' ';
   sin.get(ch);
  }
  cout<<endl;
}
```

```
38,46 ,55,78,42 ,77,60,93@
38 46 55 78 42 77 60 93
Press any key to continue
```

图 10.9　程序运行结果

运行结果如图 10.9 所示。

【例 10.10】　从一个字符串中得到若干个整数,并把它们依次存入到一个字符串流中,然后在屏幕上输出这个字符串流。

```
#include<strstrea.h>
```

```
void main()
{
  char a[50];
  char b[50];
  istrstream sin(a);
  ostrstream sout(b,sizeof(b));
  cout<<"请输入字符序列并以@结束:";
  cin.getline(a,sizeof(a));
  char ch=' ';
  int x;
  while(ch!='@')
  {
   if(ch>='0'&&ch<='9')
   {
    sin.putback(ch);
    sin>>x;
    sout<<x<<' ';
   }
   sin.get(ch);
  }
  sout<<'@'<<ends;
  cout<<b;
  cout<<endl;
}
```

运行结果如图 10.10 所示

```
请输入字符序列并以@结束: qw1234rgh@
1234 @
Press any key to continue
```

图 10.10　程序运行结果

10.3　磁盘文件的 I/O 操作

流是 C++对所有的外部设备的逻辑抽象,而文件则是 C++对具体设备的抽象。如一个源程序可以看成一个文件,一台显示器和一个数据结构等等也都可以看成一个文件。把设备看成文件,用户只要掌握使用文件的方法,就可以使用具体不同特性的设备。C++文件分为两种:二进制文件和文本文件。其中二进制文件包含二进制数据,单位是一个字节;文本文件由字符序列组成,也称为 ASCII 码文件,单位是一个字符。相应的文件流说明为 ifstream, ofstream,fstream 类的对象,然后利用文件流的对象对文件进行操作。

C++中使用文件的方法可概括如下:

(1) 说明一个文件流对象

ifstream infile;

(2) 使用文件流类成员函数或构造函数打开一个文件

infile.open("myfile.txt");//和磁盘上的一个文件相关联

(3) 使用提取运算符或插入运算符对文件进行读写操作

infile>>ch;//类似 cin>>ch;

(4) 用完文件后使用成员函数关闭文件

infile. close();

由于文件的读写不是直接对磁盘进行读写的。它们都是通过缓冲区来中转的。所以如果文件结束了,而缓冲区还未写满,如不调用 close()函数,在缓冲区的数据就不会提交,造成丢失数据。调用 close()函数,同时清空缓冲区,从而释放资源,让其他的对象也可以使用它。

10.3.1 磁盘文件的打开和关闭

要对文件进行打开和关闭,则首先应先建立文件流对象。文件流类定义文件流类对象的格式:

文件流类 对象名;

例如,

```
ifstream ifile;          //定义一个文件输入流对象
ofstream ofile;          //定义一个文件输出流对象
fstream iofile;          //定义一个文件输入输出流对象
```

当定义好文件流对象之后就可以对文件进行打开和关闭操作了。

1. 利用文件流对象的成员函数 open()打开需要操作的文件

open()函数的原型如下:

```
void open(char * filename,int mode,int access=filebuf:openprot);
```

例如,

```
fstream outfile;
outfile.open("d:\sav\file1.txt",ios::out);
```

表示以写的方式打开文件 file1.txt。

其中,参数 filename 为字符型指针,指定要打开的文件名;mode 参数指定了文件的打开方式;access 参数指定文件系统属性,若为 0 则表示为一般文件,为 1 表示只读文件,为 2 表示隐藏文件,为 3 表示系统文件。文件的打开方式如表 10.5 所列。

表 10.5 文件访问方式常量

打开方式	作 用
ios::in	文件用于数据输入,即从中读取数据
ios::out	文件用于数据输出,即向它写入数据
ios::ate	打开文件时指针移至文件尾,即最后位置
ios::app	打开文件只为追加数据,文件指针始终在文件尾
ios::trunc	若打开文件存在,清除其全部内容,使之变为空文件
ios::nocreate	若打开文件不存在则不建立它,返回打开失败信息
ios::noreplace	若打开文件存在则返回打开失败信息
ios::binary	规定打开文件为二进制文件,否则打开的文件为文本文件
ios::in|ios::out	以读和写的方式打开文件
ios::out|ios:: binary	以二进制写方式打开文件
ios::in|ios:: binary	以二进制读方式打开文件

注意：

(1) 文件打开后，当前读写位置指针指向文件的开始位置。

(2) 除 ios::app，ios::ate 外，指针定位于文件末尾。

(3) 打开方式为 ios::out，而未指定 ios::ate 或 ios::app，则隐含方式为 ios::trunc。

(4) 表中的几种方式可以通过“位或”操作结合起来，表示具有几种方式的操作。

例如：ios::in|ios::out|ios::binary

表示二进制的读写方式操作。

(5) ios::ate 模式必须与 in，out 或 noreplace 同时使用。

(6) ios::nocreate 模式为不建立新文件，若要打开的文件不存在，则打开文件失败。该模式必须与 in，out 同时使用，不能够与 noreplace 同时使用。

(7) ios::binary 模式也是与 in，out 同时使用，表示打开一个二进制文件。如不指定该模式，则打开的是文本文件。

(8) ios::in 和 ios::out 可以同时使用，表示打开一个可读写的文件。

打开文件的另一种方法是把文件名、访问方式作为文件标识符说明的一部分，也就是说在建立文件流对象的同时打开文件，如：

```
fstream outfile("d:\sav\file1.txt",ios::out);
```

2. 利用文件流对象的成员函数 close()关闭需要操作的文件

文件使用完毕时，应通过关闭文件将流对象与文件脱离开来。关闭文件的成员函数格式如下：

```
void fstreambase::close();
```

关闭文件时，系统将刷新与该流相关的缓冲区。

文件的打开和关闭操作，可以使一个文件流与多个文件建立联系，但在任意时刻只能与一个文件发生联系。

10.3.2　流错误的处理

在流操作中，特别是用流读写磁盘文件时，可能会出现错误。例如，打开某个文件时，找不到被打开的文件时，则会出现一个错误等。因此，需要有一种能够检测到错误状态的机制和清除错误的方法。

1. 状态字和状态函数

在 ios 类中，定义了一个用来记录各种错误状态的数据成员，被称为状态字。它的各位的状态由 ios 类中定义的下述常量来描述：

goodbit=0x00　　表示状态正常，没有错误位设置。

eofbit=0x01　　表示到达文件末尾。

failbit=0x02　　表示 I/O 操作失败。

badbit=0x04　　表示试图进行非法操作。

hardbit =0x80　　表示出现致命错误。

在 ios 类中，又定义了检测流状态的各种成员函数：

int rdstate()　　返回当前状态字。

int good()　　返回非 0 值表示状态字没有任何位被置位。

int eof()　　返回非 0 值表示提取操作已到达文件尾。

int fail()　　　　　　返回非 0 值表示 failbit 位被置位。

int bad()　　　　　　返回非 0 值表示 badbit 位被置位。

2. 清除/设置流状态位

在 ios 类中，定义了一个成员函数。该函数可以用来清除流的错误状态，又可以用来设置流的错误状态位。该函数格式如下：

void ios::clear()；

不带参数的 clear()常用来在发生错误时清除流的错误状态，而使用带参数的 clear()函数来设置流的错误状态。例如，

cin.clear(cin.rdstate|ios::badbit)；

用来在状态字中设置 badbit 位。但是，该函数对于 hardbit 位是无法清除和设置的。

【例 10.11】 分析程序的输出结果。

```
#include<iostream>
using namespace std;
void main()
{
    int a;
    cout<<"Enter an integer:";
    cin>>a;
    cout<<"cin.rdstate():"<<cin.rdstate()<<endl<<"cin.eof():"<<cin.eof()<<endl;
    cout<<"cin.bad():"<<cin.bad()<<endl;
    cout<<"cin.fail():"<<cin.fail()<<endl;
    cout<<"cin.good():"<<cin.good()<<endl;
    cin.clear();          //取消错误状态位
    cout<<"cin.good():"<<cin.good()<<endl;
    cin.clear(ios::failbit);//设置错误状态位
    cout<<"cin.good():"<<cin.good()<<endl;
}
```

程序运行结果如图 10.11 所示。

```
Enter an integer:a
cin.rdstate():2
cin.eof():0
cin.bad():0
cin.fail():1
cin.good():0
cin.good():1
cin.good():0
Press any key to continue_
```

图 10.11 程序运行结果

说明：程序中应该输入一个 int 型数给变量 a 赋值，但在输入时却输入了字符 'a'，此时状态位 failbit 被置为 1，表示 I/O 出错，状态字 rdstatebit 为 2，goodbit 为 0。经过调用 clear( )清除错误状态位后，goodbit 为 1，再设置 failbit 错误后，goodbit 又为 0。

10.3.3 文本文件的读和写

对文本文件进行读写操作时，首先要打开文件，然后再对打开文件时设定的文件流进行操作。

【例 10.12】 向 wr1.dat 文件输出 0～20 之间的整数，含 0 和 20 在内。

```
#include<stdlib.h>
#include<fstream.h>
void main(void)
```

```
{
    ofstream f1("wr1.dat");
    if(!f1)
    {
        cerr<<"wr1.dat file not open!"<<endl;
        exit(1);
    }
    for(int i=0;i<21;i++) f1<<i<<" ";
    f1.close();
}
```

此程序利用文件流对象将内存变量 i 的值写入文件 wr1.dat 中。

【例 10.13】 把从键盘上输入的若干行文本字符存入到 wr2.dat 文件中，即进行无格式输出，直到从键盘上按下 Ctrl+Z 组合键为止(此组合键代表文件结束符 EOF)。

```
#include<stdlib.h>
#include<fstream.h>
void main(void)
{
    char ch;
    ofstream f2("wr2.dat");
    if(f2.fail())
    {
        cerr<<"wr2.dat file not open!"<<endl;
        exit(1);
    }
    cout<<"请输入的若干行文本字符(Ctrl+Z 结束输入)"<<endl;
    ch=cin.get();
    while(ch!=EOF)
    {
        f2.put(ch);
        ch=cin.get();
    }
    f2.close();
}
```

此程序是对单个字符进行输入和输出操作，则可以使用成员函数 get()和 put()，对文件进行先读后写操作。通过 get()函数从键盘文件中逐个读出字符到变量 ch 中(内存)，通过 put()函数将读到变量 ch 中的字符逐个写入到文件 wr2.dat 中。

【例 10.14】 假定一个结构数组 a 中的元素类型 pupil 包含有表示姓名的字符数组域 name 和表示成绩的整数域 grade，试编写一个函数把该数组中的 n 个元素输出到文件"wr3.dat"中。

```
#include<stdlib.h>
#include<fstream.h>
struct pupil
```

```
{
    char name[20];
    float grade;
};
void arrayout(pupil a[],int n)
{
    ofstream f3("wr3.dat");
    if(!f3)
    {
        cerr<<" wr3.dat file not open!"<<endl;
        exit(1);
    }
    for(int i=0;i<n;i++)
    f3<<a[i].name<<endl<<a[i].grade<<endl;
    f3.close();
}
void main()
{
    pupil aa[3];
    cout<<"请输入 3 个学生记录:"<<endl;;
    for(int i=0;i<3;i++)
        cin>>aa[i].name>>aa[i].grade;
    arrayout(aa,3);
}
```

【例 10.15】 从例 10.12 所建立的 wr1.dat 文件中读出全部数据，并依次显示到屏幕上。

```
#include<stdlib.h>
#include<fstream.h>
void main(void)
{
    ifstream f1("wr1.dat",ios::in|ios::nocreate);
    if(!f1)
    {
        cerr<<"wr1.dat file not open!"<<endl;
        exit(1);
    }
    int x;
    while(f1>>x) cout<<x<<' ';
    cout<<endl;
    f1.close();
}
```

程序运行结果如图 10.12 所示。

【例 10.16】 从例 10.13 所建立的 wr2.dat 文件中按字符读出全部数据，把它们依次显

```
0 1 2 3 4 5 6 7 8 9 10 11 12 13 14 15 16 17 18 19 20
Press any key to continue
```

图 10.12　程序运行结果

示到屏幕上，并且统计出文件内容中的行数。

```
#include<stdlib.h>
#include<fstream.h>
void main(void)
{
    ifstream f2("wr2.dat",ios::in|ios::nocreate);
    if(f2.fail())
    {
        cerr<<"wr2.dat file not open!"<<endl;
        exit(1);
    }
    char ch;
    int i=0;
    while(f2.get(ch))
    {
        cout<<ch;
        if(ch=='\n') i++;
    }
    cout<<endl<<"lines:"<<i<<endl;
    f2.close();
}
```

```
asdfgh

lines:1
Press any key to continue
```

图 10.13　程序运行结果

程序运行结果如图 10.13 所示。

10.3.4　二进制文件的读和写

二进制文件可以是输入文件、输出文件或输入输出文件。一个二进制文件被一个文件流对象打开后，通过文件流对象调用 istream 流类中的 read 成员函数从文件中读信息，通过调用 ostream 流类中的 write 成员函数向文件中写信息。对于二进制文件在打开时，在 open()函数中要加上 ios::binary 方式。向二进制文件中写入信息时，使用 write()函数。从二进制文件中读信息，使用 read()函数。其函数用法分别为：

```
istream &read(char * buffer,int len);
ostream &write(const char * buffer,int len);
```

字符指针 buffer 用于存放内存中保存文件读写信息的一块存储空间的首地址。

文件流中存在两个文件指针：输入指针和输出指针。对于输入文件流只有输入指针，可以通过调用函数 seekg 移动输入指针，通过调用 tellg 获得输入指针的当前位置。对于输出文件流只有输出指针，可以通过调用函数 seekp 移动输出指针，通过调用 tellp 获得输出指针的当前位置。

对于输入输出文件两个指针都可以用下面的函数：

```
istream& seekg(long dis,seek_dir ref=ios::beg);
```

ostream& seekp(long dis,seek_dir ref=ios::beg);

istream& seekg(long dis,seek_dir ref=ios::beg);

说明:seek_dir 是一个在 ios 根基类中定义的枚举常量,包括三个常量:ios::beg,ios::cur,ios::end,参数 ref 取这三个常量之一。其中 ios::beg 是默认值,参数 ref 用来指定移动文件指针的参考点,ios::beg,ios::cur,ios::end 分别为文件的开始位置(字节为 0 处)、当前文件指针的位置、文件的结尾位置(文件结束符处),参数 dis 为距离参考点的字节数,dis 为正表示后移,为负表示前移。当 ref 被指定为 ios::beg 时,dis 不能为负;当 ref 被指定为 ios::end 时,dis 不能为正。

fstream fio; fio.seekg(0);　　文件指针将定位在文件的开始位置

【例 11.17】 把数组 a 中的 48,62,25,73,66,80,78,54,36,47 这 10 个整型元素值依次写到二进制文件 shf1.dat 中。

```
#include<stdlib.h>
#include<fstream.h>
void main(void)
{
    ofstream f1("shf1.dat",ios::out|ios::binary);
    if(!f1)
    {
        cerr<<"打开文件\\shf1.dat 失败!"<<endl;
        exit(1);
    }
    int a[10]={48,62,25,73,66,80,78,54,36,47};
    for(int i=0;i<10;i++)
        f1.write((char *)&a[i],sizeof(a[0]));
    f1.close();
    ifstream f2("shf1.dat",ios::in|ios::binary|ios::nocreate);
    if(!f2)
    {
        cerr<<"文件 shf1.dat 不存在!"<<endl;
        exit(1);
    }
    int b;
    while(! f2.eof())
    {
        f2.read((char *)&b,sizeof(b));
        cout<<b<<' ';
    }
    f2.close();
}
```


程序中使用了 write()和 read()函数。使用 write()函数把内存中数组 a 的内容写到了一个二进制文件中,再使用 read()函数把它们读出来。&a[i]则是该对象的地址值,将它强制转

换成(char *)型后作为 write()函数或 read()函数的参数。实际上,程序把一个记录中的数据转变为字符串进行处理。

【例 10.18】 找出例 10.17 建立的文件 shf1.dat 中保存的所有整数中的最大值、最小值和平均值。

```
#include<stdlib.h>
#include<fstream.h>
void main(void)
{
    ifstream f2("shf1.dat",ios::in|ios::binary|ios::nocreate);
    if(!f2)
    {
        cerr<<"文件\\shf1.dat 不存在!"<<endl;
        exit(1);
    }
    int x,max,min;
    float mean;
    f2.read((char *)&x,sizeof(x));
    mean=max=min=x;
    int n=1;
    while(!f2.eof())
    {
        f2.read((char *)&x,sizeof(x));
        if(x>max)
            max=x;
        else if(x<min)
            min=x;
        mean+=x;
        n++;
    }
    mean/=n;
    cout<<"最大数:"<<max<<endl;
    cout<<"最小数:"<<min<<endl;
    cout<<"平均数:"<<mean<<endl;
    f2.close();
}
```

```
最大数: 80
最小数: 25
平均数: 56
Press any key to continue
```

图 10.14　程序运行结果

程序运行结果如图 10.14 所示。

【例 10.19】 从键盘上输入若干条 pupil 类型的学生记录到 shf2.dat 二进制文件中。当按下 Ctrl+z 组合键后终止输入。

```
#include<stdlib.h>
#include<fstream.h>
struct pupil
{
```

```
        char name[20];
        float grade;
};
void main(void)
{
        fstream fout("shf2.dat",ios::in|ios::trunc|ios::binary);
        if(!fout)
        {
                cerr<<"文件\\shf2.dat 不存在!"<<endl;
                exit(1);
        }
        pupil x;
        cout<<"请输入若干条学生记录,按 Ctrl+z 结束输入:"<<endl;;
        while(cin>>x.name)
        {
                cin>>x.grade;
                fout.write((char *)&x,sizeof(x));
        }
        fout.close();
        cout<<"输入结束。"<<endl;
}
```

【例 10.20】 编一程序,对上一例题中建立的 shf2.dat 文件实现如下的操作功能:

1. 向文件尾追加一条记录。
2. 从文件中查找给定姓名的记录。
3. 更新给定姓名的记录为新输入的记录。
4. 显示输出文件中的所有记录。

```
#include<stdlib.h>
#include<fstream.h>
#include<string.h>
struct pupil
{
        char name[20];
        float grade;
};
void append(fstream &fio,int &n,const pupil &rec)
{
        fio.seekp(0,ios::end);
        fio.write((char *)&rec,sizeof(rec));
        n++;
}
void find(fstream &fio,int n,const pupil &rec)
{
```

```
    fio.seekg(0);
    pupil x;
    for(int i=0;i<n;i++)
    {
        if(fio.read((char *)&x,sizeof(x)))
        if(strcmp(x.name,rec.name)==0)
        {
            cout<<"记录被找到!"<<x.name<<' '<<x.grade<<endl;
            break;
        }
    }
    if(i==n)
    cout<<"没有查到姓名为"<<rec.name<<"的记录。"<<endl;
}
void update(fstream &fio,int n,const pupil &rec)
{
    fio.seekg(0);
    pupil x;
    int m=sizeof(x);
    for(int i=0;i<n;i++)
    {
        if(fio.read((char *)&x,m))
        if(strcmp(x.name,rec.name)==0)
        {
            fio.seekg(-m,ios::cur);
            fio.write((char *)&rec,m);
            cout<<rec.name<<"的记录被更新!"<<endl;
            return;
        }
    }
}
void print(fstream &fio,int n)
{
    fio.seekg(0);
    pupil x;
    for(int i=0;i<n;i++)
    {
        fio.read((char *)&x,sizeof(x));
        cout<<x.name<<' '<<x.grade<<endl;
    }
}
void main(void)
{
```

```
fstream ff("shf2.dat",ios::in|ios::out|ios::nocreate|ios::binary);
if(!ff)
{
    cerr<<"文件\\shf2.dat 未找到!"<<endl;
    exit(1);
}
pupil x;
int i;
ff.seekg(0,ios::end);
int n=ff.tellg()/sizeof(x);
while(1){
    cout<<"功能号表:"<<endl<<endl;
    cout<<"1---向文件追加一条记录:"<<endl;
    cout<<"2---按姓名查找记录:"<<endl;
    cout<<"3---按姓名更新记录:"<<endl;
    cout<<"4---向屏幕输出文件中的所有记录:"<<endl;
    cout<<"5---结束运行:"<<endl;
    cout<<"请输入您的选择(1-5):";
    cin>>i;
    switch(i)
    {
        case 1:
            cout<<endl<<"输入待追加学生的记录:";
            cin>>x.name>>x.grade;
            append(ff,n,x);
            break;
        case 2:
            cout<<endl<<"输入待查学生的姓名:";
            cin>>x.name;
            find(ff,n,x);
            break;
        case 3:
            cout<<endl<<"输入待更新学生的记录";
            cin>>x.name>>x.grade;
            update(ff,n,x);
            break;
        case 4:
            cout<<endl<<"shf2.dat 文件中的全部记录"<<endl;
            print(ff,n);
            break;
        case 5:
            cout<<endl<<"结束运行,再见!"<<endl;
            return;
```

```
        }
    }
    ff.close();
}
```

程序运行结果如图 10.15 所示。

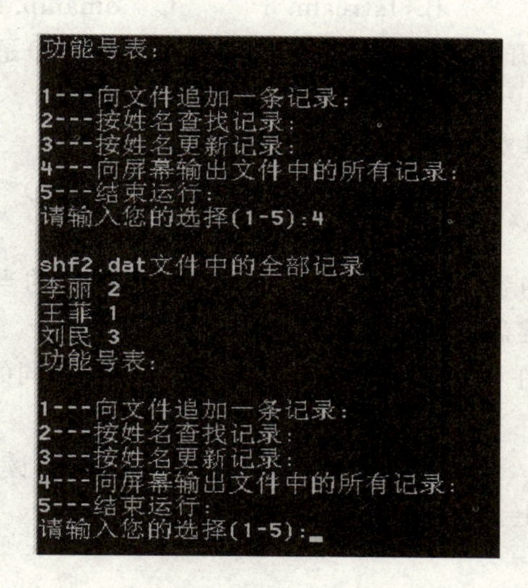

图 10.15 程序运行结果

说明:此程序为随机文件的读写操作。系统用读或写文件指针记录着流的当前位置,用 seekg 函数随机设定指针的位置。

10.4 习题十

一、选择题

1. 下列输出字符 'A' 的方法中,错误的是( )。
   A. cout<<put('A');　　B. cout<<'A';
   C. cout. put('A');　　D. char A='A';cout<<A;
2. 若已知 char str[20];,有语句 cin>>str;当输入为:This is a program 时,str 的值是( )。
   A. This is a program　B. This　C. This is　D. This is a
3. 在下面格式化命令的解释中,错误的是( )。
   A. ios::skipws　跳过输入中的空白字符
   B. ios::showpos　标明浮点数的小数点和后面的零
   C. ios::fill()　读当前填充字符(缺省值为空格)
   D. ios::precision()　读当前浮点数精度(缺省值为 6)
4. 进行文件操作时需要包含( )文件。
   A. iostream. h　B. fstream. h　C. stdio. h　D. stdlib. h
5. 当使用 ifstream 流定义流对象,并打开一个磁盘文件时,文件的隐含打开方式为( )。
   A. ios::in　B. ios::out　C. ios::in|ios::out　D. ios::binary
6. 在 ios 中提供控制格式的标志位中,( )是转换为十六进制形式的标志位。

A. hex. B. oct C. dec D. left

7. 控制格式输入输出的操作中,( )是设置域宽的。

A. ws B. oct C. setfill() D. setw()

8. 使用操作子对数据进行格式输出时,应包含( )文件。

A. iostream. h B. fstream. h C. iomanip. h D. stdlib. h

9. 磁盘文件操作中,打开磁盘文件的访问方式常量中。( )是以追加方式打开文件的。

A. in B. out C. app D. ate

10. 下列函数中,( )是对文件进行写操作的。

A. get() B. read() C. seekg() D. put()

二、判断题

1. 流的状态包含流的内容、长度和下一次提取或插入操作的当前位置。
2. 预定义的插入符从键盘上接收数据是不带缓冲区的。
3. 打开 ASCII 码流文件和二进制流文件时,打开方式是相同的。

三、程序改错

以可读可写的方式打开 text1. dat 文件,向文件中写入数据,读指针移动至文件开始处,并读出文件内容,显示在屏幕上。

注意:不可以增加或删除程序行,也不可以更改程序的结构。

---*/

```
#include <iostream.h>
/********** FOUND **********/
#include <stream.h>
#include <stdlib.h>
void main()
{
  fstream file1;
/********** FOUND **********/
  file1.open("text1.dat",ios::out);
  if(!file1)
  {
    cout<<"text1.dat  can't  open.\n";
    abort();
  }
  char textline[]="123456789abcdefghijkl.\n\0";
  for(int  i=0;i<sizeof(textline);i++)
/********** FOUND **********/
    file1.get(textline[i]);
/********** FOUND **********/
  file1.seekp(0);
  char  ch;
while(file1.get(ch))
```

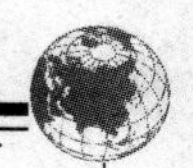

```
    cout<<ch;
    file1.close();
}
```

四、编程题

1. 编写一个完整的 C++程序,功能是读取一个文本文件的内容,并将文件内容以 10 行为单位输出到屏幕上,每输出 10 行就询问用户是否结束程序,不是则继续输出文件后面的内容。

2. 按下面每个题目的要求编写出相应的函数。

(1) 利用一个字符文件保存 100 以内的所有素数。

(2) 利用一个字节文件保存 10 个 100 以内的随机整数,要求保存的所有值各不相同。

3. 建立用户自定义二维点类 Point,重载插入和提取运算符。其中,用户输入的数据以(x, y)形式表示,提取运算符判断输入的数据是否合法。如果是非法数据,则置位 ios::failbit 以指示输入不正确。发生错误后,插入运算符函数显示错误提示信息;输入正确时则显示 Point 类的对象(点)的坐标信息。

第 11 章

模　板

本章学习目标

1. 理解函数模板、类模板的概念；
2. 掌握函数模板和模板函数的区别；
3. 掌握函数模板和类模板的引用。

在前面已经学过重载(overloading)。对重载函数而言，C++的检查机制能通过函数参数的不同及所属类的不同，正确的调用重载函数。例如，为求两个数的最大值，可以定义 max()函数需要对不同的数据类型分别定义不同重载版本。格式如下：

```
//函数 1.
int max(int x,int y);
{return(x>y)? x:y ;}
//函数 2.
float max( float x,float y)
{return (x>y)? x:y ;}
//函数 3.
double max(double x,double y)
{return (c>y)? x:y ;}
```

但如果在主函数中，定义了 char a,b;那么在执行 max(a,b);时，程序就会出错，因为没有定义 char 类型的重载版本。再重新审视上述的 max()函数，它们都具有同样的功能，即求两个数的最大值，能否只写一套代码解决这个问题呢？这样就会避免因重载函数定义不全面而带来的调用错误。为解决上述问题 C++引入模板机制。

模板就是实现代码重用机制的一种工具。它可以实现类型参数化，即把类型定义为参数，从而实现了真正的代码可重用性。模版可以分为两类：一个是函数模版，另外一个是类模版。

11.1　函数模板和模板函数的区别

11.1.1　函数模板定义

函数模板是通过对参数类型进行参数化后，获取有相同形式的函数体。它是一个通用函数，可适应一定范围内的不同类型对象的操作。函数模板将代表着不同类型的一组函数。它们都使用相同的代码，这样可以实现代码重用，避免重复劳动，又可增强程序的安全性。不管它们的性质如何，所有的函数模板都具有同样的基本格式：

```
template <(参数化类型名表)>
<类型> <函数名>(<模板参数表>)
{
    <函数体>
```

}

参数化类型名表又称模板参数表，多个表项用逗号分隔。每个表项称为一个模板参数(模板形参)。格式如下：

class <参数名>

或

typename<参数名>

或

<类型修饰> <参数名>

class 是修饰符，用来表示其后面的标识符是参数化的类型名，即模板参数。这三种形式中，前两种是等价的，在声明模板参数时，关键字 typename 与 class 可以互换。用 typename 声明的参数称为虚拟类型参数；而用<类型修饰>声明的参数则称为常规参数，在形式上与普通的函数参数声明相同。

不但普通函数可以声明为函数模板，类的成员函数也可以声明为函数模板。

例如，下面是一个包含两个参数的模板的声明：

```
template<class T>
T max(T param1  ,T param2)
{
//此处为函数体
}
```

其中，<和>括起部分就是模板的形参表，T 是一个虚拟类型参数。注意，可以用多个虚拟参数构成模板形参表。

函数模板是模板函数的一个样板，它可以生成多个重载的模板函数，这些模板函数重用函数体代码。模板函数是函数模板的一个实例。编译系统将依据每一次对模板函数调用时实际所使用的数据类型生成适当的调用代码，并生成相应的函数版本。编译系统生成函数模板的某个具体函数版本的过程称为函数模板的实例化(instantiation)，每一个实例就是一个函数定义。

根据上面已定义的模板，编译器将可生成下面的模板函数(都是对的，函数模板的目的就是函数重载)：

```
char * max(char * a, char * b) //模板函数 1
{
    return (a>b)? a:b;
}
int max(int a, int b) //模板函数 2
{
    return (a>b)? a:b;
}
double max(double a, double b) //模板函数 2
{
    return (a>b)? a:b;
}
```

说明:函数模板提供了一类函数的抽象,提供了任意类型为参数及返回值。函数模板经实例化后生成的具体函数成为模板函数。函数模板代表了一类函数,模板函数表示某一具体函数。

11.1.2 模板参数与调用参数

模板的参数分为模板参数和调用参数。

例如:

```
template <typename T1, typename T2, typename RT>
inline RT const& max(T1 const& a, T2 const& b)
{
    //TODO:代码实现 ........
}
```

其中,第一行定义了函数模板参数;第二行的函数参数则定义了调用参数,需要注意返回值并不属于函数模板的调用参数。

在调用一个模板的时候,最重要的是在调用的时候能正确地推导出C++模板参数。要注意如下几点:

1. 显式的实例化函数模板

例如:

```
template <typename T>
inline T const& max(T const& a, T const& b)
{
return a < b ? b : a;
}
// 实例化并调用一个模板
 max<double>(4, 4.2);
```

通过显式的指定C++模板参数为double而实例化了一个模板。

2. 隐式的实例化函数模板

例如:

```
template <typename T>
inline T const& max(T const& a, T const& b)
{
    return a < b ? b : a;
}
//隐式的实例化并调用一个函数模板
int i = max(42, 66);
```

没有显示的指定函数模板参数,但它能自动地去推导出函数模板参数为int。这里可能有个问题,如果非模板函数它的定义和推导后的模板函数实例一样,会产生什么结果呢?例如:

```
inline int const& max(int const& a, int const& b)
{
    //为了便于区分,让返回结果加 100
    return a < b ? a+100 : b+100;
}
```

```
template <typename T>
inline T const& max(T const& a, T const& b)
{
    return a < b ? b : a;
}
//这里调用的究竟是模板函数还是非模板函数?
int i=max(42, 66);
```

说明:实际上,首先应查看代码是否有满足要求的非模板函数。如果没有,再根据参数去匹配并实例化相应的模板函数。它调用的应该是非模板的 max 函数。

3. 也可以使用部分默认的C++模板参数,不用指定全部的模板参数

例如:

```
//从左至右定义了三个参数
template <typename RT, typename T1, typename T2>
inline RT const& max(T1 const& a, T2 const& b)
{
//TODO:代码实现 ..
}
```

//可以只指定第一个返回参数,即要求返回 double 类型　max<double>(4, 4.2);上面的代码中,返回参数类型不属于调用参数,所以必须明确地指定它为 double 类型。而 T1 和 T2 属于调用 C++模板参数,能从函数调用中推导出来。

【例 11.1】 下面是一个使用冒泡排序法进行排序的函数模板,并实现了对 int 型和 char 型数组进行排序。

```
#include <iostream>
using namespace std;
template <class T>
void BubbleSort(T *list,int length)
{
    T temp;
    for(int i=0;i<length-1;i++)
    for(int j=0;j<length-i-1;j++)
    {
        if(list[j]<list[j+1])
        {
            temp=list[j];
            list[j]=list[j+1];
            list[j+1]=temp;
        }
    }
}

int main()
{
```

```
    int nums[]={10,21,13,9,15};
    BubbleSort(nums,5);
    for(int i=0;i<5;i++)
    {
        cout<<nums[i]<<" ";
    }
    cout<<endl;
    char chars[]={'z','b','x','e','u','q'};
    BubbleSort(chars,6);
    for(i=0;i<6;i++)
    {
        cout<<chars[i]<<" ";
    }
    cout<<endl;
    return 0;
}
```

```
21 15 13 10 9
z x u q e b
Press any key to continue
```

图 11.1　程序运行结果

程序运行结果如图 11.1 所示。

分析:该程序定义一函数模板,分别实现 int 和 char 数组排序,其中 T 为模板参数,模板函数则定义了调用参数。

【例 11.2】 分析程序输出结果。

```
#include<iostream.h>
template <class T>
T abs(T x)
{
    return (x>0? x:-x);
}
void main()
{
    cout<<abs(-3)<<","<<abs(-2.6)<<endl;
}
```

```
3,2.6
Press any key to continue
```

图 11.2　程序运行结果

程序运行结果如图 11.2 所示。

分析:abs()是一个函数模板。它返回参数的绝对值。在调用时自动联编相应的 abs()函数。所以输出为:3,2.6。

【例 11.3】 分析程序输出结果。

```
#include<iostream.h>
#include<string.h>
template<class T>
T min(T a,T b)
{
    return (a<b? a:b);
}
```

```
char *min(char *a,char *b)
{
    return (strcmp(a,b)<0? a:b);
}
void main()
{
    double a=3.56,b=8.23;
    char s1[]="Hello",s2[]="Good";
    cout<<"输出结果:"<<endl;
    cout<<" "<<a<<","<<b<<"中较小者:"<<min(a,b)<<endl;
    cout<<" "<<s1<<","<<s2<<"中较小者:"<<min(s1,s2)<<endl;
}
```

程序运行结果如图 11.3 所示。

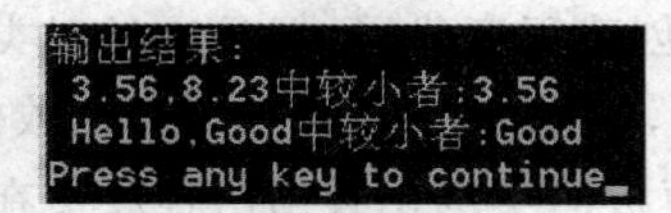

图 11.3 程序运行结果

分析:程序中设计了一个函数模板 template<class T>T min(T a,T b),可以处理 int,float 和 char 等数据类型。为了能正确处理字符串,添加一个重载函数专门处理字符串比较,即 char *min(char *a,char *b)。

11.2 类模板与模板类

11.2.1 类模板的定义

类模板是对一批仅仅成员数据类型不同的类的抽象。程序员只要为这一批类所组成的整个类家族创建一个类模板,给出一套程序代码,就可以用来生成多种具体的类(这些类可以看作是类模板的实例),从而大大提高编程的效率。

定义类模板的一般形式是:

```
template <类型名 参数名1,类型名 参数名2,…>
class 类名
{
    类声明体
};
```

例如:

```
template <class T>
class Smemory
{…
  public:
  void mput(T x);
  …
};
```

表示定义一个名为 Smemory 的类模板,其中带类型参数 T。

在类模板的外部定义类成员函数的一般形式是:

```
template <类型名 参数名1,类型名 参数名2,…>
```

```
函数返回值类型 类名<参数名1,参数名2,…>::成员函数名(形参表)
{
    函数体
}
```

例如：

```
template <class T>
void Smemory<T>::mput(T x)
 {…}
```

表示定义一个类模板 Smemory 的成员函数，函数名为 mput，形参 x 的类型是 T，函数无返回值。

类模板是一个类家族的抽象。它只是对类的描述，编译程序不为类模板(包括成员函数定义)创建程序代码，但是通过对类模板的实例化可以生成一个具体的类以及该具体类的对象。

与函数模板不同的是：函数模板的实例化是由编译程序在处理函数调用时自动完成的，而类模板的实例化必须由程序员在程序中显式地指定。

其实例化的一般形式是：

类名 <数据类型 1(或数据),数据类型 2(或数据)…> 对象名

例如，Smemory<int> mol;

表示将类模板 Smemory 的类型参数 T 全部替换成 int 型，从而创建一个具体的类，并生成该具体类的一个对象 mol。

说明：

1. 类模板定义的特性

定义一个类模板，一般有两方面的内容：

(1) 首先要定义类，其格式为：

```
template <class T> //或用 template<typename T>
class foo
{
  ……
}
```

foo 为类名，在类定义体中，通用类型 T 可以作为普通成员变量的类型，还可以作为 const 和 static 成员变量以及成员函数的参数和返回类型之用。

例如：

```
template<class T>
class Test
{
    private:
        T n;
        const T i;
        static T cnt;
    public:
        Test():i(0){}
```

```
        Test(T k);
        ~Test(){}
        void print();
        T operator+(T x);
};
```

(2) 在类定义体外定义成员函数时，若此成员函数中有模板参数存在，则除了需要和一般类的体外定义成员函数一样的定义外，还需在函数体外进行模板声明。

例如：

```
template<class T>
Test<T>::Test(T k):i(k){n=k;cnt++;}
```

如果函数是以通用类型为返回类型，则要在函数名前的类名后缀加上“<T>”（注：所有函数都要加“<T>”）。例如：

```
template<class T>
T Test<T>::operator+(T x)
{  return n + x;  }
```

(3) 在类定义体外初始化 const 成员和 static 成员变量的做法和普通类体外初始化 const 成员和 static 成员变量的做法基本上是一样的，唯一的区别是需要再对模板进行声明。

例如：

```
template<class T>
int Test<T>::cnt=0;
template<class T>
Test<T>::Test(T k):i(k){n=k;cnt++;}
```

类模板的使用实际上是将类模板实例化成一个具体的类。

格式为：类名<实际的类型>

2. 类模板的派生与继承特性

可以从类模板派生出新的类，既可以派生类模板，也可以派生非模板类。

(1) 从类模板派生类模板：可以从类模板派生出新的类模板，它的派生格式为：

```
template <class T>
class base
{
……
};
template <class T>
class derive:public base<T>
{
……
};
```

与一般的派生类定义相似，只是在指出它的基类时要加上模板参数，即<T>。

(2) 从类模板派生非模板类：可以从类模板派生出非模板类，在派生中，作为非模板类的基类，必须是类模板实例化后的模板类，并且在定义派生类前不需要模板声明语句：

template<class>。

例如：

```
template <class T>
class base
{
……
};
class derive:public base<int>
{
……
};
```

在定义 derive 类时，base 已实例化成了 int 型的模板类。

注意：与函数模板的实例化一样，类模板的实例化也必须提供所需参数的类型。实例化后定义的变量可以和普通变量一样地调用类模板定义的成员函数。只是需要注意，对于类模板的成员函数，只有在被调用的时候才会被实例化。这样做有两个好处：一是可以节约空间和时间；二是对于每一个类模板的参数类型，都要求提供模板所需要的操作。比如，如果自定义的类 MyClass 作为一个类模板 Caculator< T>的参数，由于 Caculator 类模板要求提供的参数类型支持"+"和"-"操作。但是，MyClass 类只需要用到"+"操作，没有提供"-"操作。得益于上面的规则，MyClass 类型还是可以作为 Caulator< T>的参数，前提是没有用到"-"相关的成员函数。

11.2.2 模板类

模板类是类模板实例化后的一个产物。使用某种类型来替换某个类模板的模板参数可生成该类模板的一个模板类。使用模板类可以定义该类的对象，进而实现所需要的操作。如果把类模板比作一个做面包的模子，而模板类就是用这个模子做出来的面包，至于这个面包是什么味道的就要看在实例化时用的是什么材料了，可以做奶油面包，也可以做豆沙面包。这些面包除了材料不一样外，其他的东西都是一样的了。

【例 11.4】 分析以下程序的执行结果。

```
#include<iostream.h>
template<class T>
class Sample
{
    T n;
    public:
    Sample(){}
    Sample(T i){n=i;}
    Sample<T> & operator+(const   Sample<T>&);
    void disp(){cout<<"n="<<n<<endl;}
};
template<class T>
Sample<T>&Sample<T>::operator+(const Sample<T>&s)
{
    static Sample<T> temp;
```

```
        temp.n=n+s.n;
        return temp;
}
void main()
{
        Sample <int> s1(10),s2(20),s3;
        s3=s1+s2;
        s3.disp();
}
```

程序运行结果如图 11.4 所示。

```
n=30
Press any key to continue
```

图 11.4　程序运行结果

分析:Sample 为一个类模板,产生一个模板类 Sample<int>,并建立它的三个对象,调用重载运算符"+"实现 s1 与 s2 的加法运算,将结果赋给 s3,所以输出为:n=30。

【例 11.5】　该程序为利用多种方法实现数据排序。

```
#include<iostream.h>
#define Max 100
template <class T>
class Sample
{
        T A[Max];
        int n;
        void qsort(int l,int h);                //私有成员,由 quicksort()成员调用
   public:
        Sample(){n=0;}
        void getdata();                         //获取数据
        void insertsort();                      //插入排序
        void Shellsort();                       //希尔排序
        void bubblesort();                      //冒泡排序
        void quicksort();                       //快速排序
        void selectsort();                      //选择排序
        void disp();
};
template <class T>
void Sample<T>::getdata()
{
        cout<<"元素个数:";
        cin>>n;
        for(int i=0;i<n;i++)
        {
            cout<<"输入第"<<i+1<<"个数据:";
            cin>>A[i];
        }
}
```

```
template <class T>
void Sample<T>::insertsort()   //插入排序
{
      int i,j;
      T temp;
      for(i=1;i<n;i++)
      {
            temp=A[i];
            j=i-1;
            while(temp<A[j])
            {
                  A[j+1]=A[j];
                  j--;
            }
            A[j+1]=temp;
      }
}
template <class T>
void Sample<T>::Shellsort()       //希尔排序
{
      int i,j,gap;
      T temp;
      gap=n/2;
      while(gap>0)
      {
            for(i=gap;i<n;i++)
            {
                  j=i-gap;
                  while(j>=gap)
                        if(A[j]>A[j+gap])
                        {
                              temp=A[j];
                              A[j]=A[j+gap];
                              A[j+gap]=temp;
                              j=j-gap;
                        }
                        else j=0;
            }
            gap=gap/2;
      }
}
template <class T>
void Sample<T>::bubblesort()          //冒泡排序
```

```
{
    int i,j;
    T temp;
    for(i=0;i<n;i++)
        for(j=n-1;j>=i+1;j--)
            if(A[j]<A[j-1])
            {
                temp=A[j];
                A[j]=A[j-1];
                A[j-1]=temp;
            }
}
template <class T>
void Sample<T>::quicksort()        //快速排序
{
    qsort(0,n-1);
}
template<class T>
void Sample<T>::qsort(int l,int h)
{
    int i=l,j=h;
    T temp;
    if(l<h)
    {
        temp=A[l];
        do
        {
            while(j>i&&A[j]>=temp)      j--;
            if(i<j)
            {
                A[i]=A[j]; i++;
            }
            while(i<j&&A[i]<=temp)      i++;
            if(i<j)
            {
                A[j]=A[i]; j--;
            }
        }while(i<j);
        A[i]=temp;
        qsort(l,j-1);
        qsort(j+1,h);
    }
}
```

```
template <class T>
void Sample<T>::selectsort() // 选择排序
{
    int i,j,k;
    T temp;
    for(i=0;i<n;i++)
    {
        k=i;
        for(j=i+1;j<=n-1;j++)
                if(A[j]<A[k])       k=j;
                temp=A[i];
                A[i]=A[k];
                A[k]=temp;
        }
}
template <class T>
void Sample<T>::disp()
{
    for(int i=0;i<n;i++)
        cout<<A[i]<<" ";
    cout<<endl;
}
void main()
{
    int sel=0;
    Sample<int> s;          //由类模板产生 char 型的模板类
    s.getdata();
    cout<<"原来序列:";
    s.disp();
    cout<<"0:插入排序 1:希尔排序 2:冒泡排序 3:快速排序\n 4:选择排序 其他退出"<<endl;
    cout<<"选择排序方法:";
    cin>>sel;
    switch(sel)
    {
    case 0:
        s.insertsort();
        cout<<"插入排序结果";
        break;
    case 1:
        s.Shellsort();
        cout<<"希尔排序结果:";
        break;
        case 2:
```

```
        s. bubblesort();
        cout<<"冒泡排序结果:";
        break;
    case 3:
        s. quicksort();
        cout<<"快速排序结果:";
        break;
    case 4:
        s. selectsort();
                cout<<"选择排序结果:";
                break;
        }
        s. disp();
}
```

程序运行结果如图 11.5 所示。

```
元素个数:5
输入第1个数据:34
输入第2个数据:55
输入第3个数据:6
输入第4个数据:3
输入第5个数据:45
原来序列:34 55 6 3 45
0: 插入排序 1: 希尔排序 2: 冒泡排序 3: 快速排序
 4: 选择排序 其它退出
选择排序方法: 3
快速排序结果:3 6 34 45 55
Press any key to continue
```

图 11.5 程序运行结果

分析:该程序设计一个 Sample 类。其数据和方法均包含在该类中,而且使用类模板的方式实现。虽然只设计一个模板,但可以使用多种方法实现对数据排序。首先输入排序数据的个数,然后输入具体参与排序的数据,再选择一种排序方法进行排序。

从这个程序中就可看出,利用模板的优势。能够用不同的方法实现多种排序,只需定义一个模板即可。这样不但使程序简练,也节省了编程者的大量时间。

11.3 习题十一

一、选择题

1. 下列关于函数模板和模板函数的描述中,错误的是( )。
   A. 函数模板是一组函数的样板
   B. 函数模板是定义重载函数的一种工具
   C. 模板函数是函数模板的一个实例
   D. 模板函数在编译时不生成可执行代码
2. 下列关于模板的描述中,错误的是( )。
   A. 类模板的成员函数可以是函数模板
   B. 类模板生成模板类时,必须指定参数化的类型所代表的具体类型

C. 定义类模板时只允许有一个模板参数

D. 类模板所描述的是一组类

3. 已知函数模板定义如下：

template < class T >

T min (T x ,T y)

{return x<y? x:y;}

在所定义的函数模板中，生成的下列模板函数错误的是( )。

A. int min (int , int)

B. char min (char , char)

C. double min (double , double)

D. double min (double , int)

4. 定义函数模板使用的关键字是( )。

A. class　　B. inline　　C. template　　D. operator

5. 类模板的使用实际上是将类模板实例化成一个( )。

A. 函数　　B. 对象　　C. 类　　D. 抽象类

二、判断题

1. 类模板可以生成若干个模板类，每个模板类又可定义若干个对象。

2. C++语言中模板分为函数模板和类模板两种。

三、编程题

1. 编写一个对具有 n 个元素的数组 x 求最大值的程序，要求将求最大值的函数设计成函数模板。

2. 编写一个使用类模板对数组进行排序、查找和求元素和的程序。

第 12 章

C＋＋开发实例

本章学习目标

1. 掌握系统需求分析的方法；
2. 掌握系统总体设计和详细设计；
3. 掌握链表类的设计与实现方法。

12.1　需求分析

中小型超市采购的商品一般都成千上万件，对这些商品进行有效的管理必不可少。每件商品一般都需要记录商品名、条形码、类别、价格、出厂日期等商品的基本信息。除此之外，还需要记录商品的其他相关信息，如生产厂家、供货处代码、厂家网址、厂家电话等。超市商品的相关信息需要存储到文件系统中，一般都需要提供对商品信息的添加、编辑、删除等操作。超市管理员每天都会记录购进的商品信息，核销过期的商品等。

为了巩固所学的C＋＋语言程序设计知识，设计和实现一个小型的超市商品管理系统，提供商品系统的添加、删除、编辑等功能。同类系统多数使用结构体数组来操作数据，本系统使用链表结构操作数据，提高了数据处理的效率。

12.2　系统总体设计

系统应该具有管理系统的基本功能，即对商品信息能够进行添加、删除、编辑等基本管理。除此之外，还要考虑安全问题，即对系统设置密码，进行访问控制。系统设置了相应的链表结果表示操作商品信息。为了便于系统调试，系统将商品信息存储于文本文件中。系统体系结构如图 12.1 所示。

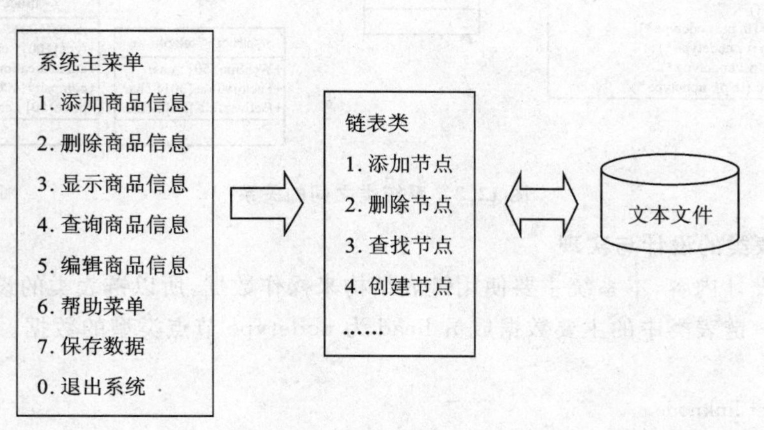

图 12.1　系统体系结构

根据需求分析，系统应该包含添加商品信息、删除商品信息、显示商品信息、查询商品信

息、编辑商品信息、保存数据等 6 个主要功能模块。系统总体框架如图 12.2 所示。

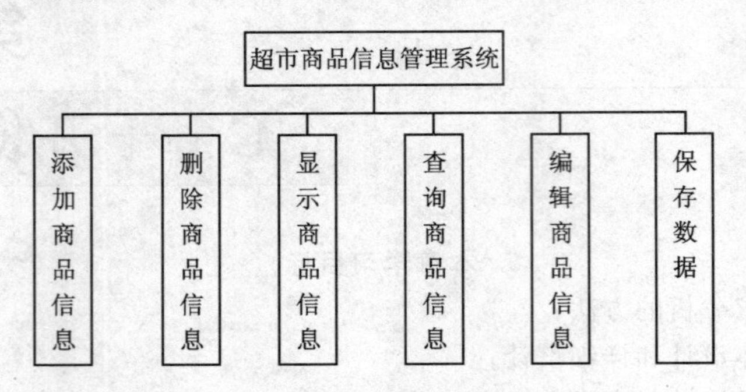

图 12.2　系统功能框图

12.3　系统主要模块的设计与实现

根据系统功能分析，设计具体的类以实现系统功能。系统主要使用 2 个主要的类来实现系统功能：一个为 Manage 类，负责实现系统界面的控制机制；另一个为 list 类，即链表类，实现系统的数据处理功能。系统的主要类之间的关系如图 12.3 所示。

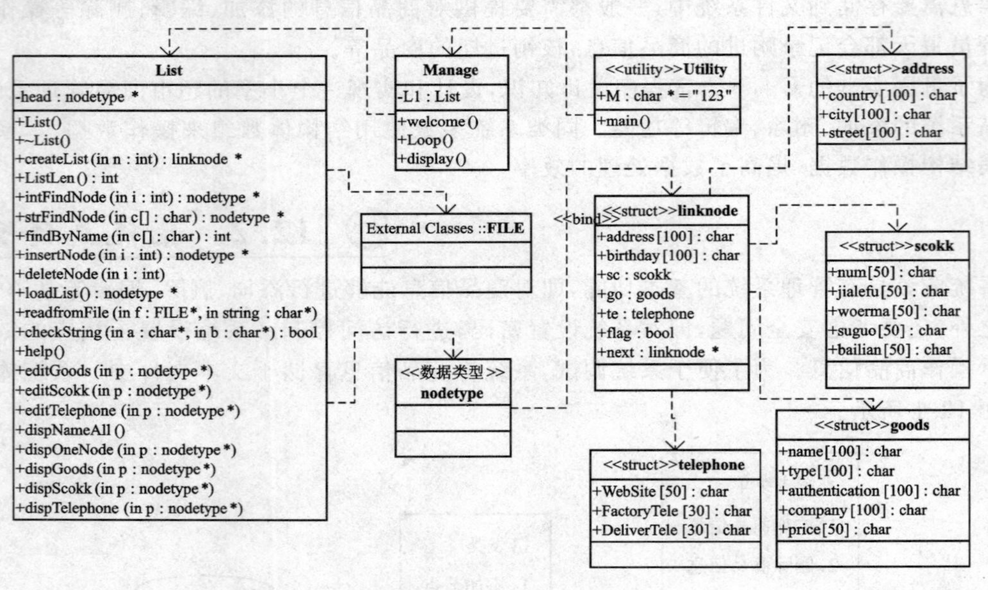

图 12.3　系统类之间的关系

1. list 链表类的设计与实现

根据总体设计内容，本系统主要使用链表结构来操作数据，所以链表类的设计与实现为系统实现的核心。链表类中的主要数据成员 head 为 nodetype 节点类型的数据。nodetype 的具体结构为：

```
typedef struct linknode
{
    char address[100]；                //厂家地址
    char birthday[100]；               //出厂日期
```

```
    struct scokk sc;                  //供货处代号
    struct goods go;                  //单个商品信息
    struct telephone te;              //购货方式
    bool flag;
    struct linknode * next;           //指向节点的指针
}nodetype;
```

此节点类型类为一个自定义的结构体。其中有 7 个数据域,两个整型数组分别代表厂家地址和出厂日期;还有三个数据域,是嵌入的结构体类型,分别代表供货处代号、单个商品信息、购货方式,其商品信息结构体的具体结构如下:

```
struct goods
{
    char name[100];                   //商品名
    char type[100] ;                  //类别
    char authentication[100];         //商品认证
    char company[100];                //公司名
    char price[50];                   //价格
    … …
};
```

此节点类型的最后一个域是重要的指针域,用于存放指向下一个节点的指针。

根据上面设计的链表结构和系统功能设计的内容,可以进一步规划链表类的主要功能如下:

(1) 添加节点

将新添加的商品信息填充到新创建的节点中,然后插入到链表里。类的成员函数原型如下:nodetype * List::insertNode(int i);
其中,整型参数 i 为节点序号;函数返回值为链表的节点指针。

在此函数中,首先,定义 h,p,s 三个指向节点的指针:h 为指向链表头的指针,p 为查找节点时返回的指针,s 为指向新生成的节点的指针。然后,使用 malloc 函数创建一个空的节点,即在堆空间创建一个 nodetype 类型的变量,将 s 指针指向此变量:判断是否是此链表的第一个节点,如果是,则 s 所指节点为链表的头节点,并将 h 指针指向链表头节点;如果不是,则需要查找节点的插入位置,根据函数参数 i 调用 intFindNode 函数查找插入位置,并将返回的位置指针复制给 p。如果 p 所指向的值存在,则将创建的 s 节点插入;否则,显示 i 值错误。一般插入节点的方法是使用下面两条语句:

```
s->next=p->next;        // s 节点的 next 指针指向 p 节点的下一个节点
p->next=s;              //p 的 next 指针指向 s 节点
```

函数最后,将 h 指向链表的头节点,并返回新创建的节点 s 的地址。函数的程序流程图如图 12.4 所示。

(2) 显示节点信息

在系统中,需要显示所有的商品名信息、一件商品的所有信息等。这些都需要显示节点保存的相应信息。

显示所有商品名,就是显示节点中的商品域中的商品名信息。它显示的是节点的一部分

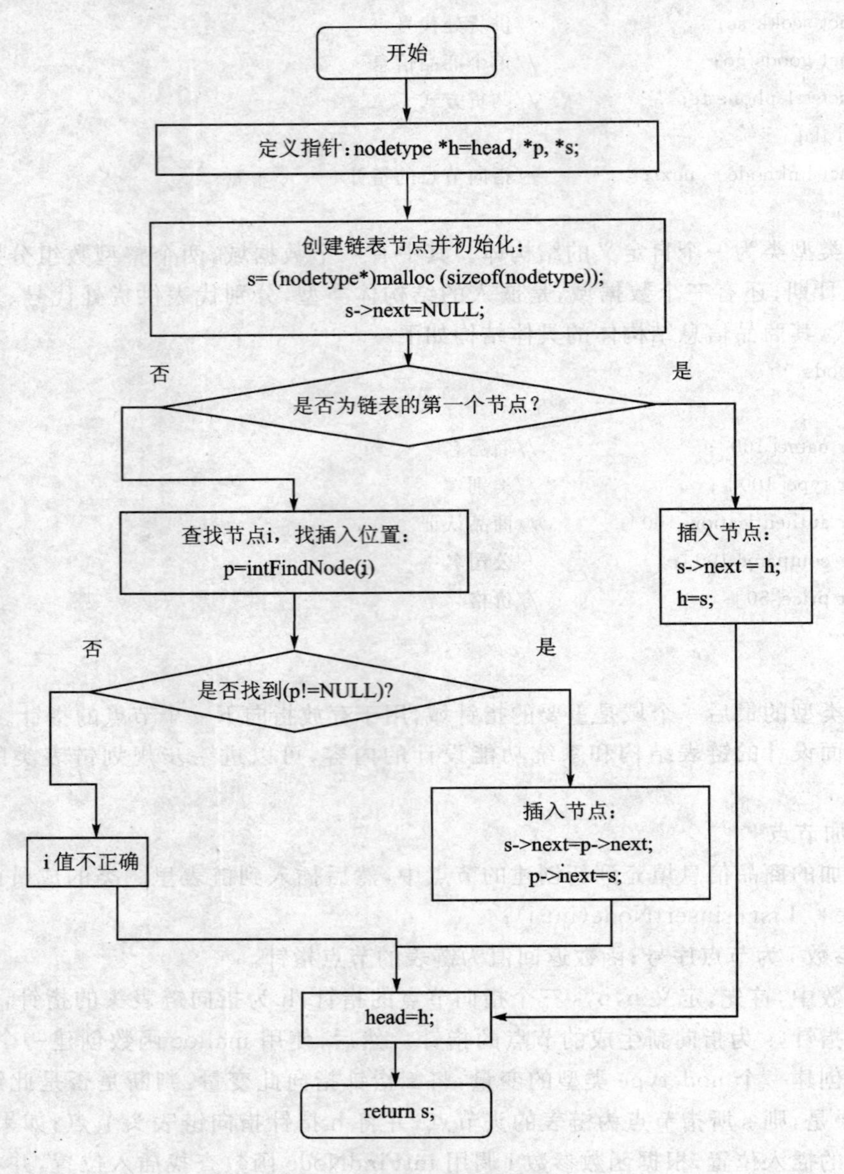

图 12.4　插入节点流程图

信息。显示所有的商品名的成员函数原型如下：

```
void List::dispNameAll();
```

其函数功能是显示所有商品名，无参数，无返回值。其函数体的主要源代码如下：

```
void List::dispNameAll()
{   nodetype * p=head;
    cout<<"                    现有的商品：  "<<endl;
    if(p==NULL)
        cout<<"                没有任何商品数据"<<endl;
    while(p!=NULL)
    {   cout<<"                商品名："<<p->go.name<<endl;
```

```
        p=p->next;
    }
}
```

在函数体中主要利用 while 循环遍历访问整个链表，p=p->next；语句主要功能是指向节点的指针不断下移，以访问所有的节点。

显示一件商品的所有信息使用的成员函数原型为

```
void List::dispOneNode(nodetype * p);
```

函数的主要功能是显示一件商品的所有信息，参数 p 为指向节点的指针，无返回值。函数通过参数接收指向节点的指针 p，通过 p 访问其所指向的节点，并显示节点的所有信息（包括商品的基本信息，如商品名、价格等）。函数体的主要代码如下：

```
void List::dispOneNode(nodetype * p)
{   if(p!=NULL)
    {   dispGoods(p);              //显示一件商品的基本信息
        dispScokk(p);              //显示一件商品的供货站代码
        dispTelephone(p);          //显示一件商品的订货方式
    }
}
```

（3）修改节点信息

由于节点保存的信息较多，使用了嵌套的结构体保存数据，所以修改时，也需要按照相应的结构进行修改。可以修改商品的基本信息、商品的供货站代码和商品的订货方式。使用的成员函数原型如下：

```
void editGoods(nodetype * p);          //编辑单个商品说明信息
void editScokk(nodetype * p);          //编辑单个商品供货方式
void editTelephone(nodetype * p);      //编辑单个商品订货方式
```

（4）查找定位节点

在进行节点的插入和编辑时，往往都需要按照指定的条件进行信息节点的查找。查找和插入节点流程如图 12.4 所示。可以通过商品名或节点序号进行节点的查找定位。成员函数的原型如下：

```
nodetype * intFindNode(int i);         //通过查找序号返回节点的指针
nodetype * strFindNode(char c[]);      //通过查找商品名返回节点的指针
int findByName(char c[]);              //通过查找商品名返回节点的序号
```

其中，商品名查找节点，并返回节点指针使用较多，函数的主体代码如下：

```
nodetype * List::strFindNode(char c[])
{   nodetype * p=head;
    int j=1;
    strcat(c, "\n");            //从外部读入的字符串末尾都带了一个换行符
                                //查找第 i 个节点并由 p 指向该节点
while( p! =NULL &&  !(checkString(c, p->go.name)))
    {   j++;
        p=p->next;
```

```
    }
    return p;
}
```

此函数主要通过p指针的移动，并比较p所指向的节点中的商品名与给定的查找商品名是否一致，如果相同则找到；否则，继续移动p指针指向下一个节点继续比较，直到p指向链表尾(p为NULL)。

(5) 删除节点

删除节点操作是一个常用的操作。一般需要先找到要删除的节点，然后，将其从链表中删除。由于节点是使用malloc函数生成的动态变量，所以，应该使用delete系统函数将其删除。删除后还需要保存链表的连接性，即删除链表中的指定节点时，需要如图12.5所示的一些后继的处理步骤。

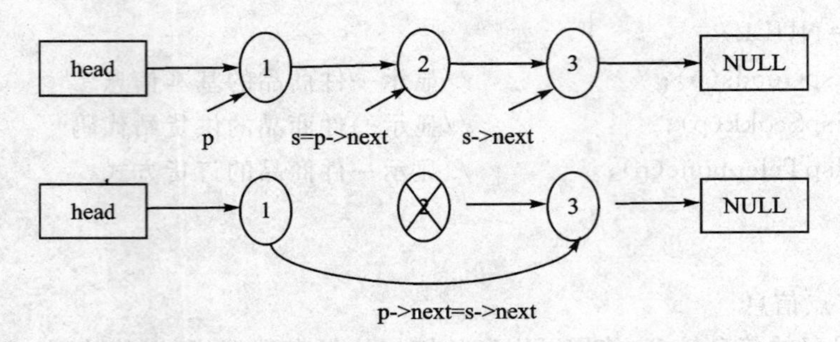

图12.5 节点删除的处理步骤

删除节点的成员函数如下：

```
void List::deleteNode(int i)
{
    nodetype *h=head, *p=head, *s;
    int j=1;
    if(i==1)                        //删除第一个节点
    {
        h=h->next;
        delete(p);
    }
    else
    {
        p=intFindNode(i-1);    //查找第i-1个节点,p指向这个节点
        if(p!=NULL && p->next!=NULL)
        {
            s=p->next;          //s指向要删除的节点
            p->next=s->next;
            delete(s);
        }
        else
            cout<<"输入的i值不正确"<<endl;
```

```
        }
        head=h;
    }
```

(6) 创建链表与其他成员函数功能实现

略，详细内容请参看教材相关章节。

2. Manage 类的设计与实现

Manage 类的主要功能是负责显示系统的主菜单和进行界面控制。其主要类结构如下：

```
class Manage
{
    List L1;                        //存储结构
public:
    void welcome();                 //登录页面，密码控制
    void Loop();                    //主循环
    void display();                 //显示菜单
};
```

其中，L1 为 List 链表类的对象，是执行系统功能的核心部分。void Manage::Loop()成员函数主要负责进行界面控制。Loop 函数首先进行系统初始化，包括创建 List 类的实例对象 L1；定义字符数组 ch 接收用户输入的数字，并执行相应功能；定义两个指向节点的指针 *p，*head，其中 p 为指向普通节点的指针，head 为指向链表头节点的指针；定义整型变量 i 存放节点的序号；从外部文件读入数据创建链表，p 指向链表的头节；并让 head 指向头节点；显示系统主菜单等。这些步骤使系统得到初始化。Loop 函数体的程序流程图如图 12.6 所示。

3. 主函数的实现

在完成了上面两个主要类的基础上完成主函数。在主函数中创建 Manage 类的一个实例 Goods，并调用 Manage 类中的 Welcome 成员函数，显示程序界面，并进行访问控制。main 函数的主要代码如下：

```
void main()
{
Manage Goods;
    Goods.welcome();                //显示程序欢迎界面
}
```

12.4　系统的软硬件环境

1. 软件环境

系统可以运行在 Windows XP/200X 等操作系统上。系统编辑编译环境为 Visual C++ 6.0。

2. 硬件环境

调试运行本系统的计算机主要配置是 CPU 2.4 GHz，256 MB 内存，80 GB 硬盘。

说明：本系统可以运行在使用 Windows 操作系统的品牌机或兼容机上，具有 80486，50 MHz 以上的处理器都可以运行本管理系统。

12.5　系统的使用说明

系统在完成后进行了详细的软件功能测试。本系统可以完成对超市商品信息的添加、删

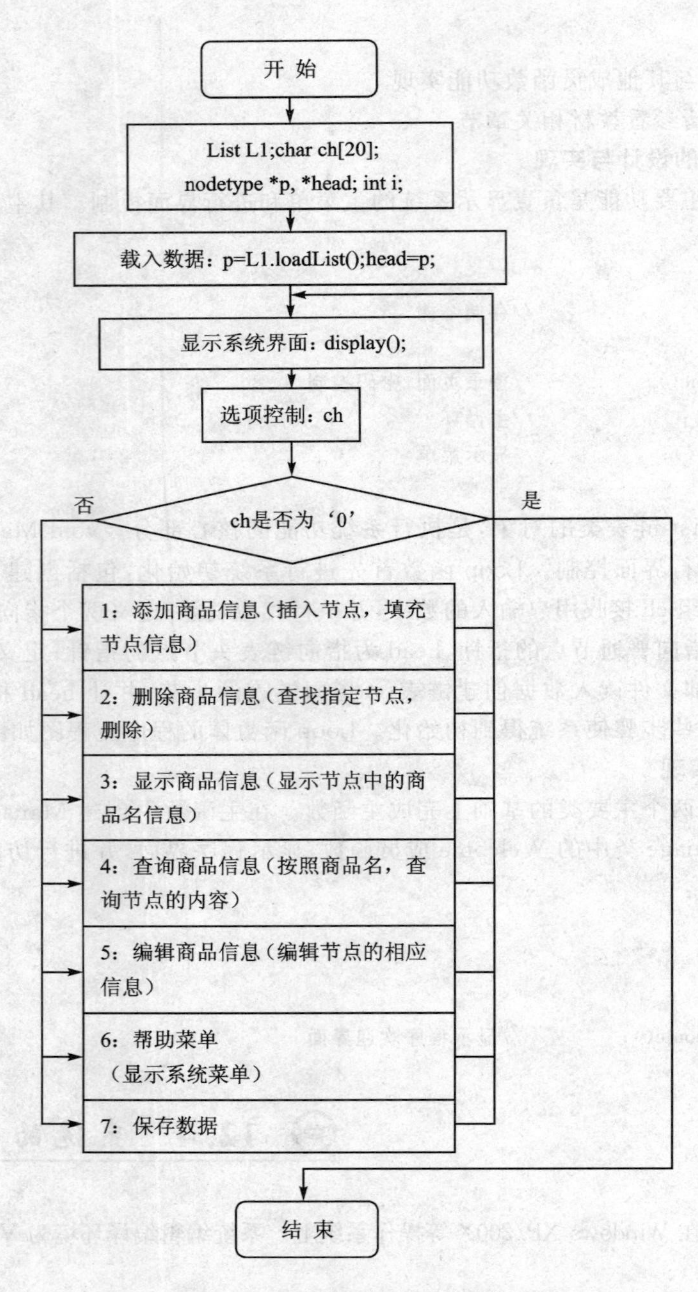

图 12.6 Loop 函数程序流程图

除、显示、编辑等功能。软件的使用步骤如下。

1. 系统登陆界面

在“超市商品管理系统源代码”文件夹中找到“Debug”文件夹，在里面运行 GoodsManage.exe 可执行文件。系统会弹出如图 12.7 所示的系统程序登陆界面，输入正确的密码（默认密码为“admin”）后可以进入到程序主界面。

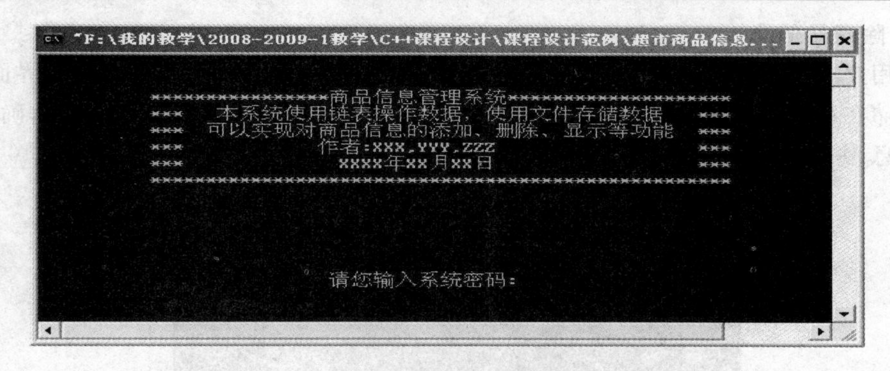

图 12.7 系统登陆界面

2. 功能主界面

在主程序界面中，用户可以根据界面中的功能提示，输入相应的0～7的数字符号，执行相应的功能。主程序界面如图12.8所示。

图 12.8 系统主功能菜单界面

3. 添加商品信息

在主菜单程序界面中用户如果输入1，并按回车键，则会进入到添加商品信息的程序界面中，如图12.9所示。在这个界面中，会提示输入商品信息，如输入商品名、商品类别、出厂日期、商品认证、公司名、价格、厂址、条形码、购货网址、厂家电话等相关信息。录入时，以回车为每一项的结束符。

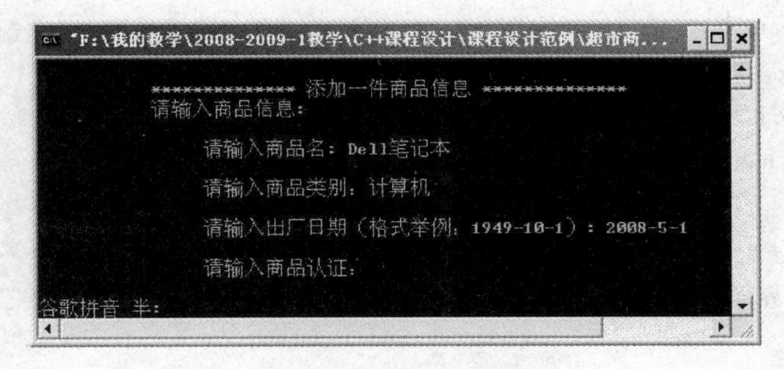

图 12.9 添加商品信息界面

4. 删除商品信息

如果用户在主程序界面中，输入 2 则会进入到删除商品信息界面里。在这个界面中，会显示已经存储在系统中的相关产品信息，主要是显示商品的名称。用户可以查看后，确定自己要删除的信息，并输入要删除的商品的名称，以删除相应的商品。程序界面如图 12.10 所示。

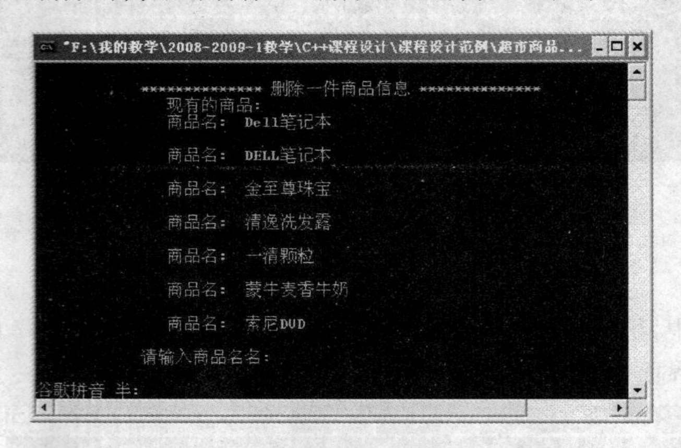

图 12.10 删除商品程序界面

12.6 程序框架代码

1. 文件名：main.cpp

```
#include "Manage.h"
/**********************************************************************/
/*  模块功能:主函数程序入口                                              */
/*  全局变量:无                                                          */
/*  创建人:XXX                                                           */
/*  创建日期:XXXX 年 XX 月 XX 日                                         */
/**********************************************************************/
void main()
{
    Manage Goods;
    Goods.welcome();//显示程序欢迎界面
}
```

2. 文件名：Manage.h

```
#include <iostream.h>
#include <string.h>         //strcpy(): 字符串复制
#include <stdlib.h>         //system("cls")
#include <stdio.h>          //文件操作(写文件)
#include "list.h"           //创建类 List 的对象和节点指针
/**********************************************************************/
/*  类功能:程序界面显示、密码控制、菜单显示、循环控制                      */
/*  全局变量:无                                                          */
/*  创建人:XXX                                                           */
```

```
/* 创建日期:XXXX 年 XX 月 XX 日                                              */
/************************************************************************/
class Manage
{
    List L1;                            //存储结构
public:
    void welcome();                     //登录页面
    void Loop();                        //主循环
    void display();                     //显示菜单
    nodetype * load();                  //从文件中加载数据
    void save();                        //向文件中存入数据
};
```

3. 文件名:list.h

```
#include <iostream.h>
#include <malloc.h>
#include <string.h>                     //字符串处理
#include <stdio.h>                      //文件操作(读文件)
#include <stdlib.h>                     //system("cls")
/************************************************************************/
/* 类功能:操作链表,包括添加、删除、编辑节点等操作                              */
/* 全局变量:无                                                              */
/* 创建人:XXX                                                               */
/* 创建日期:XXXX 年 XX 月 XX 日                                              */
/************************************************************************/
//厂家地址
struct address
{
    char country[100];                  //国家
    char city[100];                     //城市
    char street[100];                   //街道
};
//购货方式
struct telephone
{
    char WebSite[50];                   //厂家网址
    char FactoryTele[30];               //厂家电话
    char DeliverTele[30];               //供货处电话
};
//商品信息
struct goods
{
    char name[100];                     //商品名
    char type[100] ;                    //类别
```

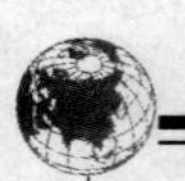


```
    char authentication[100];             //商品认证
    char company[100];                    //公司名
    char price[50];                       //价格
};
//供货处代号
struct scokk
{
    char num[50];                         //条形码
    char jialefu[50];                     //家乐福
    char woerma[50];                      //沃尔玛
    char suguo[50];                       //苏果
    char bailian[50];                     //白莲
};
//定义节点的类型
typedef struct linknode
{
    char address[100];                    //地址
    char birthday[100];                   //出厂日期
    struct scokk sc;                      //供货处代号
    struct goods go;                      //单个商品信息
    struct telephone te;                  //购货方式
    bool flag;
    struct linknode * next;               //指向节点的指针
}nodetype;
//链表类
class List
{
    nodetype * head;
public:
    List();
    List::~List();
    linknode * createList(int n);                //创建链表
    int ListLen();                               //返回链表长度
    nodetype * intFindNode(int i);               //通过查找序号返回节点的指针
    nodetype * strFindNode(char c[]);            //通过查找商品名返回节点的指针
    int findByName(char c[]);                    //通过查找商品名返回节点的序号
    nodetype * insertNode(int i);                //插入节点
    void deleteNode(int i);                      //删除节点,删除第 i 个节点
    nodetype * loadList();                       //初始化:从外部读入数据
    void readfromFile(char * string);            //从文件中读出数据
    void writetoFile(char * string);             //向文件中写数据
    bool checkString(char * a, char * b);        //对比两个字符串是否相等
    void help();                                 //显示帮助菜单
```

```
    void editGoods(nodetype * p);                //编辑单个商品说明信息
    void editScokk(nodetype * p);                //编辑单个商品供货方式
    void editTelephone(nodetype * p);            //编辑单个商品订货方式
    void dispNameAll();                          //显示所有商品名
    void dispOneNode(nodetype * p);              //显示一件商品的所有信息
    void dispGoods(nodetype * p);                //显示一件商品的说明信息
    void dispScokk(nodetype * p);                //显示一件商品的供货方式
    void dispTelephone(nodetype * p);            //显示一件商品的订货方式
    nodetype * loadfromFile();                   //从文件中加载数据到链表中
    void savetoFile();                           //将链表中的数据保存到文件中
};
```

4. 文件 Manage.cpp

```
#include "Manage.h"
/************************************************************************/
/* 类功能:Manage 的实现                                                  */
/* 全局变量:无                                                           */
/* 创建人:xxx                                                            */
/* 创建日期:xxxx 年 xx 月 xx 日                                           */
/************************************************************************/
const char * M="admin";                          //系统密码
/************************************************************************/
/* 函数功能:显示欢迎界面,进行密码控制                                      */
/* 参数:无                                                               */
/* 创建人:xxx                                                            */
/* 创建日期:xxxx 年 xx 月 xx 日                                           */
/************************************************************************/
void Manage::welcome()
{
    char n[20];                                  //保存用户输入的密码
    cout<<endl<<endl;
    //显示界面代码 略……
    for(int i=1;i<=3;i++)
    {
        cin>>n;
        if(strcmp(n,M)==0||i==3)
            break;
        else
            cout<<endl<<"                     密码有误,请重新输入:";
    }
    if(i==3)
    {
        system("cls");
        cout<<endl<<"          您三次尝试都失败了,系统已关闭......"<<endl;
```

```
    }
    else
    {
        cout<<endl<<endl<<endl<<endl<<endl<<endl<<endl<<endl<<endl<<endl<
<endl<<endl;
        cout<<"                    欢迎使用本系统. . . . . . "<<endl ;
        Loop();
    }
}
/**************************************************************/
/*  函数功能:显示系统主菜单                                      */
/*  参数:无                                                      */
/*  创建人:xxx                                                   */
/*  创建日期:xxxx 年 xx 月 xx 日                                  */
/**************************************************************/
void Manage::display()
{
    cout<<endl<<endl;
    cout<<"          ****************商品信息管理系统**************"<<endl;
    cout<<"     ***  [1]  添加商品信息                    ***"<<endl;
    cout<<"     ***  [2]  删除商品信息                    ***"<<endl;
    cout<<"     ***  [3]  显示商品信息                    ***"<<endl;
    cout<<"     ***  [4]  查询商品信息                    ***"<<endl;
    cout<<"     ***  [5]  编辑商品信息                    ***"<<endl;
    cout<<"     ***  [6]  帮助菜单                        ***"<<endl;
    cout<<"     ***  [7]  保存数据                        ***"<<endl;
    cout<<"     ***  [0]  退出系统                        ***"<<endl;
    cout<<"          **********************************"<<endl<<endl<<endl;
}
/**************************************************************/
/*  函数功能:循环控制系统显示界面                                */
/*  参数:无                                                      */
/*  创建人:xxx                                                   */
/*  创建日期:xxxx 年 xx 月 xx 日                                  */
/**************************************************************/
void Manage::Loop()
{
    List L1;                    //List 对象
    char ch[20];                //选项控制,接收用户输入的数字,执行相应功能
    nodetype *p, *head;         //p 指向节点的指针,head 指向链表头节点的指针
    int i;                      //存放节点序号
    //初始化
    p= loadt();                 //从外部文件读入数据创建链表,p 指向链表的头节点
```

```
head=p;                      //让 head 指向头节点
display();                   //显示系统主菜单
//开始循环控制
while(1)
{
    cout<<endl<<endl;
    cout<<"请输入选择(显示系统菜单--> 6):"<<endl;
    cin>>ch;
    system("cls");           //清除屏幕信息
    //添加一件商品的信息
    if(L1.checkString(ch, "1"))
    {
        //向链表中插入节点
        p=L1.insertNode(0);
        head=p;              //设置链表头指针

        //显示添加商品子菜单功能项,并设置所加入节点的相关信息
        system("cls");
        cout<<endl;
        cout<<" ************** 添加一件商品信息 **************"<<endl;
        cout<<"              请输入商品信息:"<<endl;
        L1.editGoods(p);     //编辑添加的节点的相关信息
        cout<<"              请输入供货处代号:"<<endl;
        L1.editScokk(p);
        cout<<"              请输入购货方式:"<<endl;
        L1.editTelephone(p);
    }

    //删除一件商品的信息
    if(L1.checkString(ch, "2"))
    {
        system("cls");
        cout<<endl;
        cout<<"   ************** 删除一件商品信息 **************"<<endl;
        L1.dispNameAll();          //显示商品名,即显示所有节点的商品相关信息
        cout<<"                    请输入商品名名:"<<endl;
        cin>>ch;                   //按照显示的商品名,输入要删除的商品名
        i=L1.findByName(ch);       //按照商品名,找到需要删除的节点
        L1.deleteNode(i);          //执行删除节点操作
    }

    //显示所有的商品名
    if(L1.checkString(ch, "3"))
```

```
{
    system("cls");
    cout<<endl;
    cout<<"    *************** 显示所有商品名 ***************"<<endl;
    L1.dispNameAll();
}

//根据商品名显示单个商品所有信息
if(L1.checkString(ch,"4"))
{
    system("cls");
    cout<<endl;
    cout<<"*************** 根据商品名显示单个商品所有信息 ***"<<endl;
    L1.dispNameAll();
    cout<<"          请输入商品名:"<<endl;
    cin>>ch;
    p=L1.strFindNode(ch);
    L1.dispOneNode(p);          //显示单个节点所有信息
}
//显示系统主菜单
if(L1.checkString(ch,"6"))
{    display();    }
//向文件中保存数据
if(L1.checkString(ch,"7"))
{
    L1.savetoFile();      //保存链表
}
//根据商品名对单个商品进行编辑
if(L1.checkString(ch,"5"))
{
    char c[20];           //商品名
    system("cls");
    cout<<endl;
    cout<<"****** 根据商品名对单个商品进行编辑 *************"<<endl;
    L1.dispNameAll();
    cout<<"请输入商品名:"<<endl;
    cin>>c;
    p=L1.strFindNode(c);

    //显示子菜单功能项
    system("cls");
    cout<<endl<<endl;
    cout<<endl<<endl;
```

```
cout<<"****************************************************"<<endl;
cout<<"        ****[1]          编辑商品信息          ****"<<endl;
cout<<"        ****[2]          编辑供货处代号        ****"<<endl;
cout<<"        ****[3]          编辑购货方式          ****"<<endl;
cout<<"        ****[4]          显示商品信息          ****"<<endl;
cout<<"        ****[5]          显示供货处            ****"<<endl;
cout<<"        ****[6]          显示购货方式          ****"<<endl;
cout<<"        ****[7]          显示该商品所有信息    ****"<<endl;
cout<<"        ****[8]          帮助菜单              ****"<<endl;
cout<<"        ****[9]          返回上一级菜单        ****"<<endl;
cout<<"****************************************************"<<endl;
while(1)
{   cout<<endl<<endl;
    cout<<"请输入选择(编辑选项子菜单——> 8):"<<endl;
    cin>>c;         //编辑选项
    system("cls");
    //编辑商品信息
    if(L1.checkString(c, "1"))
    {   system("cls");
        cout<<endl;
        cout<<"******** 编辑商品信息 ******************"<<endl;
        L1.editGoods(p);
    }
    //编辑供货处代号
    else if(L1.checkString(c, "2"))
    {   system("cls");
        cout<<endl;
        cout<<"******* 编辑供货处代号 *****************"<<endl;
        L1.editScokk(p);
    }
    //编辑购货方式
    else if(L1.checkString(c, "3"))
    {   system("cls");
        cout<<endl;
        cout<<"********* 编辑购货方式 *****************"<<endl;
        L1.editTelephone(p);
    }
    //显示商品信息
    else if(L1.checkString(c, "4"))
    {   system("cls");
        cout<<endl;
        cout<<"******** 显示商品信息 ******************"<<endl;
        L1.dispGoods(p);
```

```
            }
            //显示供货处代号
            else if(L1.checkString(c,"5"))
            {    system("cls");
                 cout<<endl;
                 cout<<"*******显示供货处代号 ******************"<<endl;
                 L1.dispScokk(p);
            }
            //显示购货方式
            else if(L1.checkString(c,"6"))
            {    system("cls");
                 cout<<endl;
                 cout<<"*********显示购货方式 *****************"<<endl;
                 L1.dispTelephone(p);
            }
            //显示该商品所有信息
            else if(L1.checkString(c,"7"))
            {    system("cls");
                 L1.dispOneNode(p);
            }
            //显示帮助菜单
            else if(L1.checkString(c,"8"))
            {    system("cls");
                 L1.help();
            }
            //返回上级菜单
            else if(L1.checkString(c,"9"))
            {    display();
                 break;                      //用 break 跳出本循环
            }

        }
      }
      //退出系统
      else if(L1.checkString(ch,"0"))
          return;
    }
    return;
}
```


5. 文件 list.cpp

程序代码略。

第 13 章 实验操作

本章学习目标

1. 熟悉使用 C++集成开发环境编辑、编译、链接、运行 C++源程序的基本步骤；
2. 掌握 C++应用程序涉及的基本语法以及基本创建方法。

实验一　Visual C++ 6.0 集成开发环境

【预习内容】

(1) Visual C++6.0 集成开发环境的使用方法。

(2) 开发 C++程序的步骤。

【实验目的】

(1) 熟悉 Visual C++ 6.0 集成开发环境的组成和基本功能。

(2) 掌握使用 Visual C++ 6.0 编译系统编辑、编译、链接、运行 C++源程序的基本步骤。

【实验任务】

(一) 任务描述与分析

1. 熟悉 Visual C++ 6.0 集成开发环境的组成和基本功能。

2. 在 Visual C++6.0 环境下编写一个具有简单输入输出功能的程序，要求在屏幕上先输出"Please input your name:"，再输入一个名字如###后，显示"Hello,###"字符的程序。

3. 体会 Visual C++6.0 环境下编写多文件应用程序的过程。

提示与分析：先创建一个项目文件，向其中添加两个源程序，分别编译、链接和运行。

(二) 参考程序

1. 开发过程如下：

(1) 打开 Visual C++ 6.0，单击"开始"|"所有程序"|Microsoft Visual Studio 6.0|Microsoft Visual C++ 6.0，出现 Microsoft Visual C++窗口，如图 13.1 所示。

(2) 新建一个 C++源文件，在 Microsoft Visual C++窗口单击菜单 File|New，出现 New 对话框，单击 Files 选项卡，选择 C++ Source File，在 File 下面的文本框中输入 c1_1.cpp，在 Location 下面的文本框中输入要存放文件的位置或者选择文件位置。然后单击 OK 按钮，如图 13.2 所示。

(3) 在出现的窗口中输入 1.2.1 中的源程序，如图 13.3 所示。

(4) 编译，单击 Build|Compile c1_1.cpp，会提示是否建立项目工作区，如图 13.4 所示。单击"是"按钮。如果没有错误，就会生成 c1_1.obj 文件。

(5) 连接，单击 Build|Build c1_1.exe，如果没有错误，就会生成 c1_1.exe 文件。

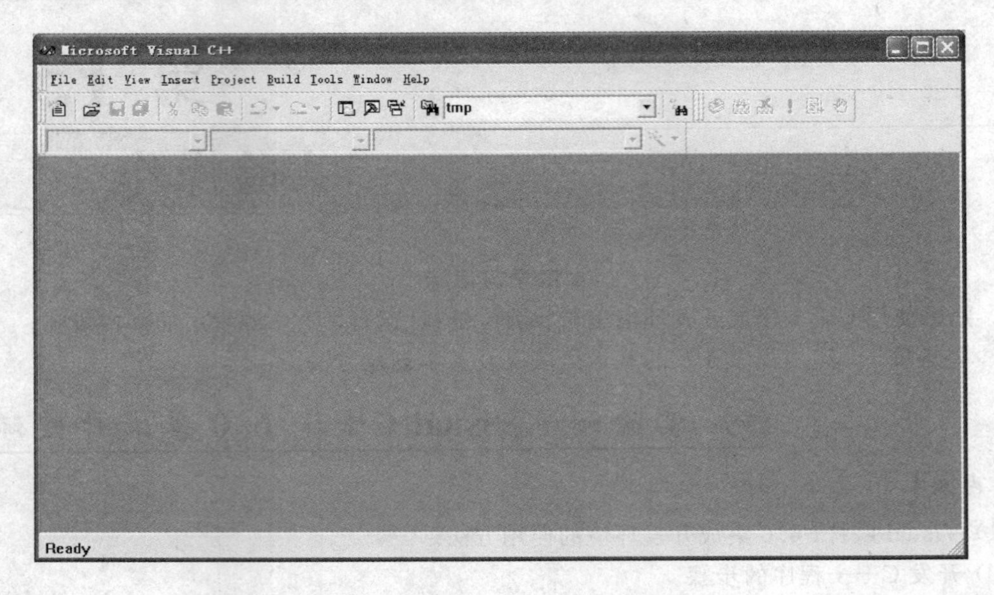

图 13.1　Visual C++集成开发环境

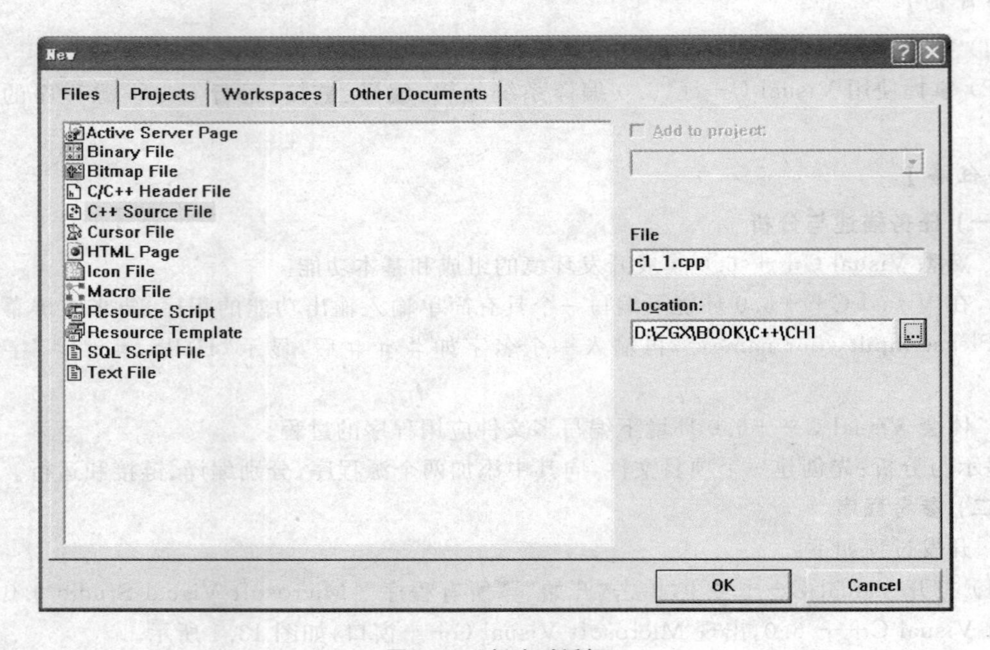

图 13.2　新建对话框

(6) 执行，单击 Build|Execute c1_1. exe，出现如图 13.5 所示运行结果窗口，进入到运行状态，输入一个 Lily，回车后，屏幕就会显示 Hello，Lily！

【扩展与思考】

1. 在编译 C++源程序后，如果发现语法错误，应如何处理？
2. 任务三中，一个项目文件运行后，观察都生成了哪些文件和文件夹，其作用各是什么？
3. 如何打开一个已经创建的 C++项目？

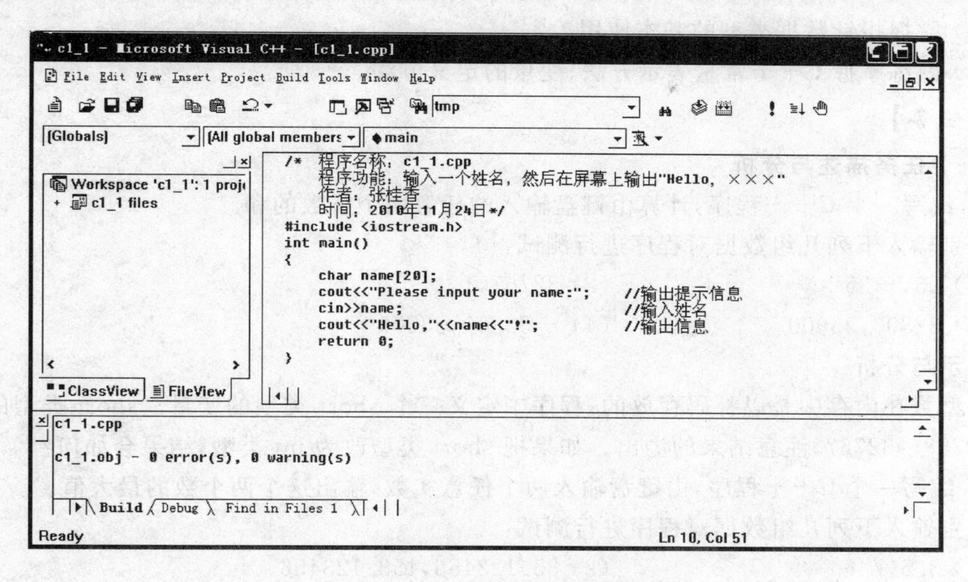

图 13.3　Visual C++代码窗口

图 13.4　Visual C++消息对话框

图 13.5　程序运行结果窗口

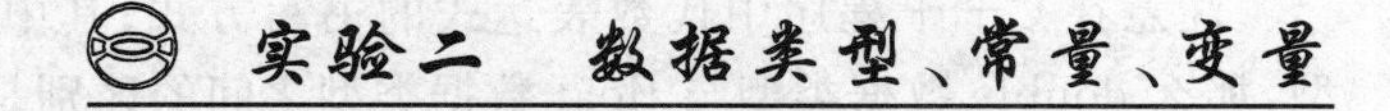

实验二　数据类型、常量、变量

【预习内容】

（1）各种数据类型的表示形式，存储空间及取值范围。

（2）C++常量的分类、常量的表示形式。

（3）变量的三要素、变量的定义方式。

【实验目的】

（1）掌握基本数据类型的分类、表示方法及存储形式。

(2) 掌握指针数据类型的基本使用。

(3) 熟练掌握C++常量表示方法、变量的定义方法。

【实验任务】

(一) 任务描述与分析

1. 编写一个C++程序，计算由键盘输入的任意两个整数的和。

分别输入下列几组数据对程序进行测试：

(1) 25,−35　　(2) 32767,1

(3) 32800,33000　　(4) −32800,33000

提示与分析：

整型数在内存中是以补码存放的，程序中定义三个 short 类型的变量。short 类型的范围是−32768～32767，注意结果的溢出。如果把 short 类型改为 int 类型，结果会如何？

2. 编写一个C++程序，由键盘输入两个任意实数，输出这个两个数的最大值。

分别输入下列几组数据对程序进行测试：

(1) 3.5,7.6　　(2) 35.123456,153.123456

(3) 123456.3,123456.35　　(4) 1234567.3,1234.35

提示与分析：

程序中定义了三个 float 类型的变量。通常在整数部分不超过6位数时，float 类型输出6位有效数字。整数部分超过6位时以科学记数法输出。

3. 已知圆半径 radius=2.5 cm，编写一个计算圆面积(area)和周长(girth)的C++程序。

提示与分析：

因为表示圆周率的符号π不是C++语言中使用字符，所以用 PI 来表示。这里在定义 float 类型变量 PI 时，前面加上了修饰符 const，表示 PI 是只读浮点型变量，也就是符号常量。

语句 float radius=2.5;是在定义 float 类型变量 radius 时进行了初始化。

如果在程序中，把 const float PI=3.1415926 删掉，在程序开头使用宏定义命令 #difine，来定义符号常量 PI，应该如何修改，二者区别是什么？

在程序中第6行、第7行之间插入一句：PI=3.14159;程序是否能正常运行？为什么？

4. 输入一个摄氏温度，编程输出华氏温度。转换公式如下：$C=\frac{5\times(F-32)}{9}$，其中C为摄氏温度，F为华氏温度。按上面的要求，填补完成下列程序，并进行调试运行。

提示与分析：

注意在C++程序中代数表达式的书写方式；其中变量C与F被定义为 double 数据类型，那么 double 数据类型与 float 数据类型之间的区别是什么？

*5. 已知三名学生的学号分别为，2000110025，2000110054，2000110021，编一个C++程序，把学号按升序输出。

提示与分析：

因为类似于学号、电话号码等数据都是用一个正整数来表示的，所以，程序中变量定义为无符号整型，unsigned int 类型的范围是0～4294967295。

---

* 之后为可选做的题，下同。

(二) 参考程序

1. #include <iostream. h>

```
void main()
  {
      short x,y,a;
      cin>>x>>y;
      a=x+y;
      cout<<"The sum is:"<<a<<endl;
  }
```

2. #include <iostream. h>

```
void main()
  {
      folat   x,y,max;
      cin>>x>>y;
      x>y? max=x : max=y;
      cout<<"x and y maximum is:"<<max<<endl;
  }
```

3. #include<iostream. h>

```
void main()
  {
      const float PI=3.1415926;
      float radius=2.5,area,girth;
      area=PI * radius * radius;
      girth=2 * PI *  radius;
      cout<<"The area of a round is:"<<area<<endl;
      cout<<"The girth of a round is:"<<girth<<endl;
  }
```

4. #include<iostream. h>

```
void main()
  {
      double C,F;
      cout<<"请输入摄氏温度:";
      cin>>C;
      F=32+9/5 * C;
      cout<<"华氏温度:"<<F<<endl;
  }
```

*5. #include < iostream. h >

```
void main()
  {
      unsigned int     a,b,c,swap;
      cin>>a>>b>>c;
      a>b? (swap=a,a=b,b=swap):a>c? (swap=a,a=c,c=swap):0;
```

```
    b>c? (swap=b,b=c,c=swap):0;
    cout<<" Student id ascending:"<<a<<","<<b<<","<<c<<endl;
}
```

【扩展与思考】

1. 参照第5题，编一个C++程序，任意从键盘输入三个电话号码(7位数)，然后把输入的电话号码按降序输出。

2. 设变量A与B的值分别为5和9，编写一个C++程序，交换A与B的值。

(提示：参照第5题，交换变量的方法。)

3. 使用指针类型完成第2题的交换变量值的功能。

参考程序1：

```
#include <iostream.h>
void main()
{
    int   a,b,swap;
    int *p=&a, *q=&b;
    cin>>a>>b;
    swap=*p; *p=*q; *q=swap;
    cout<<" a与b交换后:"<<a<<","<<b<<endl;
}
```

(提示：使用指针交换了变量的值)

参考程序2：

```
#include <iostream.h>
void main()
{
    int   a,b ;
    int *p=&a, *q=&b, *r;
    cin>>a>>b;
    r=p;p=q;q=r;
    cout<<" a与b交换后:"<<*p<<","<<*q<<endl;
}
```

(提示：变量的值没有交换，只是改变了指针的指向)

参考程序3：

```
#include<iostream.h>
void main()
{
    int a,b,swap;
    int &x=a,&y=b;
    int *p=&x, *q=&y;
    cin>>x>>y;
    swap=*p; *p=*q; *q=swap;
    cout<<" a与b交换后:"<<a<<","<<b<<endl;
```

}

(提示:注意引用和指针区别。)

实验三　运算符与表达式(一)

【预习内容】

(1) 算术运算符与位运算符的功能。

(2) 赋值运算符与逗号运算符的功能。

(3) 取地址和取值运算。

(4) 强制类型转换与取所占内存字节数运算的功能。

(5) 运算符的优先级和结合性。

【实验目的】

(1) 掌握运算符的优先级与结合性概念。

(2) 掌握算术运算符、位运算符、赋值运算符、逗号运算符、取地址、取值运算、强制类型转换与取所占内存字节数等运算的功能。

【实验任务】

(一) 任务描述与分析

1. 编写一个计算任意两个整数的平均值的程序,数据由键盘输入。

分别输入下列几组数据对程序进行测试:

(1) 2,6　　　　　　　　(2) －1,3

(3) 3.5,8　　　　　　　(4) 5,－2

提示与分析:

除法运算符"/"当操作对象都是整数时,结果自动取整;操作数有一个是实数时,结果为实数。为什么第三组数没输出实数?

2. 运行给定的程序,分别输入下面给定值,观察输出结果。

(1) 5,8　　　　　　　　(2) 28,8

(3) －5,3　　　　　　　(4) 5,－3

提示与分析:

求余运算符"%"要求运算对象都是整型数,余数计算方法是:a%b 的余数为:a－b＊(a/b)。

3. 运行给定的程序,分析其输出结果。

提示与分析:

通过这个程序的每个输出结果,可以很容易理解前自增(前自减)与后自增(后自减)的区别。同时,可以理解对于表达式中出现连续多个运算符时,C＋＋处理规则。

＊4. 运行给定程序,分析其输出结果。

提示与分析:

这是一个综合运算题,通过分析运算结果,可以理解运算优先级、运算结合方向、强制转换、逗号运算等知识点。

(二) 参考程序

```
1. #include <iostream.h>
```

```
void main()
  {
     int a,b,c;
     cin>>a>>b;
     c=(a+b)/2;
     cout<<"The average is:"<<c<<endl;
     cout<<"outreal  is:"<<3.0/2<<endl;
  }
```

2. #include <iostream.h>

```
void main()
  {
     int a,b,c;
     cin>>a>>b;
     c=a%b;
     cout<<"The remainder is:"<<c<<endl;
  }
```

3. #include<iostream.h>

```
void main()
  {
     int i=1,k=1;
     cout<<"(1)"<<i++<<endl;
     cout<<"(2)"<<i<<endl;
     cout<<"(3)"<<++i<<endl;;
     cout<<"(4)"<<-i++<< endl;
     cout<<"(5)"<<i+ + +k<< endl;
     cout<<"(6)"<<i--<<endl;
     cout<<"(7)"<<i<<endl;
  }
```

*4. #include<iostream.h>

```
void main()
  {
     int a;
     a=5*2+-7%int(3.4)-8/(2+3);
     float b;
     b=230+3.14e3-5.0/0.02;
     cout<<a<<'\t'<<b<< endl;
     int m(5),n(7);
     a=m+ + - - -n;
     cout<<a<<'\t'<<m<<'\t'<<n<<endl;
     a=b=(a=5/3,b=3.5,4*5,a=5%2);
     cout<<a<<'\t'<<b<<endl;
  }
```

【扩展与思考】

1. 分析下面程序的输出结果。

```
#include<iostream.h>
void main()
  {
     unsigned a(0x3ca),b(7);
     a&=b;
     a^=a;
     cout<<a<<'\t'<<b<< endl;
     int x(-2),y(3);
     x>>y;
     x<<=y;
     x!=y^~y;
     y&=~x+1;
     cout<<x<<'\t'<<y<<endl;
     cout<<sizeof(int)<<endl;
  }
```

(提示:分析这个题时,需要把变量值转换成二进制数,然后依据按位与、按位异或、左移位、右移位、按位求反、取所占内存字节数及复合赋值等运算符功能求出其结果。)

2. 分析下面程序的输出结果。

```
#include<iostream.h>
void main()
  {
     int x(1),y(2),z(3);
     x+=y*=z-=x;
     cout<<x<<","<<y<<","<<z<< endl;
     x*=y/=z-=x;
     cout<<x<<","<<y<<","<<z<< endl;
     x=y=z=1;
     z=(x*=1)+(y+=2)+1;
     cout<<z<<endl;
  }
```

(提示:注意赋值运算符的结合方向是右结合的。)

实验四 运算符与表达式(二)

【预习内容】

(1) 关系运算符与逻辑运算符的功能。

(2) 三目运算符的功能。

(3) 运算符的优先级与结合性概念。

【实验目的】

(1) 掌握运算符的优先级与结合性概念。

(2) 掌握关系运算符、逻辑运算符和三目运算符的功能。

【实验任务】

(一) 任务描述与分析

1. 分析给定程序的输出结果。

提示与分析：

通过运行结果的分析，主要是理解关系运算符的功能，另外，也理解关于字符类型变量的运算。

2. 分析给定程序的输出结果。

提示与分析：

这个程序主要是注意关系运算的功能以及优先级，把语句 d=(++x==y)<--z 中的括号去掉，结果如何？为什么？

3. 分析给定程序的输出结果。

提示与分析：

在这个程序中要考虑逻辑表达式的短路问题。

4. 由键盘任意输入一个整数，编写一个 C++程序，输出其绝对值。

提示与分析：

依据三目运算的规则。

*5. 编写一个由公历年号判断是否为闰年的 C++程序。

提示与分析：

根据历法，年号符合下面两个条件之一的是闰年：

(1) 年号能被 4 整除，但不能被 100 整除；

(2) 年号能被 100 整除，又能被 400 整除。

在程序中使用求余运算，先把年号分别用 4,100,400 除，求出其余数分别存在整型变量 a 和布尔型变量 b,c 中(因为 bool 变量取值为真和假，分别用 1 和 0 表示，因此与整型变量是通用的)，然后使用关系运算及条件运算判断出是否闰年。

(二) 参考程序

1.
```
#include<iostream.h>
void main()
{
    char a('x'),b('y');
    int c;
    c=a<b;
    cout<<c<<endl;
    c=a==b-1;
    cout<<c<<endl;
    c=('t'!='T')+(7>7)+(b-a==1);
    cout<<c<<endl;
}
```

2.
```
#include<iostream.h>
void main()
```

```
{
    char  x('m'),y('n'),z('o');
    int d;
    d=x!=y>z;
    cout<<d<<endl;
    d=x<y<z;
    cout<<d<<endl;
    d=(++x==y)<--z;
    cout<<d<<endl;
}
```

3.
```
#include<iostream.h>
void main()
{
    int a(2),b(2),c(2);
    --a&&++b&&c++;
    cout<<a<<'\t'<<b<<'\t'<<c<<endl;
    ++a&&++b||++c;
    cout<<a<<'\t'<<b<<'\t'<<c<<endl;
    ++a&&b--||++c;
    cout<<a<<'\t'<<b<<'\t'<<c<<endl;
}
```

4.
```
#include<iostream.h>
void main()
{
    int a,b;
    cin>>a;
    b=a>0? a:-a;
    cout<<" The absolute value of "<<a<<" is:"<<b<<endl;
}
```

*5.
```
#include<iostream.h>
void main()
{
    int year,leap ,a;
    bool b,c;
    cin>>year;
    a=year%4==0;
    b=year%100==0;
    c=year%400==0;
    a!=0? leap=0: (b!=0? leap=1:(c! =0? leap=0:leap=1));
    leap? (cout<<year<<" is not a leap year. "<<endl):(cout<<year<<" is a leap year. "<<
endl);
}
```

【扩展与思考】

1. 分析下面程序,给出输出结果。

```
#include<iostream.h>
void main()
{
    int a(1),b(2),c;
    c=a>b? a++:b--;
    cout<<a<<'\t'<<b<<'\t'<<c<<endl;
    c=2*a-b? a+b:a-3? b:a;
    cout<<a<<'\t'<<b<<'\t'<<c<<endl;
    c=(a-b>0? a=2*a:b=2*b,(a+b)/10? a=a>b:b=b>a,'0'! =0? a=b+1:b=a+1);
    cout<<a<<'\t'<<b<<'\t'<<c<<endl;
}
```

(**提示**:依据三目运算的规则、三目运算的结合方向、后自减运算、关系运算、逗号运算以及赋值运算符功能,不难分析出输出的结果。)

2. 编写一个由公历年号判断是否为闰年的C++程序。

参考程序1:

```
#include<iostream.h>
void main()
{
    int year,a,b,c;
    bool leap;
    cin>>year;
    a=year%4==0;
    b=year%100==0;
    c=year%400==0;
    a==0&&b! =0? leap=1:(b==0&&c==0? leap=1:leap=0);
    leap? (cout<<year<<" is not a leap year."<<endl):(cout<<year<<" is a leap year."<<
endl);
}
```

(**提示**:通过求余运算,求出各个余数,再使用条件运算及逻辑运算判断是否闰年,最后使用条件运算输出其结果。)

参考程序2:

```
#include<iostream.h>
void main()
{
    int year,leap ,a,b,c;
    cin>>year;
    a=year%4==0;
    b=year%100==0;
    c=year%400==0;
    (!a&&b)|| (!b&&!c)? leap=1:leap=0;
```

```
    leap? (cout<<year<<" is not a leap year. "<<endl):(cout<<year<<" is a leap year. "<<endl);
}
```

（**提示**：使用逻辑运算符使得判断表达式更加简练了。）

实验五　选择结构

【预习内容】

（1）if 语句构造单分支、双分支和多分支的结构方法。

（2）switch 语句的用法。

【实验目的】

（1）掌握单分支 if 语句的使用方法。

（2）掌握双分支 if 语句(if-else)的使用方法。

（3）掌握多分支 if 语句(else if)和 switch 语句的使用方法。

（4）能够选用合适的条件语句解决具体问题。

【实验任务】

（一）任务描述与分析

1. 下面是一个用 if 语句编写的单分支结构程序，程序功能是求一个数的绝对值，完成程序所缺的部分。

```
#include <iostream.h>
void main()
{
    float x;
    cin>>x;
    if (x<0)
      【?】;
    cout<<x;
}
```

2. 使用 if-else 语句编写双分支结构实现求输入的两个数差的绝对值并输出。

提示与分析：设输入的两个数是 a，b 如果 a>b，则输出 a－b，否则输出 b－a。

3. 下面是 if 语句(else if)多分支程序，求分段函数的值。找到其中的错误，并修改。

$$y=\begin{cases}0 & (x=0)\\ 2x+10 & (x>0)\\ 3x & (x<0)\end{cases}$$

待修改程序如下：

```
#include <iostream.h>
void main()
{
    float x,y;
    cout<<"输入自变量 x:";
```

```
    cin>>x;
    if(x=0)
        y=0;
    else if (x>0)
        y=2x+10;
    else
        y=3x;
    cout<<"函数值是:"<<y;
}
```

提示与分析:输入这个程序后,编译找到其中的错误,并修改。

4. 用 if 和 switch 两种方法根据学生百分成绩输出学生的成绩等级。成绩在 90~100,输出"优秀";成绩在 80~89,输出"良好";成绩在 70~79,输出"中等";成绩在 60~69,输出"及格;成绩在 0~59,输出"不及格";输入其他,则输出"输入错误"。

提示与分析:用 if 语句写多分支结构,注意 if 后面的条件表达式,各个分支要都取到,以及和 else 的对应关系;而用 switch 语句写程序,注意后面的表达式的类型只能是字符类型、整数类型或枚举类型,这里不能写关系表达式,可以先将成绩除以 10,要先取出 10 位以上的数字;case 后面的常量分别为数字 0 到 10;注意何时要用 break 语句退出分支结构。

*5. 输入一个三位数,判断其是否为水仙花数(水仙花数是每位数字的立方和等于这个数本身的三位数。如:$153=1^3+5^3+3^3$,所以 153 是水仙花数。)

提示与分析:首先要取出这个数的个位、十位、百位。方法是:三位整数除以 100 得到的整数商就是百位数,三位整数除以 10 得到的整数再除以 10 的余数就是十位数,三位整数除以 10 得到的余数就是个位数。

(二) 参考程序

1. x=-x;

2.

```
#include <iostream.h>
void main()
{
    float a,b;
    cout<<"输入两个数:";
    cin>>a>>b;
    if (a>b)
        cout<<a-b;
    else
        cout<<b-a;
}
```

3. 正确程序

```
include <iostream.h>
void main()
{
    float x,y;
```

```
    cout<<"输入自变量 x:";
    cin>>x;
    if(x==0)
        y=0;
    else if (x>0)
        y=2*x+10;
    else
        y=3*x;
    cout<<"函数值是"<<y;
}
```

4.

```
//if 嵌套结构
#include <iostream.h>
void main()
{
        int x;
        cout<<"输入百分成绩:";
        cin>>x;
        if (x>=0 && x<=100)
            if (x>=90)
                cout<<"优秀";
            else if(x>=80)
                cout<<"良好";
            else if(x>=70)
                cout<<"中等";
            else if(x>=60)
                cout<<"及格";
            else
                cout<<"不及格";
        else
            cout<<"输入数据应该在 0-100";
}
//switch 结构
#include <iostream.h>
void main()
{
        int x,y;
        cout<<"输入百分成绩:";
        cin>>x;
        y=x/10;
        switch (y)
        {
            case 10:
```

```
            case 9:
                cout<<"优秀";
                break;
            case 8:
                cout<<"良好";
                break;
            case 7:
                cout<<"中等";
                break;
            case 6:
                cout<<"及格";
                break;
            case 5:
            case 4:
            case 3:
            case 2:
            case 1:
            case 0:
                cout<<"不及格";
                break;
            default:
                cout<<"输入数据应该在0-100";
                break;
        }
}
```

*5.

```
#include <iostream.h>
void main()
{
    int i,i1,i2,i3;
    cin>>i;
    i1=i/100;
    i2=i/10%10;
    i3=i%10;
    if(i==i1*i1*i1+i2*i2*i2+i3*i3*i3)
        cout<<i<<"是水仙花数"<<endl;
    else
        cout<<i<<"不是水仙花数"<<endl;
}
```


【扩展与思考】

1. 任务2能否用单分支实现?

2. 分析程序段

```
int a,b,t;
if (a>b)
{ t=a;a=b;b=t;}
```

的作用，如果去掉{}，程序段功能有何变化？

3. switch 后面的是否可以用关系表达式？

4. 分析 switch 语句中 break 的作用，如任务四的程序中哪个分支该使用 break？

实验六　循环结构

【预习内容】

（1）循环结构的构成。

（2）while 语句，do…while 语句和 for 语句的格式。

【实验目的】

（1）掌握 while 语句的程序设计的方法。

（2）掌握 do…while 语句的程序设计的方法。

（3）掌握 for 语句的程序设计的方法。

（4）掌握三种循环语句的区别。

【实验任务】

（一）任务描述与分析

1. 分别用 while 语句，do…while 语句和 for 语句编程求 100 之内的自然数中奇数之和。

提示与分析：

对于已知循环次数的程序三种结构都可以完成，体会三种循环之间转换的方法。

2. 下面程序功能是从键盘输入两个正整数求最大公约数，完成程序所缺的部分。

```
#include <iostream.h>
void main()
{
    int m,n,k;
    cin>>m>>n;
    k=m%n;
    /************ SPACE ************/
    while(【1】)
    {
        m=n;
        /************ SPACE ************/
        【2】;
        /************ SPACE ************/
        k=【3】;
    }
    cout<<n;
}
```

提示与分析：求两个数的最大公约数可以用辗转相除法或辗转相减法。

3. 下面程序功能是输出100～1000之间的水仙花数,完成程序所缺的部分。

```
#include <iostream.h>
void main()
{
    int i,i1,i2,i3,m;
    /***********SPACE***********/
    for(i=100; i<【?】;i++)
    {
        /***********SPACE***********/
        i1=【?】;
        /***********SPACE***********/
        i2=【?】;
        /***********SPACE***********/
        i3=【?】;
        m=i1*i1*i1+i2*i2*i2+i3*i3*i3;
        if(i==m)
        cout<<i<<endl;
    }
}
```

提示与分析:"水仙花数"是指一个数恰好等于其因子立方之和。例如153是水仙花数,因为153=1*1*1+3*3*3+5*5*5。

4. 编写程序,输出Fibonacci数列(1 1 2 3 5 8 13 21 34 55…)前20项。

提示与分析:设置两个变量f1,f2初值都是1,循环10次,每次输出f1和f2,新的f1是原来的f1与f2的和,f2原来f2和f1的值。

(二) 参考程序

1.

for语句:

```
#include<iostream.h>
void main()
{
    int sum(0);
    for(int i=1;i<=100;i++)
    if(i%2!=0)
        {cout<<i<<' ';sum+=i;}
    cout<<"\n100以内的自然数的奇数和为:"<<sum<<endl;
}
```

while语句:

```
#include<iostream.h>
void main()
{
    int sum(0);
```

```
    int i=1;
    while(i<=100)
    {
        if(i%2! =0)
        {
            cout<<i<<' ';
            sum+=i;

        }
        i++;
    }
    cout<<"\n100以内的自然数的奇数和为:"<<sum<<endl;
}
```

do…while 语句：

```
#include<iostream.h>
void main()
{
    int sum(0);
    int i=1;
    do
    {
        if(i%2! =0)
        {
            cout<<i<<' ';
            sum+=i;

        }
        i++;
    }while(i<=100);
    cout<<"\n100以内的自然数的奇数和为:"<<sum<<endl;
}
```

2.

1) k!=0

2) n=k

3) m%n;

3.

1) 1000

2) i/100

3) i/10% 10 或 i%100/10

4) i%10

4.

```
#include<iostream.h>
```

```
#include<iomanip.h>
void main()
{
    int f1,f2;
    int i;
    f1=1;f2=1;
    for (i=1;i<=10;i++)
    {
        cout<<setw(10)<<f1<<setw(10)<<f2;
        if(i%2==0) cout<<endl;
        f1=f1+f2;
        f2=f2+f1;
    }
    cout<<endl;
}
```

5.

```
#include<iostream.h>
void main()
{
    char c;
    int nother(0),ndigit[10];
    for(int i=0;i<10;i++)
        ndigit[i]=0;
cin>>c;
while(c!='$')
{
    switch(c)
    {
    case '0':
    case '1':
    case '2':
    case '3':
    case '4':
    case '5':
    case '6':
    case '7':
    case '8':
    case '9':++ndigit[c-'0'];
            break;
    defaul:++nother;
}
cin>>c;
}
```

```
cout<<"digiter=";
for(i=0;i<10;i++)
    cout<<ndigit[i]<<' ';
cout<<"\nother="<<nother<<endl;
```

【扩展与思考】

1. while 和 do while 语句的区别是什么？

2. 用 while 语句实现的程序是否可以改写成 for 语句完成？

3. 如何防止程序出现死循环，程序死循环后怎样结束程序？

实验七　循环嵌套

【预习内容】

（1）循环语句的用法。

（2）循环嵌套程序的基本格式。

【实验目的】

（1）掌握 while，do while 和 for 语句实现循环嵌套的程序设计方法。

（2）掌握循环嵌套的程序设计方法，注意内外层循环间的关系。

【实验任务】

（一）任务描述与分析

1. 编程输出如下乘法表。

```
1*1= 1
1*2= 2  2*2= 4
1*3= 3  2*3= 6  3*3= 9
1*4= 4  2*4= 8  3*4=12  4*4=16
1*5= 5  2*5=10  3*5=15  4*5=20  5*5=25
1*6= 6  2*6=12  3*6=18  4*6=24  5*6=30  6*6=36
1*7= 7  2*7=14  3*7=21  4*7=28  5*7=35  6*7=42  7*7=49
1*8= 8  2*8=16  3*8=24  4*8=32  5*8=40  6*8=48  7*8=56  8*8=64
1*9= 9  2*9=18  3*9=27  4*9=36  5*9=45  6*9=54  7*9=63  8*9=72  9*9=81
```

提示与分析：第二个乘数用 i 表示，从 1 递增 1 到 9，第二个乘数用 j 表示，从 1 递增 i，编写双循环程序。

2. 编程分别打印出由“*”组成的下面实心菱形。

```
    *
   ***
  *****
 *******
*********
 *******
  *****
   ***
    *
```

提示与分析:程序分两部分,前 5 行上三角形部分,下面 4 行是倒三角形,分别采用双循环实现,外层循环控制输出行数,内层包括两个并列的循环,一个循环控制每行的空格数,另一个控制每行的星号数。

3. 编写程序,三重循环嵌套实现打印所有的"水仙花数"。

提示与分析:因为水仙花数是三位数,用三重循环嵌套实现,百位数从 1 到 9,十位和个位从 0 到 9。

4. 编写程序,输出 3~100 之间的素数,每 5 个数一行。

提示与分析:素数是只能被 1 和它本身整除的数,用双循环,外层是被除数 i,从 3 到 100,内循环是除数 j,从 2 到 i-1,如果 i 能被 j 整除,则 i 不是素数,退出内循环,否则取一个除数。退出内循环后判别如果内循环变量 j 终值是 i,说明除数从 2 到 i-1 都没整除,则 i 是素数。

(二)参考程序

1.

```
#include <iostream.h>
void main()
{
    for(int i=1;i<10;i++)
    {
        for(int j=1;j<=i;j++)
        {
            cout<<"  "<<j<<"*"<<i<<"=";
            cout.width(2);
            cout<<i*j;
        }
        cout<<endl;
    }
}
```

2.

```
#include<iostream.h>
void main()
{
    for(int i=1;i<=5;i++)
    {
        for(int k=1;k<=7-i;k++)
            cout<<' ';
        for(int j=1;j<=2*i-1;j++)
            cout<<'*';
        cout<<endl;
    }
    for(i=4;i>=1;i--)
    {
        for(int k=1;k<=7-i;k++)
```

```
            cout<<' ';
        for(int j=2*i-1;j>=1;j--)
            cout<<'*';
        cout<<endl;
    }
}
```

3.

```
#include<iostream.h>
void main()
{
    int m;
    for(int i=1;i<10;i++)
        for(int j=0;j<10;j++)
            for(int k=0;k<10;k++)
            {
                m=i*100+j*10+k;
                if(i*i*i+j*j*j+k*k*k==m)
                    cout<<m<<endl;
            }
}
```

4.

```
#include<iostream.h>
void main()
{
    int i,j,k=0;
    for(i=3;i<=100;i+=2)
    {
        for(j=2;j<=i-1;j++)
            if (i%j==0) break;
        if (i==j)
        {
            if(k++%5==0) cout<<endl;
            cout<<'\t'<<i;
        }
    }
}
```

【扩展与思考】

1. 循环嵌套必须把一个完整的循环作为另一个循环的循环体，如在任务一的参考程序中将第二个 for 循环的花括号去掉，程序会怎样？

2. 理解循环嵌套与并列循环的关系，如在任务二的参考程序，共有 4 个 for 循环，它们是怎样的关系？

3. 任务 4 中 break 语句是退出哪些循环？

实验八　一维数组

【预习内容】

(1) 一维数组的定义方法。

(2) 一维数组的赋值和使用。

【实验目的】

(1) 掌握运用数组进行程序设计的方法。

(2) 定义一维数组的方法及数组赋初值的方法。

【实验任务】

(一) 任务描述与分析

1. 编写程序向数组输入5个数,输出其中的最大数和最小数。

提示与分析:设置一个最大值变量max和一个最大值变量min,用单循环将数组元素依次与max和min比较,当数组元素比max大时,给max重新赋值;当数组元素比min小时,给min重新赋值。

2. 利用冒泡法和简单选择排序法对一组数从小到大排序。

提示与分析:参见理论部分。

3. 下面程序的功能是利用插入法将数组元素a[1]到a[20]按降序排序,并计算排序后的序列中第10个数到第20个数的和,修改程序中的错误。

```
#include <iostream.h>
void main( )
{
    float s,a[21]={0,1,3,5,7,9,2,4,6,8,10,13,65,76,34,23,15,64,33,234,66};
    /***********FOUND***********/
    int i,j;
    for(j=2;j<=21;j++)
    {
        k=j-1;
        a[0]=a[j];
        /***********FOUND***********/
        while(k>=0 && a[k]>a[0] )
        {
            /***********FOUND***********/
            a[k]=a[k+1];
            k--;
        }
        /***********FOUND***********/
        a[k]=a[0];
    }
    for(i=1;i<=20;i++)
        cout<<a[i]<<" ";
```

```
    s=0.0;
    for(j=10;j<=20;j++)
        s=s+a[j];
    cout<<s;
}
```

提示与分析：

直接插入排序算法的基本思想是：假设待排序的数据存放在数组 a[1..n]中。初始时，a[1]自成 1 个有序区，无序区为 a[2..n]。从 j=2 起直至 j=n 为止，依次将 a[j]插入当前的有序区 a[1..j-1]中，生成含 n 个记录的有序区。

具体算法实现是：第一元素认为就是有序，当要插入第 j 个元素时，将其先保存到 a[0]中，令 k=j-1，在有序区 a[1..k]从右向左查找到其插入位置。如果 a[0]小于 a[k]，那么这个位置就不需移动，如果 a[0]大于 a[k]，则 a[k]向右移动，直到前面都比较完，a[k+1]就是要插入的位置。

4. 下面程序的功能是将 N(N<100)个元素的一维数组循环向左移位(即将每一个元素向前移动一位，第一位移到最后一位)，请将程序补充完整。

```
#include <iostream.h>
void main()
{
    int a[100],n,b,i;
    cout<<"输入数组长度:";
    cin>>n;
    for(i=0;i<【1】;i++)
        cin>>a[i];
    b=【2】;
    for(【3】)
        a[i-1]=a[i];
    【4】;
    for(i=0;i< n;i++)
        cout<<a[i];
}
```

(二) 参考程序

1.

```
#include <iostream.h>
void main()
{
int a[5];
for(int i=0;i<5;i++)
    cin>>a[i];
int max=a[0];
int min=a[0];
for(int j=1;j<5;j++)
    if(max<a[j])
```

```
        max=a[j];
    else
        min=a[j];
cout<<"max="<<max<<",min="<<min<<endl;
}
```

2.

见理论部分

3.

1) int i,j,k;

2) while(k>=0 && a[k]<a[0])

3) a[k+1]=a[k];

4) a[k+1]=a[0];

4.

1) n

2) a[0]

3) i=1;i<n;i++或i=1;i<=n-1;i++

4) a[n-1]=b或a[i-1]=b

【扩展与思考】

1. 比较各种排序算法的特点?

2. 怎样避免引用数组元素时出现越界错误?

实验九　二维数组与字符数组

【预习内容】

(1) 二维数组的定义方法。

(2) 二维数组的赋值和使用。

(3) 字符数组的定义与使用。

【实验目的】

(1) 掌握运用二维数组进行程序设计的方法。

(2) 掌握字符数组的方法及数组赋初值的方法。

【实验任务】

(一) 任务描述与分析

1. 以下程序的功能是产生,并输出杨辉三角的前七行,将程序补充完整。

```
1
1    1
1    2    1
1    3    3    1
1    4    6    4    1
1    5    10   10   5    1
1    6    15   20   15   6    1
```

```
#include<iostream.h>
void main ( )
{
/***********SPACE***********/
【1】;
 int i,j,k;
 for (i=0;i<7;i++)
/***********SPACE***********/
  {a[i][0]=1;【2】;}
   for (i=2;i<7;i++)
      for (j=1;j<i;j++)
/***********SPACE***********/
         a[i][j]=【3】;
   for (i=0;i<7;i++)
   {
/***********SPACE***********/
      for (j=0;【4】;j++)
           cout<<a[i][j];
      cout<<endl;
   }
}
```

2. 编程将杨辉三角以等腰三角形的形式输出。

```
                  1
                1   1
              1   2   1
            1   3   3   1
          1   4   6   4   1
        1   5  10  10   5   1
      1   6  15  20  15   6   1
```

提示与分析:

杨辉三角赋值部分与第一题相同,在输出时每行先输出空格。空格数随着行的增加减少,各个数之间加上位置的控制。

3. 下列程序的功能是将一个字符串中的前 n 个字符复制到一个字符数组中去,(不许使用 strcpy 函数),将程序补充完整。

```
#include "iostream.h"
#include "stdio.h"
void main ( )
{
  char str1[80],str2[80];
  int i,n;
  cout<<"输入一个字符串:";
```

```
  cin>>【1】;
  cout<<"输入要复制的字符个数:";
  cin>>n;
  for (i=0; 【2】; ;i++)
    { str2[i]=str1[i]; }
   【3】;
  cout<<str2<<endl;
}
```

4. 编写程序完成,将存入数组的若干人的名字排序输出。

提示与分析:

用字符指针数组存放名字,用字符比较方法 strcmp()比较字符数组内容,依据排序算法排序。

(二) 参考程序

1.

1) int a[7][7] 或 int a[10][10] 或 int a[8][8] 或 int a[9][9]

2) a[i][i]=1

3) a[i-1][j-1]+a[i-1][j] 或 a[i-1][j]+a[i-1][j-1]

4) j<=i 或 i>=j 或 j<i+1 或 i+1>j

2.

```
for(i=0;i<8;i++)
{
    for(j=1;j<30-2*i;j++)
        cout<<" ";
    for(j=0;j<=i;j++)
        cout<<setw(4)<<a[i][j];
    cout<<endl;
}
```

3.

1) str1

2) i<n

3) str2[n]='\0'

4.

```
#include "iostream.h"
#include "string.h"
void main()
{
  char *a[4]={"Mike","Dane","Jake","Jane"};
  int i,j;
  char *p;
  for(i=0;i<3;i++)
    for(j=i+1;j<4;j++)
    {
```

```
            if (strcmp(a[i],a[j])> 0 )
                {
                    p=a[i];
                    a[i]=a[j];
                    a[j]=p;
                }
        }
    for(i=0;i<4;i++)
        cout<<a[i]<<endl;
}
```

【扩展与思考】

1. 杨辉三角形两个程序在输出三角形时所采用的方法有什么不同。

2. 第三题中第三空中填入与不填，结果会有什么不同，为什么？

实验十　函数的定义及参数传递

【预习内容】

预习 C++的函数的定义，函数参数的传递方式。

【实验目的】

(1) 掌握 C++语言中函数的声明与定义。

(2) 掌握 C++函数的调用规则。

(3) 区别传值调用、传址调用及引用调用的三种参数传递方式的不同。

【实验任务】

(一) 任务描述与分析

1. 编写两个函数，分别实现对 10 个数求和及平均值。

提示与分析：在求和函数中需要接收 10 个数然后求和，因此使用含有 10 个元素的数组作为函数形参，在函数体内对数组元素求和；在求平均值函数中只需接收 10 个数的和然后求平均值，因此使用数组暂存 10 个数和一个函数形参。

2. 编写函数，实现交换两个形参的值并输出，要求使用传值方式来实现。

提示与分析：函数参数使用值传递方式，两个形参值的交换不影响实参。

3. 补全下列程序使之实现交换两个变量的值，要求使用传址方式进行参数传递。

```
#include<iostream.h>
void swap2(【1】)
{
    int temp;
    temp= *x;
    【2】;
    *y=temp;
    cout<<"x="<<*x<<","<<"y="<<*y<<endl;
}
```

```
void main()
{
    int a(5),b(9);
    swap2(【3】);
    cout<<"a="<<a<<","<<"b="<<b<<endl;
}
```

提示与分析:如果使用传址方式进行参数传递,则应该使用指针变量作为函数形参,变量的地址作为函数的实参。在利用指针间接访问变量时,可以使用取值运算符(*)。

4. 补全下列程序使之实现交换两个变量的值,要求使用引用方式实现参数传递。

```
#include<iostream.h>
void swap3(【1】)
{
    int temp;
    temp=x;
    x=y;
    y=temp;
    cout<<"x="<<x<<","<<"y="<<y<<endl;
}
void main()
{
    int a(5),b(9);
    swap3(【2】);
    cout<<"a="<<a<<","<<"b="<<b<<endl;
}
```

(二) 参考程序

1. 程序代码

```
#include <iostream.h>
int add(int b[])
{
    int sum(0);
    for(int j=0;j<10;j++)
        sum+=b[j];
    return sum;
}
float ave(int sum)
{
    return sum/10;
}
void main()
{
    int i,a[10],sum;
    for(i=0;i<10;i++)
```

```
    {
        cin>>a[i];
    }
    sum=add(a);
    cout<<"\nsum="<<sum<<",ave="<<ave(sum);
}
```

2. 程序代码

```
#include <iostream.h>
void swap(int x,int y)
{
    int t;
    t=x;x=y;y=t;
    cout<<"in swap_function"<<endl;
    cout<<"x="<<x<<",y="<<y<<endl;
}
void main()
{
    int x,y;
    cout<<"please enter two integer number"<<endl;
    cin>>x>>y;
    cout<<"befor swap"<<endl;
    cout<<"x="<<x<<",y="<<y<<endl;
    swap(x,y);
    cout<<"after swap"<<endl;
    cout<<"x="<<x<<",y="<<y<<endl;
}
```

3.

```
1)int *x,int *y
2) *x=*y;
3) (&a,&b);
```

4.

```
1) int &x,int &y
2) swap3(a,b);
```

【扩展与思考】

1. 在程序 1 中对两个函数 add()和 ave()的调用语句出现在什么地方？函数的调用分别采用的是哪种形式的调用？

2. 分析程序 2 的运行结果，说明为什么在交换函数 swap 内部可以实现两个变量值的交换，而在它的主调函数中不能完成交换的目的？简述值传递的特点。

3. 分析程序 3，思考传址调用的特点。

4. 分析程序 4，思考引用调用的特点。

5. 比较程序 2、程序 3、程序 4 中三种参数传递方式语法格式上的差异。

实验十一　函数递归及作用域

【预习内容】

预习C++的递归函数的概念及标识符和函数的作用域。

【实验目的】

(1) 掌握递归的定义和调用方法。

(2) 掌握由 register,static,auto 修饰的标识符作用域。

(3) 了解内部函数和外部函数的作用域。

【实验任务】

(一) 任务描述与分析

1. 利用递归调用,求出 Fibonacci 数列的第 8 项的值。

Fibonacci 数列定义如下:

$$F(n)=\begin{cases}0 & \text{当 } n=1 \text{ 时}\\ 1 & \text{当 } n=2 \text{ 时}\\ F(n-1)+F(n-2) & \text{当 } n>2 \text{ 时}\end{cases}$$

提示与分析:找出在调用递归函数时传递的参数改变关系,函数体内用 if 语句来实现,根据终止的条件写出终止调用的语句。

2. 分析下面程序的运行结果,找出程序中的同名标识符,分析它们的作用域及屏蔽关系。

```
#include<iostream.h>
void main()
{
    int a=5,b=7,c=10;
    cout<<a<<","<<b<<","<<c<<endl;
    {
        int b=8;
        float c=8.8;
        cout<<a<<","<<b<<","<<c<<endl;
        a=b;
        {
            int c;
            c=b;
            cout<<a<<","<<b<<","<<c<<endl;
        }
        cout<<a<<","<<b<<","<<c<<endl;
    }
    cout<<a<<","<<b<<","<<c<<endl;
}
```

提示与分析:标识符作用域是外层的变量被隐藏(不可见,但存在,即被屏蔽),内层变量是可见的。

3. 分析下面程序的运行结果,分析程序中的 auto,register,static 类型变量的作用域和生

存期，理解静态变量的存储方式。

```
#include<iostream.h>
void other();
int a=9;
void main()
{
    int a=3;
    register int b=5;
    static int c;
    cout<<"a="<<a<<","<<"b="<<b<<","<<"c="<<c<<endl;
    other();
    other();
}
void other()
{
int a=5;
static int b=12;
a+10;
b+=20;
cout<<"a="<<a<<","<<"b="<<b<<endl;
}
```

提示与分析：自动存储类变量指在函数体内或程序块内定义的局部变量，因此生存期较短；寄存器存储类变量与自动存储类变量类似，但是它被存放在通用寄存器中，生存期也较短。静态存储类变量有较长的生存期，分为局部静态变量和全局静态变量。局部静态变量的作用域是函数级或程序块级，而全局静态变量的作用域是文件级。

4. 上机调试下面的程序，分析外部变量 i 在程序执行过程中的变化。分析不同位置的 i 变量的存储类别。

该程序由三个文件组成，生成一个名为 mark 的项目文件：

```
//文件 file1.cpp
#include<iostream.h>
static int i;
void fun1()
{
    i=50;
    cout<<"fun1():i(static)="<<i<<endl;
}
//文件 file2.cpp
#include<iostream.h>
void fun2()
{
    int i=15;
    cout<<"fun2():i(auto)="<<i<<endl;
```

```
    if(i)
    {
        extern int i;
        cout<<"fun2():i(extern)="<<i<<endl;
    }
}
extern int i;
void fun3()
{
    i=30;
    cout<<"fun3():i(extern)="<<i<<endl;
    if(i)
    {
        int i=10;
        cout<<"fun3():i(auto)="<<i<<endl;
    }
}
//文件 main.cpp
#include<iostream.h>
int i=5;
void fun1(),fun2(),fun3();
void main()
{
    i=20;
    fun1();
    cout<<"main():i="<<i<<endl;
    fun2();
    cout<<"main():i="<<i<<endl;
    fun3();
    cout<<"main():i="<<i<<endl;
}
```

提示与分析：外部存储类变量的作用域最大。它的作用域是整个程序。在一个程序中可以根据需要对同一个外部变量用 extern 说明多次。

5. 上机调试下面的程序，分析变量 i 和 j 在不同的函数中的存储类型，确定它们的值。该程序由三个文件组成，生成项目文件 extern。

```
//文件 main.cpp
#include<iostream.h>
int i=1;
extern int reset(),next(),last(),other(int);
void main()
{
    int i=reset();
```

```
    for(int j=1;j<=3;j++)
    {
        cout<<i<<","<<j<<",";
        cout<<next()<<",";
        cout<<other(i+j)<<endl;
    }
}
//f1.cpp
static int i=10;
extern int next()
{
    return i+=1;
}
extern int last()
{
    return i-=1;
}

extern int other(int i)
{
    static int j=5;
    return i=j+=1;
}
//f2.cpp
extern int i;
extern int reset()
{
    return i-=1;//i=1-1=0
}
```

提示与分析:C++程序允许由多个文件组成。多个文件程序的实现要创建项目文件。方法是创建每个 C++源文件后,可以创建一个空的项目文件,然后再通过菜单将文件添加到该项目中。

(二) 参考程序

1.程序代码

```
#include<iostream.h>
const int N=8;
long Fibo(int n);
void main()
{
    long f=Fibo(N);
    cout<<f<<endl;
}
```

```
long Fibo(int n)
{
    if(n==1) return 0;
    else if(n==2) return 1;
    else
        return Fibo(n-1)+Fibo(n-2);
}
```

2. 程序代码

```
#include<iostream.h>
void main()
{   //第一个{
    int a=5,b=7,c=10;//自动变量,作用域到 main()函数的结尾
    cout<<a<<","<<b<<","<<c<<endl;
    {//第二个{
        int b=8;// b 变量被屏蔽,作用域到与"第三个{匹配"的位置
        float c=8.8;// 第一个 c 变量被屏蔽,作用域到"第三个{匹配"的位置
        cout<<a<<","<<b<<","<<c<<endl;
        a=b;
        {//第三个{
            int c;//第二个 C 变量被屏蔽,作用域到"第一个{匹配"的位置
            c=b;
            cout<<a<<","<<b<<","<<c<<endl;
        }//第一个{匹配
        cout<<a<<","<<b<<","<<c<<endl;
    }//第二个{匹配
    cout<<a<<","<<b<<","<<c<<endl;
}//第三个{匹配
```

3. 程序代码

```
#include<iostream.h>
void other();                  //函数声明
int a=9;                       //全局变量
void main()
{
    int a=3;                   //内部自动变量,只在 main()内起作用
    register int b=5;          //寄存器变量,只在 main()内起作用
    static int c;              //内部静态变量,只在 main()内起作用,默认值为 0
    cout<<"a="<<a<<","<<"b="<<b<<","<<"c="<<c<<endl;
    other();
    other();
}
void other()
{
    int a=5;                   //内部自动变量,只在 other()内起作用
```

```
    static int b=12;          //内部静态局部变量,只在other()内起作用。第一次调用赋初值为12
    a+10;
    b+=20;                    //b变量的值在第一调用时被修改为32;第二次调用时在此基础上改为52
    cout<<"a="<<a<<","<<"b="<<b<<endl;
}
```

4. 程序代码

```
//文件 file1.cpp
#include<iostream.h>
static int i;               //静态全局变量
void fun1()
{
    i=50;                   //静态变量i的值为50
    cout<<"fun1():i(static)="<<i<<endl;
}
//文件 file2.cpp
#include<iostream.h>
void fun2()
{
    int i=15;               //自动存储变量,作用域只在fun2()中
    cout<<"fun2():i(auto)="<<i<<endl;
    if(i)
    {
        extern int i;       //外部变量说明
        cout<<"fun2():i(extern)="<<i<<endl;       //输出外部变量i=20
    }
}
extern int i;               //外部变量说明
void fun3()
{
    i=30;                   //再次改变外部变量i为30
    cout<<"fun3():i(extern)="<<i<<endl;
    if(i)
    {
        int i=10;           //内部变量
        cout<<"fun3():i(auto)="<<i<<endl;
    }
}
//文件 main.cpp
#include<iostream.h>
int i=5;                    //外部变量
void fun1(),fun2(),fun3();
void main()
{
```

```
    i=20;               //局部变量
    fun1();
    cout<<"main():i="<<i<<endl;
    fun2();
    cout<<"main():i="<<i<<endl;
    fun3();
    cout<<"main():i="<<i<<endl;
}
```

5. 程序代码

```
//文件 main.cpp
#include<iostream.h>
int i=1;                    //全局变量
extern int reset(),next(),last(),other(int);  //外部函数声明
void main()
{
    int i=reset();          //自动型局部变量
    for(int j=1;j<=3;j++)        //j为自动型局部变量,作用域只在for循环内
    {
        cout<<i<<","<<j<<",";
        cout<<next()<<",";
        cout<<other(i+j)<<endl;
    }
}
//f1.cpp
static int i=10;            //外部静态变量
extern int next();          //外部函数
{
    return i+=1;            //外部静态变量i
}
extern int last()
{
    return i-=1;            //外部静态变量i
}

extern int other(int i)
{
    static int j=5;         //内部静态变量j,作用域在other()内
    return i=j+=1;          //形参i为内部变量
}
//f2.cpp
extern int i;               //扩展全局量i
extern int reset()
{
```

```
    return i--1;          //i=1-1=0 使用全局量 i
}
```

【扩展与思考】

1. 分析在程序 1 中递归函数的递推过程和递归过程。

2. 在程序 1 中的递归表达式是什么？递归的出口条件是什么？

3. 在程序 5 中外部函数定义前的 extern 关键字可否去掉？在什么情况下必须加上此关键字？

实验十二 内联函数及函数重载

【预习内容】

预习 C++函数的定义、内联函数的概念及函数重载的概念。

【实验目的】

(1) 掌握内联函数和函数重载的定义及调用方法。

(2) 掌握内联函数和外联函数的不同。

(3) 掌握缺省参数的定义和调用方法。

【实验任务】

(一) 任务描述与分析

1. 编写一个外部函数,实现求整数的平方。

提示与分析: 设置一个形参,保存要进行平方计算的数,函数体内使用 return 语句返回计算后的结果。

2. 使用函数重载的方法定义两个函数,分别利用两点间距离公式求两点间距离,要求两点的数据类型分别为 int 型和 double 型。

提示与分析: 根据题意,实现函数重载需要两个函数名相同,但是接收的参数类型不同。

(二) 参考程序

1. 程序代码

```
#include<iostream.h>
int power_int(int x)
{
    return x*x;
}
void main()
{
    for(int i=1;i<=10;i++)
    {
        int p=power_int(i);
        cout<<i<<"*"<<i<<"="<<p<<endl;
    }
}
```

2. 程序代码

```
#include<iostream.h>
#include<math.h>
double Distance(double x1,double y1,double x2,double y2)
{
    double dx=x1-x2;
    double dy=y1-y2;
    return sqrt(dx*dx+dy*dy);
}
int  Distance(int x1,int y1,int x2,int y2)
{
    int  dx=x1-x2;
    int dy=y1-y2;
    return sqrt(dx*dx+dy*dy);
}
void main()
{
    double distance=Distance(5.0,6.0,3.0,4.0);
    cout<<"Distance(in double Distance) is  "<<distance<<endl;
    int x3(5),y3(6),x4(3),y4(4);
    int distanc=Distance(5,6,3,4);
    cout<<"Distance(in int Distance) is  "<<distanc<<endl;
}
```

【扩展与思考】

1. 将程序1中的外部函数改为内联函数,并分析程序的执行过程。

2. 分析程序2中重载的两个函数在调用时,系统是如何进行区分的?

3. 在程序2中,若将程序段:

```
int  Distance(int x1,int y1,int x2,int y2)
{
    int  dx=x1-x2;
    int dy=y1-y2;
    return sqrt(dx*dx+dy*dy);
}
```

改写为:

```
double  Distance(int x1,int y1,int x2,int y2)
{
    int  dx=x1-x2;
    int  dy=y1-y2;
    return sqrt(dx*dx+dy*dy);
}
```

程序的运行结果?

4. 在程序2中将语句:

```
int distanc=Distance(5,6,3,4);
```

改写为：

double distanc＝Distance(5,6,3,4)；

分析程序的运行结果？

实验十三　类和对象定义

【预习内容】

(1) 类的基本概念。

(2) 对象的基本概念。

【实验目的】

(1) 掌握类的声明、定义和使用方法。

(2) 掌握对象的定义和使用方法。

(3) 掌握具有不同访问属性的类中成员的使用方法。

【实验任务】

(一) 任务描述与分析

1. 在Rect.cpp中，定义一个矩形(Rect)类，包括矩形的左上角坐标(X1,Y1)，矩形右下角坐标(X2,Y2)四个数据成员；包括计算矩形面积(getArea)，计算矩形周长(getPerimeter)，设置矩形数据成员(setRect)和输出矩形数据成员(print)四个成员函数。数据成员为私有成员，成员函数为公有成员，且在类说明内定义实现。在main()函数中建立Rect类对象并进行测试。

提示与分析：

(1) 分析类中数据成员的类型，并定义对应的变量，如double X1,X2,Y1,Y2；

(2) 分析成员函数的函数原型，即返回值和类型以及相关参数，如：

```
double getArea();
double getPerimeter();
void setRect(double,double ,double,double);
void print();
```

(3) 思考成员函数的函数体实现代码。

计算矩形面积和周长的方法：

```
Area=fabs(X2-X1) * fabs(Y2-Y1);
Perimeter=(fabs(X2-X1)+fabs(Y2-Y1)) * 2;
```

(4) 根据要求设定类成员的访问权限，如成员函数为公有成员(public)，数据成员为私有成员(private)。

(5) 将成员函数的函数体代码放到类说明中。

(6) 在main()函数中建立Rect类的实例，并调用对象的方法进行测试，如

```
Rect r;
r.setRect(1.0,4.3,5.1,7.8);
r.getArea();
```

2. 在Point.h中，定义一个点(Point)类，包括横纵坐标X和Y两个数据成员；包括设置点位置(setPoint)，获得X坐标值(getX)，获得Y坐标值(getY)，移动点位置(Move)四个成员

函数。数据成员为私有成员，成员函数为公有成员，且在类说明外定义实现。在 test.cpp 文件中建立 main()函数，在函数体中建立 Point 类对象，并进行测试。

提示与分析：

(1) 在 C++工程中添加 Point.h 文件，并录入 Point 类的说明和定义部分。

(2) 在 C++工程中添加 test.cpp 文件，建立 main()函数，并录入测试代码。

3. 建立一个日期(Tdate)类，包括年(Year)、月(Month)和日(Day)等数据成员和判断是否闰年(isLeapYear)，设置日期(setDate)和显示日期(print)等成员函数，并利用 main()函数进行测试。要求将类的说明部分存储在 Tdate.h 文件中，将类的定义部分存储在 Tdate.cpp 文件中，将 main()函数存储在 test.cpp 文件中。

提示与分析：

(1) 建立 Tdate.h 头文件，在此文件中录入类的说明代码。

(2) 建立 Tdate.cpp 程序源文件，在此文件中录入类的定义实现代码。

(3) 建立 test.cpp 程序源文件，在此文件中建立 main()函数，录入测试代码。

*4. 设计一个用于人事管理的人员(People)类。包括数据成员：编号(Num)、姓名(Name)、性别(Sex)、出生日期(Birthday)、身份证号(ID)等等。用成员函数实现对人员信息的录入(set)和显示(print)。

提示与分析：

(1) 定义一个人员(People)类。

(2) 声明和定义编号(Num)、姓名(Name)、性别(Sex)、出生日期(Birthday)、身份证号(ID)等数据成员。

(3) 声明和定义录入(set)和显示(print)成员函数。

(二) 参考程序

1. 程序代码

```
#include<iostream>
#include<math.h>
using namespace std;
class Rect
{
private:
    double X1,Y1,X2,Y2;
public:
    double getArea()
    {
        double Width=fabs(X2-X1);
        double Height=fabs(Y2-Y1);
        double Area=Width * Height;
        return Area;
    }
    double getPerimeter()
    {
```

```
        double Width=fabs(X2-X1);
        double Height=fabs(Y2-Y1);
        double Perimeter=(Width+Height) * 2;
        return Perimeter;
    }
    void setRect(double x1,double y1,double x2,double y2)
    {
        X1=x1;
        Y1=y1;
        X2=x2;
        Y2=y2;
    }
    void print()
    {
        cout<<"the coordinator of rectangle is (";
        cout<<X1<<","<<Y1<<"),(";
        cout<<X2<<","<<Y2<<")"<<endl;
    }
};
void main()
{
    Rect r;
    r.setRect(1.2,4.3,7.8,9.2);
    r.print();
    cout<<"the area of rectangle is "<<r.getArea()<<endl;
    cout<<"the perimeter of rectangle is "<<r.getPerimeter()<<endl;
}
```

思考：

(1) 去掉#include<math.h>程序是否能够正常运行？

(2) #include<iostream>为什么没有.h？如果加上，程序该如何修改。

2. 程序代码：

(1) 在 Point.h 文件中的程序源代码：

```
class Point
{
public:
    void SetPoint(int x,int y);
    int getX();
    int getY();
    void Move(int x,int y);
private:
    int X,Y;
};
```

```
int Point::getX()
{
    return X;
}
int Point::getY()
{
    return Y;
}
void Point::SetPoint(int x,int y)
{
    X=x;
    Y=y;
}
void Point::Move(int x,int y)
{
  X+=x;
  Y+=y;
}
```

(2) 在 test. cpp 文件中的程序源代码：

```
#include<iostream.h>
#include"point.h"
void main()
{
    Point p1,p2;
    p1.SetPoint(4,5);
    p2.SetPoint(8,7);
    p1.Move(2,1);
    p2.Move(1,3);
    cout<<"x1="<<p1.getX()<<"y1="<<p1.getY()<<endl;
    cout<<"x2="<<p2.getX()<<"y2="<<p2.getY()<<endl;
}
```

思考：".h"文件和".cpp"文件的区别与联系？

3. 程序代码：

(1) Tdate. h 头文件中的程序代码：

```
class Tdate
{
private:
    int Year;
    int Month;
    int Day;
public:
    void setDate(int y,int m,int d);
```

```
    bool isLeapYear();
    void print();
};
```

(2) Tdate.cpp 程序源文件中的程序代码：

```
#include <iostream.h>
#include "Tdate.h"

void Tdate::setDate(int y,int m,int d)
{
    Year=y;
    Month=m;
    Day=d;
}
bool Tdate::isLeapYear()
{
    return ((Year%4==0&&(Year%100!=0))||Year%400==0);
}
void Tdate::print()
{
    cout<<Year<<"-"<<Month<<"-"<<Day<<endl;
}
```

(3) test.cpp 程序源文件中的测试代码：

```
#include<iostream.h>
#include "Tdate.h"
void main()
{
    Tdate d;
    d.set(2000,1,1);
    d.print();
    if (d.isLeapYear)
        cout<<"is Leap Year."<<endl;
    else
        cout<<"isn't Leap Year."<<endl;
}
```

思考：如果去掉 test.cpp 程序源文件中的 #include "Tdate.h"，程序是否能正常运行？

【扩展与思考】

1. 为什么一般将数据成员说明为类的私有成员，而成员函数说明为公有成员？
(提示：考虑类的封装性)
2. 成员函数在类体内定义和在类体外定义的区别？
(提示：考虑内联函数的作用)
3. 类与对象有什么关系？

实验十四　构造函数与析构函数

【预习内容】

(1) 构造函数的定义和使用方法。

(2) 析构函数的概念与作用。

【实验目的】

(1) 掌握构造函数和析构函数的特点、功能以及函数的调用方法。

(2) 分析和使用 VC++的 debug 调试功能跟踪观察类的构造函数、析构函数的执行顺序。

【实验任务】

(一) 任务描述与分析

1. 建立一个点(Point)类,设计构造函数和析构函数对类对象进行初始化和撤销操作。

提示与分析:

(1) 建立默认无参构造函数,初始化 Point 中的坐标成员(X,Y)为 0,注意其函数名与类名相同。

(2) 建立析构函数,在屏幕上显示析构函数执行信息。注意其函数名前的~符号。

(3) 建立重载构造函数,包含两个坐标参数 x 和 y。

(4) 建立拷贝构造函数,参数为 Point 类对象的引用。例如,

```
Point(Point &p)
{
    X=p.getX();
    Y=p.getY();
}
```

2. 定义一个 CPU 类,包含品牌(Brand)、频率(frequency)、电压(voltage)等私有数据成员,还有公有成员函数 run()和 stop()。其中,Brand 为枚举类型 CPU_Brand,frequency 为整型数,voltage 为浮点型,Type 为字符数组。观察构造函数和析构函数的调用顺序。

提示与分析:

(1) 定义枚举类型 enum　CPU_Brand{Intel=1,AMD};

(2) 声明和定义 CPU 类,包含品牌(Brand)、频率(frequency)、电压(voltage)等私有数据成员。

例如,
```
private:int Brand;
        int frequency;
        float voltage;
```


(3) 声明和定义公有成员函数 run(),stop(),用来输出提示信息。

例如,
```
public:void run();
       void stop();
```

(4) 声明和定义构造函数进行对象初始化。

```
CPU(CPU_Brand brand,int fre,float vol);
```

(5) 建立 main()函数,在函数体中建立一个 CPU 类对象,并调用 run()和 stop()方法。

例如，CPU cpu(Intel, 400,3.0);

　　cpu.run();

　　cpu.stop();

(6) 调试操作步骤：

1) 按下快捷键 F11(Step Into)进入单步执行状态，程序开始运行，且光标停在 main()函数的入口处。

2) 按下快捷键 F10(Step Over)，光标下移，程序准备执行 CPU 对象的初始化。

3) 按下快捷键 F11，程序准备执行 CPU 类的构造函数。

4) 连续按快捷键 F10，观察构造函数。

5) 此时程序准备执行 CPU 对象的 run()函数，按下快捷键 F11，程序进入 run()成员函数，连续按快捷键 F10，直到回到 main()函数。

6) 参照上述的方法继续执行程序，观察程序的执行顺序。

3. 修改以下程序代码，使之输出结果为：

　　调用构造函数

　　10:20

　　调用复制构造函数

　　10:20

　　调用析构函数

　　调用析构函数

程序如下：

```
#include<iostream.h>
class copy
{private:
    int x; int y;
public:
    copy(int a, b)
    {   x=a;y=b;
        cout<<"调用构造函数"<<endl;
    }
    copy(const copy c)
    {
        x=c.x;
        y=c;
        cout<<"调用复制构造函数"<<endl;
    }
    ~copy(){cout<<"调用析构函数"<<endl;}
    void print(){cout<<x<<":"<<y<<endl;}
};
void main()
{   copy obj1(10,20);
    obj1.print();
```

```
      copy obj2;
      obj2.print();
}
```

提示与分析：

(1) 函数的每个参数都必须指明类型，例如 copy(int a,int b)。

(2) 在复制构造函数中，其参数为同类生成对象的引用，例如 copy(const copy &c)。

(3) 对象的使用主要体现在对象方法调用和属性的访问上，例如 y=c.y;。

(4) 可以使用复制构造函数进行对象间赋值初始化，例如 copy obj2(obj1);。

(二) 参考程序

1. 程序代码

```
#include<iostream.h>
class Point
{
private:
      int X,Y;
public:
      Point()                                       //默认构造函数
      {
            X=0;
            Y=0;
            cout<<"constructor called.\n";
      }
      Point(int x,int y)                            //重载构造函数
      {
            X=x;
            Y=y;
            cout<<"constructor called.\n";
      }
      ~Point()                                      //析构函数
      {
            cout<<"destructor called.\n";
      }
      int getX()
      {
            return X;
      }
      int getY()
      {
            return Y;
      }
};
void main()
```

```
{
    Point p1(5,7),p2;
    cout<<"p1("<<p1.getX()<<","<<p1.getY()<<")"<<endl;
}
```

思考：

(1) 对象 p1 如何被初始化的？

(2) 改写以上程序通过定义复制构造函数，用对象 p1 初始化对象 p2。

(3) 在程序 main()中加入语句 cout<<p2.X;是否正确？为什么？

2. 程序代码

```
#include<iostream.h>
enum CPU_Brand {Intel=1,AMD};
class CPU
{
private:
    CPU_Brand brand;
    int frequency;
    float voltage;
public:
    CPU(CPU_Brand bra,int fre,float vol)
    {
        brand=bra;
        frequency=fre;
        voltage=vol;
        cout<<"Create a CPU."<<endl;
    }
    ~CPU()
    {
        cout<<"destory a CPU."<<endl;
    }
    void run()
    {
        cout<<"cpu started running."<<endl;
    }
    void stop()
    {
        cout<<"cpu has stopped running."<<endl;
    }
};
void main()
{
    CPU cpu(Intel,300,2.8);
    cpu.run();
```

```
    cpu.stop();
}
```

思考：

(1) 什么时候执行构造函数？

(2) 什么时候执行析构函数？

【扩展与思考】

1. 为什么要进行对象初始化？

(提示：考虑普通类型变量的定义与初始化)

2. 为什么要重载构造函数？

3. 为什么要执行虚构函数？

实验十五　友元函数与静态成员

【预习内容】

(1) 友元函数的基本概念。

(2) 静态成员的基本概念。

【实验目的】

(1) 掌握友元函数的定义、使用方法以及特点。

(2) 掌握静态成员函数和静态数据成员的功能。

【实验任务】

(一) 任务描述与分析

1. 设计一个学生类，具有学号、姓名、课程成绩等数据成员和计算、显示成绩等成员函数。在此基础上设计一个学生类的友元函数(可以修改学生课程分数)和友元类(教师类)。分析程序中友元的作用及对类的封装特性的破坏作用，理解友元类及函数的功能。

提示与分析：

(1) 建立一个学生(Student)类。

(2) 添加私有数据成员：学号(No)、姓名(Name)、课程(Course[2])和成绩(Score[2])。

(3) 添加构造函数：Student 实现数据成员初始化。

(4) 添加公有成员函数：计算总分数(calcScore)和显示课程与成绩(print)。

(5) 声明友元函数(ModifyScore)和友元(Teacher)类。

(6) 定义一个友元函数(ModifyScore)实现修改 Student 类的课程成绩功能。

(7) 建立一个 Teacher 类，具有编号(No)和姓名(Name)数据成员和修改学生成绩(ModifyStuScore)成员函数。

2. 分析下列程序及运行结果，回答下列问题，理解静态成员(函数)与类和对象的关系。

(1) 分析友元函数 add()的定义、调用与成员函数的区别。

(2) 分析友元类 B 的成员函数是如何引用类 A 的私有成员的？

(3) 分析静态成员的初始化，如果去掉 int A::y=1;语句，则程序的运行结果有何变化？

(4) 类 A 能否访问类 B 中的私有成员？为什么？

程序代码如下：

```
#include<iostream.h>
class A
{
    friend class B;
public:
    void Set(int i){x=i;}
    friend int add(A & f1);
    void Display()
    {
        cout<<"x="<<x<<",y="<<y<<endl;
    }
private:
    int x;
    static int y;
};
class B
{
public:
    B(int i,int j)
    {
        a.x=i;
        A::y=j;
    }
    void Display()
    {
        cout<<"x="<<a.x<<",y="<<A::y<<endl;
    }
private:
    A a;
};
int add(A & f1)
{
    return f1.x+1;
}
int A::y=1;
void main()
{
    A b;
    b.Set(5);
    cout<<add(b)<<endl;
    b.Display();
    B c(6,9);//a.x=6,X::y=9;
    c.Display();
```

```
        b.Display();
    }
```

提示与分析：

(1) 友元函数声明使用friend关键词，由于友元函数不是类的成员函数，所以，其定义在类的外部。

(2) 友元函数或友元类可以访问类中的私有成员，一般通过传递类对象的引用等方式，访问类中的(私有)成员。

(3) 静态数据成员的初始化在类的外部，使用“::”标明静态成员的类域。

(4) 友元关系是单向的且不能传递。

3. 根据下列程序的运行结果分析静态成员B值的变化和静态成员函数的引用方式。

程序代码如下：

```
#include<iostream.h>
class M
{public:
    M(int a){A=a;B+=a;}
    static void f1(M m);
private:
    int A;
    static int B;
};
int M::B=0;
void M::f1(M m)
{   cout<<"A="<<m.A<<endl;
    cout<<"B="<<B<<endl;
}
void main()
{   M P(5),Q(10);
    M::f1(P);
    M::f1(Q);
}
```

提示与分析：

(1) 静态公有成员函数声明与普通成员函数的声明区别在于static关键词。

(2) 在静态成员函数中可以直接引用类中的静态数据成员。静态数据成员被存储在程序的静态存储区中。

(3) 在静态成员函数中如果想访问类中的非静态成员，可以使用“对象名.方法”的形式。

(二) 参考程序

```
#include<iostream.h>
#include<string.h>
class Student
{
private:
```

```
        char No[10];
        char Name[8];
        char Course[10];
        float Score;
    public:
        friend void modifyScore(Student &s);
        Student(char *pNo,char *pName)
        {
            strcpy(No,pNo);
            strcpy(Name,pName);
        }
        void setCourseScore(char *pCourse,float cScore)
        {
            strcpy(Course,pCourse);
            Score=cScore;
        }
        void print()
        {
            cout<<No<<" "<<Name<<":";
            cout<<"the Score of "<<Course;
            cout<<" is "<<Score<<endl;
        }
    };
    void modifyScore(Student &s)
    {
            s.Score=90;
    }
    void main()
    {
            Student s("01","liMing");
            s.setCourseScore("English",87);
            s.print();
            modifyScore(s);
            s.print();
    }
```

思考：

如果去掉 friend void modifyScore(Student &s);语句，程序能否正常运行？为什么？

【扩展与思考】

1. 在什么情况下使用友元函数或友元类？

（提示：考虑类的封装性在程序设计中存在的不便之处。）

2. 类中静态成员有什么作用？

实验十六　指向类成员的指针

【预习内容】

(1) 指向类数据成员的指针的概念及使用方法。

(2) 指向成员函数指针的概念及使用方法。

【实验目的】

(1) 掌握指向类数据成员的指针的用法。

(2) 掌握指向成员函数指针的用法。

(3) 理解为什么需要指向类成员的指针。

【实验任务】

(一) 任务描述与分析

1. 定义一个商品类,包含商品编号、商品名称和商品价格数据成员以及构造函数和显示商品价格的成员函数,再定义三个指针分别为指向类数据成员的指针、指向成员函数的指针及指向对象的指针,并利用指针对类中成员及函数进行访问。

提示与分析:

(1) 定义一个商品(Commodity)类,包含数据成员:商品编号(No)和商品名称(Name),定义构造函数和显示商品价格成员函数,函数原型声明如下:

```
Commodity(char * cNo,char * cName,float cPrice=0);
void printInfo();
```

(2) 定义指向类数据成员的指针格式:

　　<类型名> <类名>::* <指针名> [=<初值>];

例如,float Commodity::* p=&Commodity::Price;

(3) 定义指向类成员函数的指针格式:

　　<类型>(<类名>::*<指针名>)(<参数表>);

例如,void (Commodity::* pfun)();

(4) 指向对象的指针使用格式:

　　<类名> * <对象指针变量名>

　　例如,Commodity * cp=&commodity;

2. 替换下列程序中的【 】部分,补全程序,使之可以有如下输出:

```
8  3
29
```

程序代码如下:

```
#include<iostream.h>
class A
{public:
    A(int i){a=i;}
    int fun(int b){return a*c+b;}
    void print(){cout<<a<<"  "<<c<<endl;}
    int c;
```

```
private:
    【1】
};
void main()
{   A x(8);
    【2】
    pc=&A::c;x.*pc=3;
    int(A::*pfun)(int);
    【3】
    A *p=&x;
    【4】
    cout<<(p->*pfun)(5);
}
```

提示和分析：

(1) 在程序中类的每个数据成员必须定义。

(2) 指向 A 类中的整型数据成员的指针 pc 没有定义。

(3) 将指向 A 类中的成员函数的指针 pfun 指向 fun 成员函数。

(4) 调用 A 类对象的 print()方法。

(二) 参考程序

程序代码

```
#include<iostream.h>
#include<string.h>
class Commodity
{
private:
    char No[10];
    char Name[8];
public:
    float Price;
    Commodity(char * cNo,char * cName,float cPrice=0)
    {
        strcpy(No,cNo);
        strcpy(Name,cName);
        Price=cPrice;
    }
    void printInfo()
    {
        cout<<"the Price of "<<Name<<" is "<<Price<<endl;
    }
};
void main()
{
```

```
    Commodity commodity("1","Pen",1.2f);
    Commodity *cp=&commodity;//定义指向 commodity 对象的指针

    float Commodity::*p=&Commodity::Price;//定义指向 Commodity 类 Price 成员的指针
    commodity.*p=3.2;
    cp->*p=3.2;

    cout<<commodity.Price<<endl;
    cout<<commodity.*p<<endl;
    cout<<cp->Price<<endl;
    cout<<cp->*p<<endl;

    void (Commodity::*pfun)();
    pfun=Commodity::printInfo;     //定义指向 Commodity 类 printInfo 成员的指针

    commodity.printInfo();
    cp->printInfo();

    (commodity.*pfun)();
    (cp->*pfun)();
}
```

思考:

修改 pfun=Commodity::printInfo;语句为 pfun=Commodity::printInfo();程序能否正常运行?

2. 参考答案

1) int a;

2) int A::*pc;

3) pfun=A::fun;

4) p->print();或 x.print();

【扩展与思考】

1. 指向类成员的指针能否指向类中的私有成员?

2. 为什么要特殊定义指向类成员的指针?

(提示:考虑类的封装性以及指向类成员的指针与普通指针的异同。)

实验十七　指针数组与数组指针

【预习内容】

(1) 指向数组的指针的概念。

(2) 指针数组的概念。

【实验目的】

(1) 掌握指向数组的指针及用法。

(2) 掌握指针数组的概念及用法。

【实验任务】

(一) 任务描述与分析

1. 定义一个指向一般二维数组的指针,并通过这个指针访问二维数组的元素。

提示与分析:

(1) 指向数组的指针的定义格式:

<类型>(*指针名)[维数];

(2) 指向数组的指针与普通指针使用方法相同。

参考程序:

```
#include <iostream.h>
int Vector[3][3]={1,2,3,4,5,6,7,8,9};
void main()
{
    int (*pVector)[3]=Vector;
    for(int i=0;i<3;i++)
    {
        cout<<"\n";
        for(int j=0;j<3;j++)
            cout<<*(*(pVector+i)+j)<<"\t";
    }
    cout<<"\n";
}
```

思考:

(1) 在 cout<<*(*(pVector+i)+j)<<"\t";语句中,*(*(pVector+i)+j)可以访问数组元素,是否还有其他替代方法?

(2) "\t"转移字符的作用?

2. 利用字符指针数组设计一个从键盘接收字符串并在屏幕上显示的程序。

提示与分析:

(1) 指针数组的定义格式:<类型>*　数组名[维数];

例如,int*　inStrings[5];

(2) 从键盘接收字符串,可以使用 cin. getline(stringArray,sizeof(stringArray));其中 stringArray 为字符数组名。

参考程序:

```
#include <iostream.h>
const int N=5;
const int M=80;
void main()
{
    char* pStrings[N];
    char strArray[N][M];
```

```
    for(int i=0;i<N;i++)
    {
        cout<<"please enter a string #"<<i<<":";
        cin.getline(strArray[i],sizeof(strArray[i]));
        pStrings[i]=strArray[i];
    }
    cout<<endl;
    for(i=0;i<N;i++)
      cout<<"String #"<<i<<":"<<pStrings[i]<<endl;
}
```

思考：

(1) char * pStrings[N];中 N 的作用？

(2) pStrings[i]=strArray[i];中 strArray[i]代表什么？

【扩展与思考】

1. 总结指针数组与指向数组指针的异同点。

2. 数组名有什么作用？

(提示：思考指针常量的作用。)

实验十八　对象数组与指针

【预习内容】

对象数组、指向对象数组的指针的概念。

【实验目的】

(1) 理解对象数组、指向对象数组指针的基本概念。

(2) 掌握对象数组、指向对象数组指针的使用方法。

【实验任务】

(一) 任务描述与分析

1. 设计一个像素(Pixel)类，数据成员包括坐标(X，Y)、颜色分量(Red，Green，Blue)和亮度(Brightness)，并支持颜色分量和亮度的调整。设计一个二维对象数组模拟位图矩阵(Image)保存像素对象信息。在 main()函数中建立位图图形，并利用指向对象数组指针访问对象数组元素，即像素对象。

提示与分析：

(1) 建立一个像素(Pixel)类，添加 int 类型的坐标点 X 和 Y，添加 int 类型的颜色分量 Red、颜色分量 Green、颜色分量 Blue 和亮度(Brightness)。

(2) 在 Pixel 类中添加三个成员函数，颜色分量调整(controlColor)和亮度调整(controlBrightness)以及显示内部信息(print)。

声明原型为：

```
void controlColor(int red,int green,int blue);
void controlBrightness(int brightness);
void print();
```

(3) 定义一个二维对象数据保存像素信息。如:Pixel pixel[8][8];

(4) 定义一个指向 pixel 对象数组的指针,如:Pixel (* p)[8];

2. 分析下列程序,并修正程序中的错误。

```
#include <iostream.h>
class M
{
public:
    M(){a=b=0;}
    M(int i,int j){a=i;b=j;}
    void print()
    {
        cout<<a<<","<<b<<'\t';
    }
private:
    int a,b;
};
void main()
{
    int m[2][4];
    int x=10,y=10;
    for(int i=0;i<2;i++)
        for(int j=0;j<4;j++)
            m[i][j]=M(x+=2,y+=10);
    M ( * pm)[](m);
    for(i=0;i<2;i++)
    {
        cout<<endl;
        for(int j=0;j<4;j++)
            ( * (pm+i)+j).print();
    }
    cout<<endl;
}
```

提示与分析:

(1) 分析 m 数组元素的类型,定义正确的数组元素类型。

(2) 指向 m 对象数组的指针 pm,需要明确数据的维数。

(3) 利用 pm 指针访问数组元素时,需要使用正确的表达方法。

*3. 定义一个雇员(Employee)类,数据成员包括姓名、街道地址、城市和邮编,成员函数包括 change_name()和 display()。display()函数显示姓名、街道地址、城市和邮编等信息,change_name()函数改变对象的姓名。实现并测试这个类,再定义包含 5 个元素的对象数组,每个元素都是 Employee 类型的对象。并使用指向对象数组的指针访问数组元素。

提示与分析:

(1) 建立一个 Employee 类,数据成员包括字符数组类型的 Name,Address,City 和 Zip-

Code。

(2) 成员函数的原型声明为：

void change_name()；

void display()；

(3) 对象数组定义为：Employee employee[5]；

(4) 指向对象数组的指针定义为：Employee * pEmployee；

(二) 参考程序

程序代码

```
#include<iostream.h>
class Pixel
{
private:
    int Red,Green,Blue;
    int Brightness;
    int X,Y;
public:
    Pixel()
    {
        X=Y=0;
        Red=Green=Blue=0;
    }
    Pixel(int x,int y)
    {
        X=x;Y=y;
        Red=Green=Blue=0;
    }
    void controlColor(int red,int green,int blue)
    {
        Red=red;
        Green=green;
        Blue=blue;
    }
    void controlBrightness(int brightness)
    {
        Brightness=brightness;
    }
    void print()
    {
        cout<<"Pixel("<<X<<","<<Y<<")";
        cout<<"("<<Red<<","<<Green<<","<<Blue<<")"<<Brightness;
    }
};
```

```
const int N=15;
const int M=3;
Pixel pixel[N][M];
void main()
{
    for(int i=0;i<N;i++)
        for(int j=0;j<M;j++)
        {
            pixel[i][j]=Pixel(i,j);
            pixel[i][j].controlColor(2*i,2*j,i+j);
            pixel[i][j].controlBrightness(i+j);
        }

    Pixel (* p)[M];
    p=pixel;
    for(i=0;i<N;i++)
    {
        for(int j=0;j<M;j++)
        {
            p[i][j].print();
            cout<<"\t";
        }
        cout<<endl;
    }
}
```

思考：

(1) 如果去掉Pixel()默认构造函数，程序是否能正常运行？为什么？

(2) p[i][j].print();语句是否有替代语句？

(3) 分析此语句pixel[i][j]=Pixel(i,j);的执行过程？

2. 参考答案

(1) M m[2][4];

(2) M (*pm)[4](m);

(3) (*(pm+i)+j)->print();

【扩展与思考】

1. 指向对象数组的指针与普通的指向数组的指针有何差异？

2. 对象数组元素赋值与普通数组赋值有何不同？

(提示：思考对象数组元素为对象，涉及对象的初始化等问题。)

实验十九　类的继承和派生

【预习内容】

面向对象程序设计中类的继承机制。

【实验目的】

(1) 理解基类和派生类的关系,派生类的定义格式和构造函数的定义方法。

(2) 基类成员在不同继承方式下在派生类中的访问权限。

(3) 了解多继承的特点以及虚基类。

【实验任务】

(一) 任务描述与分析

1. 定义一个点(point)类,包含横(x)、纵(y)两个坐标数据,由它派生出圆(circle)类,并添加一个半径数据(r),求其面积。修改下列程序中的部分语句,使程序能够正常运行,并输出如下结果:

```
圆心为:(5,7)
半径为:9
面积为:254.469
```

程序代码如下:

```
#include<iostream.h>
class point
{
int x;
    int y;
private:
    point(int a,int b)
    { x=a;y=b; }
    int getx(){return x;}
    int gety(){return y;}
};
class circle:: point
{private:
    int r;
public:
    circle(int a,int b,int c)
    {r=c;}
    int getr(){return r;}
    float area(){return 3.14159 * r * r;}
};
void main()
{   circle c(5,7,9);
    cout<<"圆心为:("<<c.getx()<<","<<c.gety()<<")"<<endl;
    cout<<"半径为:"<<getr()<<endl;
    cout<<"面积为:"<<c.area()<<endl;
}
```

提示与分析:

(1) 一般来说,类中成员函数为公有成员。

(2) 类派生的格式为：<派生类>：[派生方式]<基类>，如：

```
class circle: public  point
{
    ……
}
```

(3) 由于构造函数无法继承，所以派生类需要负责初始化继承的基类成员，派生类的构造函数原型声明为：

```
circle(int a,int b,int c):point(a,b)
{
    ……
}
```

2. 改正下列程序的错误，分析程序输出结果，并思考下列问题：

(1) 执行该程序后哪条语句出现编译错误？为什么？

(2) 去掉出错语句后，写出程序运行结果。

(3) B 继承 A 采用默认的继承方式，这种默认继承方式是哪种继承方式？

(4) 为什么 d1.f(6);没有出现编译错误？

(5) 将派生类 B 的继承方式改为公有继承，写出程序运行结果。

程序代码如下：

```
#include <iostream.h>
class A
{public:
    void f(int i){cout<<i<<endl;}
    void g(){cout<<"g\n";}
};
class B:A
{public:
    void h(){cout<<"h\n";}
    A::f;
};
void main()
{   B d1;
    d1.f(6);
    d1.g();
    d1.h();
}
```

*3. 定义一个基类 BaseClass，有整型变量 Number，构造其派生类 DerivedClass，观察构造函数和析构函数的执行情况。

提示与分析：

(1) 在继承机制中，构造函数的执行顺序是：

基类构造函数－>子对象构造函数－>派生类构造函数

(2) 析构函数与构造函数的执行顺序正好相反。

*4. 定义一个车(vehicle)基类,具有 Maxspeed,Weight 等成员,Run,Stop 等成员函数,由此派生出自行车(bicycle)类、汽车(mcar)类。自行车(bicycle)类有高度(Height)等属性,汽车(motorcar)类有座位数(SeatNun)等属性。从 bicycle 和 car 派生出摩托车(motorbicycle)类,在继承过程中,注意把 vehicle 设置为虚基类。如果不把 vehicle 设置为虚基类,会有什么问题?

提示与分析:

(1) 虚基类的定义格式为:class <派生类名>:virtual <继承方式> <基类名>

(2) 定义虚基类可以使派生类中仅有一份基类拷贝且继承路径更加清晰。

(二) 参考答案

(1) public:

(2) class circle:public point

(3) circle(int a,int b,int c):point(a,b)

(4) cout<<"半径为:"<<c.getr()<<endl;

【扩展与思考】

1. 如何在已有的类的基础上设计新的类?

(提示:在继承机制下,派生类不仅可以继承基类的成员,还可以修改(重写)基类的成员以及加入新的成员。)

2. 基类和派生类对象的构造顺序与析构顺序?

3. 如何利用虚基类解决二义性问题?

实验二十　类的综合应用

【预习内容】

(1) 类与对象的基本概念。

(2) 类的继承和派生的基本概念。

【实验目的】

(1) 理解基类和派生类的相关概念。

(2) 掌握类设计和使用的综合技巧。

【实验任务】

任务描述与分析

1. 定义一个日期(DATE)类和含有 5 个元素的对象数组,并用对象数组存储日期类生成的对象。替换程序中的【?】部分,补全程序,使该程序的输出结果为:

```
moth=7,day=22,year=1998
moth=7,day=23,year=1998
moth=7,day=24,year=1998
moth=7,day=25,year=1998
moth=7,day=26,year=1998
```

程序代码如下:

```
#include<iostream.h>
```

```
class DATE
{
public:
  DATE(){month=day=year=0;}
  【?】
  void print()
  {
    cout<<"month="<<month<<",day="<<day<<",year="<<year<<endl;
  }
private:
   【?】
};
DATE::DATE(int m,int d,int y)
{
  month=m;
  day=d;
  year=y;
}
void main()
{
  DATE dates[5]={DATE(7,22,1998),DATE(7,23,1998),DATE(7,24,1998)};
  dates[3]=DATE(7,25,1998);
  【?】
  for(int i=0;i<5;i++)
  【?】
}
```

提示:

(1) 构造函数的任务就是进行对象初始化,如 DATE(int m,int d,int y)

(2) 类中数据成员一般定义为私有成员,如,private:int month,day,year;

(3) 对象数组的赋值可以使用建立临时对象的方法进行,如,dates[4]=DATE(7,26,1998)

(4) 由于对象数组的每个元素为一个对象,对于数组元素的使用方法和普通对象的使用方法一样,如引用第 i 个对象数组元素的 print 方法,dates[i]. print();。

思考:

(1) 分析程序,思考何时执行 DATE 类的构造函数?

(2) 对象数组如何进行初始化?

2. 改正下列程序的错误。在程序中,类之间的关系是 A 类为基类,B 类、C 类继承 A 类,D 类继承 B 类、C 类。继承都为公有继承。程序运行结果为:

```
class A
class B
```

```
        class C
        class D
        class D
```

程序代码如下：

```
#include<iostream.h>
class A
{public:
    A(char *s){cout<<s<<endl;}
}
class B:public A
{
public:
    B(char *s1,char *s2):A(s1)
    {
        cout<<s2<<endl;
    }
};
class C:public A
{
public:
    C(char *s1,char *s2):A(s1)
    {
        cout<<s2<<endl;
    }
};
class D:public B,C
{private:
    D(char *s1,char *s2,char *s3,char *s4):B(s1,s2),C
    {
        cout<<s4<<endl;
    }
};
void main()
{
    A d("class A","class B","class C","class D");
}
```


提示：

(1) 类的声明部分“}”后要加入“;”。

(2) 类中的构造函数为公有成员。

(3) D类中的构造函数需要负责传递基类的所有参数。

(4) 类生成对象，在执行构造函数时，需要传递正确的参数。

思考：

(1) 如果程序的输出结果为：

```
class C
class B
class D
class D
```

则上述程序该如何修改？

(提示：需要将类 A 设为虚基类。)

(2) 在(1)的基础上进一步思考，D 类生成对象时，构造函数的执行顺序？

*3. 利用面向对象的程序设计方法设计一个计算雇员工资的程序。假设某个公司有 3 类雇员，分别是工人、销售员和经理。工人的工资计算方法为每小时工资额乘当月工作时数再加上工龄工资；销售员工资的计算方法为每小时工资额乘当月工作时数加上销售额提成再加上工龄工资，其中销售额提成等于该销售员当月售出商品金额的 1%；经理工资的计算方法为基本工资再加上月奖金以及工龄工资。工龄工资就是雇员在该公司工作的工龄每增加 1 年，月工资就增加 35 元。

提示与分析：

(1) 建立一个 C++控制台项目。

(2) 建立一个雇员基类(employee)，数据成员包括：整型数据工龄(years)；成员函数包括构造函数、析构函数和计算工资(salary)。

(3) 派生工人(worker)类、销售员(salesman)类和经理(manager)类，并加入相应的数据成员，如每小时工资额(salaryHour)、工作时数(hours)和计算工资(salary)成员函数。

(4) 编写 main()函数，分别创建各类雇员对象，计算相应的工资。

【扩展与思考】

1. 如何定义一个类？
2. 如何利用类的继承与派生机制来设计具有通用性的类？
3. 类的构造函数和析构函数有什么作用？执行过程如何？

实验二十一　运算符重载

【预习内容】

(1) 运算符重载的基本概念。

(2) 运算符重载的定义和使用方法。

【实验目的】

(1) 理解运算符重载的意义。

(2) 掌握利用友元函数和成员函数进行运算符重载的方法。

【实验任务】

任务描述与分析

1. 下列程序利用友元函数重载运算符“+”，实现 sample 类对象的直接相加运算。修正程序中的错误，使程序能正确运行。

程序代码：

```
#include<iostream.h>
class sample
{
private:
      int x;
public:
      sample(){}
      sample(int a)
      {
            x=a;
      }
      void disp()
      {
            cout<<"x="<<x<<endl;
      }
      friend sample operator+(sample &s);
};
sample sample::operator+(sample &s1,sample &s2)
{
      return (s1+s2);
}
void main()
{
sample obj1(10);
sample obj2(20);
sample obj3;
obj3=obj1+obj2;
disp();
}
```

提示:

(1) 利用友元函数进行运算符重载时,参数为多个同类对象的引用,如

friend sample operator+(sample &s1,sample &s2);

(2) 友元函数为类外部的函数,而非类中的成员函数。其定义格式与普通函数相同,如

sample operator+(sample &s1,sample &s2)

思考:

(1) 修改上述程序,如何利用成员函数实现运算符的重载?

2. 定义一个 Matric 类,并对()运算符进行重载,修正程序中的错误,使程序有如下输出:

  5,6,7,8,9,

程序代码如下:

```
#include <iostream.h>
class   Matrix
{
```

```
    public
      Matrix(int   r,int  c)
      {
        row=r;   col=c;
        elem=new   double[row * col];
      }
      double operator()(int   x,int   y)
      {
        return   elem[col * (x-1)+y-1];
      }
      Matrix()
      {
        delete elem;
      }
    private:
      double    * elem;
      int   row,col;
  };
  void main()
  {
    Matrix m(5,8);
    for(int   i=0;i<5;i++)
      m(i,1)=i+5;
    for(i=0;i<5;i++)
    cout<<m(i,1)<<",";
    cout<<endl;
  }
```

提示与分析：

(1) 类中成员的访问属性(权限)主要有三种 public,private 和 protected,说明成员的访问属性时需要使用“:”。

(2) 利用成员函数进行运算符重载的格式为:<返回类型> operator <运算符符号>(参数列表),如,double & operator()(int　x,int　y)。

(3) 构造函数与虚构函数名称类似,构造函数名与类名相同,但析构函数名还包括“~”符号。

(4) 使用 new 分配堆空间,在使用完成后,需要使用 delete 释放堆空间,如果是数组需要配合使用“[]”,如,delete[]　elem;。

3. 设计一个用于人事管理的人员类。数据成员包括编号、姓名、性别、出生日期、身份证号等。其中,“出生日期”定义为一个“日期”类内嵌子对象。用成员函数实现对人员信息的录入和显示。并对人员类重载“==”运算符和“=”运算符。“==”运算符判断两个人员类对象的身份证号属性是否相等;“=”运算符实现人员类对象的赋值操作。

提示与分析：

(1) 建立一个人员(Person)类。

(2) 包括数据成员:编号(No)、姓名(Name)、性别(Sex)、出生日期(Birthday)、身份证号(ID)。其中,Name,Sex,ID使用字符数组存储,No为整型,而Birthday为日期(TDate)类子对象。

(3) 构建一个日期(Date)类,包括数据成员:年(Year)、月(Month)和日(Day);成员函数包括构造函数和显示日期(print)。

(4) Person类的成员函数为信息录入(inputInfo)和显示(printInfo)。函数声明如下:

```
void inputInfo(char * pName,char * pSex,char * pID);
    void printInfo();
```

(5) 利用成员函数重载"=="运算符,成员函数定义如下:

```
    int operator ==(Person &person)
    {
return strcmp(this->ID,person.ID);
}
```

(6) 利用成员函数重载"="运算符,成员函数定义如下:

```
Person& operator =(Person &person)
    {
strcpy(Name,person.Name);
        strcpy(Sex,person.Sex);
        strcpy(ID,person.ID);
        return * this;
    }
```

(7) 在main()函数中可以如下使用:

```
    void main()
    {
    Person per1,per2;
    per1.inputInfo("李杰","男","232321197710090817");
    per2.inputInfo("王晓明","男","232321197710090818");
    per1.printInfo();

    if(per1==per2)
        cout<<"身份证号不同";
    else
        cout<<"身份证号相同";

    per1=per2;
    per1.printInfo();
}
```


思考:

(1) Person& operator =(Person &person);中运算符函数的返回类型是什么?

(2) return * this;语句中,this代表什么?

(3)“==”和“=”能否使用友元函数来实现运算符重载?

*4. 定义点(Point)类,数据成员包括整型坐标X,Y;对Point类重载“++”(自增)、“--”(自减)运算符,实现对坐标值的改变。

提示与分析:

(1) 利用成员函数重载前置++运算符,函数定义如下:

```
Point& operator ++()
{    ++X;++Y;
     return *this;
}
```

(2) 利用成员函数重载后置++运算符,函数定义如下:

```
Point& operator ++(int) //int为虚拟参数,仅控制格式
{    X++;Y++;
     return Point(X-1,Y-1);
}
```

(3) 在main()函数中进行测试,代码如下:

```
void main()
{    Point p1(1,2);
     p1++;
     p1.print();
     ++p1;
     p1.print();
}
```

【扩展与思考】

1. 如何将一个运算符重载为类的成员函数?
2. 如何将一个运算符重载为类的友元函数?
3. 运算符重载有什么意义和作用?

实验二十二　静态联编和动态联编

【预习内容】

(1) 动态联编的概念。

(2) 静态联编的概念。

【实验目的】

(1) 深入理解动态联编和静态联编的概念及其作用。

(2) 掌握使用虚函数实现动态多态性的方法。

【实验任务】

(一) 任务描述与分析

1. 建立一个点类,并派生矩形类,再建立一个函数,参数为点类对象的引用,在main()函数中编写代码,向函数中传递矩形类对象,并调用该函数。验证程序静态联编的运行结果并理解静态联编的概念。

提示与分析：

(1) 建立一个点(Point)类，数据成员为 double 类型的 x 和 y，成员函数为构造函数和计算面积(Area)。

(2) 矩形(Rectangle)类公有继承 Point 类，并加入新成员矩形宽(w)和高(h)以及计算面积(Area)。

(3) 建立一个普通函数，原型为：void fun(Point &s)。

(4) 在 main()函数中，建立 Rectangle 类的对象 rec，并作为 fun 的参数。

2. 定义一个基类 A，再定义两个公有继承的派生类 D1 和 D2，定义一个普通函数 print_info()，形参为指向对象的指针，它们的调用都采用动态联编，将 A 类中的 print()定义为虚函数，修正下列程序中的错误代码，使之有如下输出：

```
The A version A
The D1 info: 4    version 1
The D2 info:100 version A
```

程序代码如下：

```
#include <iostream.h>
class  A
{
  public:
    A()  {   ver='A';}
    void  print()
    {
     cout<<"The A version   "<<ver<<endl;
    }
  protected:
    char ver;
};
class  D1
{
  public:
    D1(int   number)  {   info=number;   ver='1';}
    void  print()
    {  cout<<"The D1 info:  "<<info<<"   version   "<<ver<<endl;}
   private:
     int  info;
};
class  D2:public A
{
  public:
    D2(int   number)  {   info=number;}
    void  print()
    {  cout<<"The D2 info: "<<info<<"   version   "<<ver<<endl; }
  private:
```

```
    int   info;
};
void   print_info(A   p)
{
   p－＞print();
}
void main()
{
   A a;
   D1 d1(4);
   D2 d2(100);
   print_info(a);
   print_info(&d1);
   print_info(&d2);
}
```

提示：

（1）虚函数的定义格式为：

virtual ＜函数返回类型＞ 函数名(参数列表)；

如，virtual void   print()

```
{
    ……
}
```

（2）D1 公有继承基类 A，则继承格式为：

　　class　D1：public A

（3）由于 print_info 函数体内的语句 p－＞print()；由此推断，p 为指针，则 print_info 的函数原型应为：void　print_info(A　* p)；

（4）由于 a 为 A 类生成的对象，所以应使用 &a 作为 print_info 函数的参数。

3. 以下程序中函数 fun1 和 fun2 为两个虚函数，类 derive 为 base 的派生类。修正下列程序中的错误，使程序的运行结果为：

base::fun1()

base::fun2()

程序代码如下：

```
#include<iostream.h>
class base
{
public:
     virtual void fun1()=0;
     abstract void fun2()=0;
     {
          cout<<"base::fun2()"<<endl;
     }
};
```

```
class base:fun1()
{
    cout<<"base::fun1()"<<endl;
}
class derive:public base
{
public:
    void fun1(){base::fun1();}
    void fun2(){base::fun2();}
}
void main()
{
    base d;
    d.fun1();
    d.fun2();
}
```

提示与分析：

(1) 根据输出结果推断 fun2 成员函数应为虚函数，fun2 的定义应为：

```
virtual void fun2()=0
{
    cout<<"base::fun2()"<<endl;
}
```

(2) 由上下文可知 fun1()函数应为 base 类的成员函数，其在类声明外部定义格式为：

```
void base::fun1()
{
    ……
}
```

(3) derive 类声明结束应使用"};"。

(4) d 对象能够使用 fun1()和 fun2()函数，说明 d 应该是 derive 类生成的对象。

(二) 参考程序：

程序代码

```
#include <iostream.h>
class Point
{
public:
    Point(double i,double j){x=i;y=j;}
     double Area() const{return 0.0;}
private:
    double x,y;
};
class Rectangle :public Point
{
```

```
public:
    Rectangle(double i,double j,double k,double l);
     double Area() const {return w * h;}
private:
    double w,h;
};
Rectangle::Rectangle(double i,double j,double k,double l):Point(i,j)
{
    w=k;h=l;
}
void fun(Point &s)
{
    cout<<s.Area()<<endl;
}
void main()
{
    Rectangle rec(3.0,5.2,15.0,25.0);
    fun(rec);
}
```

思考:

(1) 运行参考程序,分析输出结果。

(2) 将以上程序改为动态联编,分析两次结果不同的原因。

提示:

把类 Point 中 Area()函数变为虚函数:virtual double Area() const{return 0.0;}

【扩展与思考】

1. 如何实现运行时的多态性?

2. 虚函数的意义和作用。

(**提示:**从继承的角度看,派生类不仅可以继承基类的成员函数功能,而且还可以改写基类的成员函数的功能。)

实验二十三　输入/输出流与文件的访问

【预习内容】

(1) 数据流的各种输入、输出方法。

(2) 文件的访问方法。

【实验目的】

(1) 掌握数据流的各种输入、输出方法及运算符 cout、cin 的重载。

(2) 掌握文本文件、二进制文件的操作方法。

【实验任务】

(一) 任务描述与分析

1. 统计从键盘上输入的每一行字符的个数,从中选取出最长行的字符的个数,并统计共

输入多少行。

提示与分析：

通过键盘的提取操作(Ctrl+Z结束)，统计每行的字符个数和总行数，选取出最长行的字符个数和总行数进行屏幕的插入操作。

2. 向wr1.dat文件输出0～20之间的整数，含0和20在内。

提示与分析：

此程序利用文件流对象将输入到内存中的变量值写入文件中。

3. 把从键盘上输入的若干行文本字符存入到wr2.dat文件中，即进行无格式输出，直到从键盘上按下Ctrl+Z组合键为止。此组合键代表文件结束符EOF。

提示与分析：

此程序是对单个字符进行输入和输出操作，则可以使用成员函数get()和put()。对文件wr2.dat进行先读后写。通过get()从文件中逐个读出字符，通过put()逐个写入字符到文件。

4. 把数组a中的48,62,25,73,66,80,78,54,36,47这10个整型元素值依次写到二进制文件shf1.dat中。

提示与分析：

使用了write()和read()函数。使用write()函数把内存中数组a的内容写到了一个二进制文件中，再使用read()函数把它们读出来。实际上，把一个记录中的数据转变为字符串进行处理。

(二) 参考程序

1.

```
#include <iostream.h>
const int SIZE=80;
void main()
{
    int lcnt=0,lmax=-1;
    char buf[SIZE];
    cout<<"Input...\n";
    while(cin.getline(buf,SIZE))
    {
        int count=cin.gcount();
        lcnt++;
        if(count>lmax) lmax=count;
        cout<<"Line # "<<lcnt<<"\t"<<"chars read:"<<count<<endl;
        cout.write(buf,count).put('\n').put('\n');
    }
    cout<<endl;
    cout<<"Total line: "<<lcnt<<endl;
    cout<<"Longest line: "<<lmax<<endl;
}
```

2.

```
#include<stdlib.h>
```

```
#include<fstream.h>
void main(void)
{
    ofstream f1("wr1.dat");
    if(!f1)
    {
        cerr<<"wr1.dat file not open!"<<endl;
        exit(1);
    }
    for(int i=0;i<21;i++) f1<<i<<" ";
    f1.close();
}
```

3.

```
#include<stdlib.h>
#include<fstream.h>
void main(void)
{
    char ch;
    ofstream f2("wr2.dat");
    if(f2.fail())
    {
        cerr<<"wr2.dat file not open!"<<endl;
        exit(1);
    }
    cout<<"请输入的若干行文本字符(Ctrl+Z 结束输入)"<<endl;
    ch=cin.get();
    while(ch! =EOF)
    {
        f2.put(ch);
        ch=cin.get();
    }
    f2.close();
}
```

4.

```
#include<stdlib.h>
#include<fstream.h>
void main(void)
{
    ofstream f1("shf1.dat",ios::out|ios::binary);
    if(!f1)
    {
        cerr<<"打开文件\\shf1.dat 失败!"<<endl;
        exit(1);
```

```
    }
    int a[10]={48,62,25,73,66,80,78,54,36,47};
    for(int i=0;i<10;i++)
    f1.write((char *)&a[i],sizeof(a[0]));
    f1.close();
    ifstream f2("shf1.dat",ios::in|ios::binary|ios::nocreate);
    if(!f2)
    {
        cerr<<"文件 shf1.dat 不存在!"<<endl;
        exit(1);
    }
    int b;
    while(! f2.eof())
    {
        f2.read((char *)&b,sizeof(b));
        cout<<b<<' ';
    }
    f2.close();
}
```

【扩展与思考】

1. 所建立的 wr1.dat 文件中输入的全部数据,并依次显示到屏幕上。

参考程序:

```
#include<stdlib.h>
#include<fstream.h>
void main(void)
{
    ifstream f1("wr1.dat",ios::in|ios::nocreate);
    if(!f1)
    {
        cerr<<"wr1.dat file not open!"<<endl;
        exit(1);
    }
    int x;
    while(f1>>x) cout<<x<<' ';
    cout<<endl;
    f1.close();
}
```


2. 从所建立的 wr2.dat 文件中按字符读出全部数据,把它们依次显示到屏幕上,并且统计出文件中的行数。

参考程序:

```
#include<stdlib.h>
#include<fstream.h>
```

```
void main(void)
{
    ifstream f2("wr2.dat",ios::in|ios::nocreate);
    if(f2.fail())
    {
        cerr<<"wr2.dat file not open!"<<endl;
        exit(1);
    }
    char ch;
    int i=0;
    while(f2.get(ch))
    {
        cout<<ch;
        if(ch=='\n') i++;
    }
    cout<<endl<<"lines:"<<i<<endl;
    f2.close();
}
```

3. 找出前面所建立的文件 shf1.dat 中保存的所有整数中的最大值、最小值和平均值。

参考程序：

```
#include<stdlib.h>
#include<fstream.h>
void main(void)
{
    ifstream f2("shf1.dat",ios::in|ios::binary|ios::nocreate);
    if(!f2)
    {
        cerr<<"文件\\shf1.dat 不存在!"<<endl;
        exit(1);
    }
    int x,max,min;
    float mean;
    f2.read((char *)&x,sizeof(x));
    mean=max=min=x;
    int n=1;
    while(!f2.eof())
    {
        f2.read((char*)&x,sizeof(x));
        if(x>max)
            max=x;
        else if(x<min)
            min=x;
        mean+=x;
```

```
        n++;
    }
    mean/=n;
    cout<<"最大数:"<<max<<endl;
    cout<<"最小数:"<<min<<endl;
    cout<<"平均数:"<<mean<<endl;
    f2.close();
}
```

思考：

(1) 根据对以上程序的分析，理解什么是提取操作，什么是插入操作。

(2) 总结键盘输入、输出字符、字符串的方法。

(3) 总结文件的读写方法。

实验二十四　综合实验

【预习内容】

(1) 面向对象的程序设计的基本方法。

(2) C++中类和对象的使用方法。

(3) IO 流类和文件操作。

【实验目的】

(1) 能够利用C++的流程控制、类和对象、文件等知识解决一个具体问题。

(2) 能够综合应用C++语言。

【实验任务】

任务描述与分析

1. 设计一个学生成绩管理程序，要求实现如下功能：

(1) 管理学生(学生包括本科生和研究生)的基本信息，如：学号、姓名、性别和班级等信息。

(2) 管理学生选修的课程信息，如英语、数学和计算机等课程信息。

(3) 录入、编辑和删除学生选修课程的成绩。

(4) 计算学生的总成绩和平均成绩。

(5) 可以对学生按成绩排序。

提示与分析：

(1) 设计一个学生(Student)类。数据成员包括学号(No)、姓名(Name)、性别(Sex)、班级(Class)、课程(course)和总成绩(Sum)以及平均成绩(Average)、所修学分(Credits)等信息；成员函数包括计算总分(calcSumScore)、计算平均分(calcAverage)和计算所修学分(calcCredits)等。

(2) 设计一个课程(Course)类。数据成员包括课程名(CourseName)、课程编号(CourseNo)、课程成绩(Score)和学分(Credits)。成员函数包括修改课程名(setCourseName)、课程编号(setCourseNo)、修改成绩(setScore)、修改学分(setCredits)等。

(3) 设计一个可以存储 Course 类对象的 Vector 保存学生所修课程，并应用模板技术扩展 Vector 的存储能力。同时，作为 Student 类的子对象。

(4) 在Student类的基础上派生一个研究生(GraduateStudent)类。使用虚函数重写calcCredits成员函数。

(5) 再设计一个可以存储Course类对象的Vector保存研究生所修课程,同时作为GraduateStudent类的子对象。

(6) 设计一个信息(StuInfo)类,数据成员包括No,Name,Sex,Class,CourseNo,CourseName,Score,Credits等信息,成员函数包括信息载入(load)、添加(add)、删除(delete)和编辑(edit)功能。

注意:将No,Name,Sex,Class,CourseNo,CourseName,Score,Credits等信息作为一条记录利用流对象保存到随机文件中,并实现添加、删除和编辑功能。

*2. 相传在远古的克里特岛上有一座迷宫。统治这里的国王在迷宫深处供养了一头怪兽,为了养活它,国王要求希腊的雅典每9年进贡7对青年男女。当第4次轮到雅典进贡时,雅典国王爱琴的儿子狄修斯王子决定作为贡品进入克里特岛的迷宫里杀死怪兽,从而解救雅典人民。在克里特岛上,勇敢的王子在克里特公主的帮助下终于杀死怪兽,并顺利走出迷宫。

试利用C++程序表示迷宫,并编写探索迷宫路径的程序。

提示与分析:

(1) 迷宫表示与设计

使用一个MxN的矩阵表示迷宫,即利用二维字符数据来表示迷宫。元素值为'0'代表位置可以通行,为'1'代表位置不可通行。对于迷宫的任一位置,约定仅有4个行进方向(东南西北)。为了具有扩展性,也可以使用动态分配的数组表示迷宫。

(2) 设计一个迷宫(Maze)类,包括3个数组成员,迷宫指针pMaze、表示迷宫大小的M和N。成员函数包括构造函数和析构函数,还包括求迷宫路径的getPath函数和显示迷宫的showMaze函数。构造函数负责迷宫初始化,并指定迷宫入口和出口位置。

(3) 在探索迷宫的过程中,如果每个位置不能通行,则需要沿着原路退回,换一个方向继续探索。为此设计一个堆栈(Stack)类,主要用来记录探索路径。Stack类包括一个栈顶指针(pTop)、堆栈元素(Node)数据成员和入栈(push)、出栈(pop)、判断栈是否为空(isEmpty)、获得栈顶元素(getTop)、构造函数和析构函数等数据成员。

(4) 探索迷宫路径的算法使用回溯法。具体过程如下:

① 将指定的入口为当前位置,并设定迷宫是否有路径标记变量(bFound)为0。

② 如果当前位置可以通过,则设置通行标记(#),并将当前位置入栈保存,转③,否则转⑤。

③ 如果到达出口,则bFound置1,返回bFound值,结束程序,否则转④。

④ 按顺时针方向继续探索,将相邻的下一个未探索过的可通元素作为当前位置,转②。

⑤ 如果栈非空,则回退一步(弹出栈顶元素),转⑥,否则返回bFound值,结束程序。

⑥ 如果该位置所有的方向都探索过,则标记为死胡同(*),并转⑤,否则探索下一个方向,转②。

思考:

(1) 迷宫初始化使用什么方法比较好?(提示:思考如何使用文件保存迷宫数据)

(2) 堆栈元素使用什么结构比较好?(提示:思考链表与数组的不同)

(3) 能否使用递归的方法解决迷宫问题?

习题参考答案

习题一

一、判断题

1. 错　2. 对　3. 对　4. 对　5. 错

二、填空题

1. .cpp　.exe　2. main()或主　3. 数字字符　4. 文件

三、选择题

1. C　2. B　3. A　4. D

习题二

一、填空题

1. 浮点型。
2. 以 0X 或 0x 开头。
3. 字符常量用单引号,字符串常量使用双引号。
4. 使用预处理命令定义符号常量和使用声明语句前加 const 修饰的方法定义符号常量。
5. 名称、类型和值。
6. 指针变量的值是变量地址。
7. 赋值运算、加减运算、比较是否相同。
8. 存储方式不同、成员初始化方式不同、作为函数参数方式不同、成员的访问方式不同。
9. 引用是通过别名直接访问某个变量,而指针是通过地址间接访问某个变量。
10. 算术运算、关系运算、逻辑运算、位运算、赋值运算、其他运算。
11. 双目、三目。
12. ! 逻辑非、&& 逻辑与、|| 逻辑或。
13. 算术表达式、关系表达式、逻辑表达式、条件表达式、赋值运算符、逗号表达式。
14. 一个表达式的计算顺序是由运算符的优先级和结合性来决定的。
15. 如果操作数的类型不一致,则转换为高的类型。单精度类型转换为双精度类型,字符型和短整型转换为基本整型。

二、选择题

1. C　2. A　3. C　4. A　5. C
6. C　7. A　8. B　9. D　10. A
11. C　12. D　13. A　14. B　15. B
16. A　17. C　18. B　19. B　20. D
21. D　22. D　23. D　24. A　25. D　26. D

习题三

一、判断题

1. 对　2. 错　3. 错　4. 错　5. 对

6. 错　7. 错　8. 错　9. 错　10. 错

11. 错　12. 对　13. 对　14. 对　15. 错

二、选择题

1. B　2. D　3. A　4. A　5. D　6. C

三、程序改错

1. 1) while(k＜＝m ＆＆ f＝＝0)

   2) if(n％k＝＝0)　f＝1;

   3) k＋＋;

   4) if (!f) cout＜＜n＜＜"\t";或 if (f＝＝0) cout＜＜n＜＜"\t"

2. 1) a＝i/100;

   2) if(a＋b＋c＝＝5) k＋＋;

   3) c＝(i－a＊1000－b＊100)/10;

   4) if(a＋b＋c＋d＝＝5)　k＋＋;

四、程序填空:

1. 1) n

   2) x[0]

   3) max＜x[i] 或 x[i]＞max

   4) min＞x[i] 或 x[i]＜min

习题四

一、判断题

1. 对　2. 错　3. 错　4. 对　5. 错

二、选择题

1. D　2. C　3. A　4. D　5. A

6. C　7. B

三、程序填空

1. 1) n

   2) x[0]

   3) max＜x[i] 或 x[i]＞max

   4) min＞x[i] 或 x[i]＜min

2. 1) s＝0

   2) n[i]－'0'

   3) s＋k 或 k＋s

   4) cout＜＜s

3. 1) int a[7][7]

   2) a[i][i]－1

   3) a[i][j]＝a[i－1][j－1]＋a[i－1][j]

   4) j＜＝i

4.

   1) cin. getline(str1,50) 或 gets(str1)

   2) str1[i]＝＝str2[i] 或 str2[i]＝＝str1[i]

   3) i＋＋ 或 i＝i＋1 或 i＋＝1 或 ＋＋i

4) s=str1[i]-str2[i]

四、程序改错

1) {int m[12],i,j,k;

2) for(i=0;i<12;i++) 或 for(i=0;i<=11;i++)

3) for(j=i+2;j<11;j+=2) 或 for(j=i+2;j<11;j=j+2)

4) if(m[j]>m[i])或 if(m[i]<m[j])

习题五

一、判断题

1. 错	2. 对	3. 对	4. 对	5. 对
6. 错	7. 对	8. 对	9. 错	10. 错
11. 对	12. 对	13. 错	14. 对	15. 对
16. 对	17. 对	18. 错	19. 错	20. 对

二、选择题

1. C	2. B	3. C	4. D	5. D
6. D	7. B	8. B	9. B	10. C
11. D	12. A			

三、编程题

1.

```
int i,j,k;
for (i=1;i<n;i++){
    k=i-1;
    for (j=i;j<n;j++)
        if (a[j]<a[k]) k=j;
int x=a[i-1];a[i-1]=a[k];a[k]=x;
}
```

2.

```
for (int i=0; i<strlen(s); i++)
    if (s[i]>='a' && s[i]<='z')
        s[i]=s[i]+32;
```

3.

```
for (int i=0; i<10; i++)
    if (a[i]==num) break;
      if (i<10)
          return 1;
      else
          return 0;
```

4.

```
while(i<=100)
    {sum+=i*i;i+=2;}
cout<<"sum="<<sum<<endl;
```

5.

```
    double m=0;
    int i;
    for(i=0;i<n;i++) m+=a[i];
    m=m/n;
    int c=0;
    for(i=0;i<n;i++)
        if(a[i]>=m) c++;
    return c;
```

习题六

一、选择题

1. A　2.　3. C　4.　5. D

6. D　7. A　8. C　9. A　10. D　11. A

二、判断题

1. 对　2. 错　3. 错　4. 错　5. 对

6. 对　7. 对　8. 对　9. 错　10. 对

三、程序改错

1.

1)test(){x=0,y=0;}或 test(){x=0,y=0;}

2)test(int a,int b)

3)test t1,t2(100,200);

4)test *p[]={&t1,&t2};

四、程序设计

略

习题七

一、选择题

1. B　2. A　3. C　4. C　5. C

6. D　7. B　8. C　9. A　10. D

11. C　12. B

二、判断题

1. 对　2. 对　3. 对　4. 错　5. 对

6. 对　7. 对　8. 对　9. 错　10. 错

三、程序填空

1.

1)DATE(int m,int d,int y);

2)int month,day,year;

3)dates[4]=DATE(7,26,1998)

4)dates[i]. print();

习题八

一、选择题

1. D　2. A　3. C　4. C　5. B

6. D　　7. A

二、判断题

1. 对　2. 错　3. 错　4. 错　5. 对
6. 错　7. 对　8. 对　9. 对　10. 错
11. 对　12. 对　13. 错　14. 对　15. 对
16. 错　17. 对　18. 对

三、写出运行结果

5,6,7
-2,-3,-4
N's destructor called.
M's destructor called.
N's destructor called.
M's destructor called.

习题九

一、选择题

1. C　2. D　3. C　4. D　5. D　6. C

二、判断题

1. 对　2. 错　3. 对　4. 对　5. 对
6. 对　7. 对　8. 对　9. 对

三、程序改错

1.

1)virtual void　print()
2)class　D1:public A
3)void　print_info(A　*p)
4)print_info(&a);

习题十

一、选择题

1. A　2. A　3. B　4. B　5. A
6. A　7. D　8. C　9. C　10. D

二、判断题

1. 对　2. 错　3. 错

三、程序改错

1.

1) #include <fstream.h>
2) file1.open("text1.dat",ios::out|ios::in); 或 file1.open("text1.dat",ios::in|ios::out);
3) file1.put(textline[i]);
4) file1.seekg(0);

三、编程题

略

习题十一

一、选择题

1. D　　2. C　　3. D　　4. C　　5. C

二、判断题

1. 对　　2. 对

附录 A

C++关键字列表

关键字	说 明
asm	直接插入汇编语言指令
auto	声明局部变量
bool	声明布尔逻辑变量
break	跳出循环(do,for,while)子句或 switch 子句 **注:**对于嵌套循环来说,break 仅能跳出本层循环
case	检测表达式的值是否匹配,与 switch 配合使用 **注:**常与 default,switch 配合使用
catch	通常通过 throw 语句捕获一个异常
char	声明布尔型变量
class	创建新的数据类型(类)
const	声明常量。注:初始化后,其值不能被修改
const_cast	剥离一个对象的 const 属性,即可以将常量转换后进行修改 **语法:**const_cast＜type＞ (object);
continue	结束本次循环,开始下一次循环 **注:**常与 break,do,for,while 等配合使用
default	switch 语句中的默认条件
delete	释放使用 new 创建的内存空间 **注:**与 new 搭配使用
do	构建一个循环语句表,直到条件为假 **注:**循环中的语句至少被执行一次
double	声明浮点型变量
dynamic_cast	强制将一个类型转化为另外一种类型 **注:**支持子类指针到父类指针的转换,并根据实际情况调整指针的值
else	用于 if 语句中,进行分支选择
enum	创建一个包含多个名称元素的名称表
explicit	强制显示声明
extern	声明在其他空间(文件)定义过的变量
false	布尔型值
float	声明浮点型变量
for	构造一个循环

续表

关键字	说 明
friend	允许类或函数访问一个类中的私有数据
goto	执行从当前位置到指定标志位的跳转
if	根据条件执行不同分支的代码
inline	声明内联函数。**注**:函数中不能含有静态数据、循环和递归
int	声明整型变量
long	声明长整型变量
mutable	忽略所有 const 语句
namespace	使用命名空间
new	给数据类型分配动态空间,并返回其首地址。**注**:与 delete 搭配使用
operator	运算符重载
private	声明私有数据成员
protected	声明保护数据成员
public	声明公有数据成员
register	声明寄存器变量
reinterpret_cast	强制把一种数据类型改变成另一种。注:主要用于不兼容的指针类型之间的转换
return	返回调用函数
short	声明短整型变量
signed	声明有符号字符型变量
sizeof	计算数据类型或变量已经对象所占用的内存字节数
static	创建永久静态存储空间
static_cast	在两个不同类型之间进行强制转换,并且没有运行时间检查
struct	定义结构体类型
switch	构造多分支结构
template	创建一个对未知数据类型的操作的模板
this	指向当前对象的指针
throw	处理异常。**注**:常与 catch 和 try 配合使用
true	布尔型值
try	执行可能产生异常的代码
typedef	在现有的类型基础上,创建一个新类型名
typeid	返回 type_info 定义的对象类型
typename	在 template 中,定义类型名
union	定义共用体类型
unsigned	声明无符整型变量

续表

关键字	说　明
using	在当前范围输入一个 namespace
virtual	创建虚函数或声明虚基类
volatile	阻止编译器优化使用 valatile 修饰的变量
void	声明空类型
wchar_t	声明字符变量的宽度
while	构建一个循环结构

附录 B C++常见错误提示

1. error C2143：syntax error：missing ';' before '{'

提示：句法错误："{"前缺少";"。

分析：在语句块结束前，漏输入语句结束符";"。

2. error C2146：syntax error ：missing ';' before identifier 'price'

提示：句法错误：在"price"标识符前丢失了";"。

分析：price 标识符上面的语句漏掉了";"。

3. error C2660：'SetPrice' ：function does not take 2 parameters

提示："SetPrice"函数不传递 2 个参数。

分析：函数声明与函数调用的参数个数不一致。

4. error C2011：'C……'：'class' type redefinition

提示：类"C……"重定义。

分析：定义类时，类名重复定义或类的定义格式不正确。

5. fatal error C1010：unexpected end of file while looking for precompiled header directive。

提示：在寻找预编译头文件时，发现异常不可预期的文件尾。

分析：使用＃include "stdafx. h"预处理命令。

6. fatal error C1083：Cannot open include file：'R…….h'：No such file or directory

提示：不能打开包含文件"R…….h"：没有这样的文件或目录。

分析：一般为头文件拼写错误，修改为正确的即可。

7. error C2018：unknown character '0xa3'

提示：不认识的字符 '0xa3'。

分析：可能是汉字或中文标点符号使用错误。

8. error C2057：expected constant expression

提示：希望是常量表达式。

分析：在 switch 语句的 case 分支中，使用了非常量表达式。

9. error C2065：'IDD_MYDIALOG' ：undeclared identifier

提示："IDD_MYDIALOG"：未声明过的标识符。

分析：标识符定义名称与使用时的名称不一致，一般是大小拼写问题导致的。

10. error C2196：case value '2' already used

提示：值 2 已经用过。

分析：在 switch 语句的 case 分支中，case 后的常量值重复。

11. error C2555：'Student::print'：overriding virtual function differs from 'Teacher::print' only by return type or calling convention

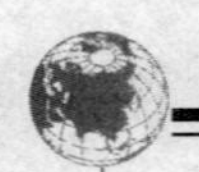

提示:类 Student 对类 Teacher 中同名函数 print 的重载仅根据返回值或调用约定上的区别。

分析:函数重载时,仅有返回值不同。

12. error C2509: 'print' : member function not declared in 'Student'

提示:成员函数"print"没有在"Student"类中声明。

分析:类中缺少成员函数的声明

13. error C2511: 'sort': overloaded member function 'void (int)' not found in 'sort'

提示:重载的函数"void sort(int)"在类"Sort"中找不到。

分析:重载函数的定义或声明违反了重载的规则。

14. warning C4035: 'display': no return value

提示:"display"函数没有返回值。

分析:函数中缺少 return 语句。

15. warning C4700: local variable 'flag' used without having been initialized

提示:局部变量"flag"没有初始化就使用。

分析:使用了未初始化的局部变量。

16. warning C4553: '==' : operator has no effect; did you intend '='?

提示:没有效果的运算符"==";是否改为"="?

分析:错误使用了等于符号和赋值符号。

17. LINK : fatal error LNK1168: cannot open Debug/a. exe for writing

提示:连接错误:不能打开 a. exe 文件,应改写内容。

分析:可能是调试程序 a. Exe 没有关闭,又重新开始调试操作。

附录C

C++字符串操作函数列表

函数名	功　能	函数原型
stpcpy	拷贝字符串。	char * stpcpy(char * destin, char * source);
strncpy	拷贝字符串中的子串。	char * strncpy(char * destin, char * source, int maxlen);
strcat	拼接两个字符串。	char * strcat(char * destin, char * source);
strchr	在一个字符串中查找指定字符。	char * strchr(char * str, char c);
strcmp	比较两个字符串。	int strcmp(char * str1, char * str2);
strncmp	字符串中的子串比较。	int strncmp(char * str1, char * str2, int maxlen);
strncmpi	将一个字符串中的子串与另一个字符串比较，且不区分大小写。	int strncmpi(char * str1, char * str2, unsigned maxlen);
strcspn	在字符串中查找第一个给定字符集的区段。	int strcspn(char * str1, char * str2);
strdup	将字符串拷贝到动态内存区。	char * strdup(char * str);
stricmp	以忽略大小写的方式比较两个字符串。	int stricmp(char * str1, char * str2);
strnset	将字符串中所有字符都设为指定字符。	char * strnset(char * str, char ch, unsigned n);
strset	将字符串中所有字符都设为指定字符，且无字符个数限制。	char * strset(char * str, char c);
strpbrk	在字符串中查找给定字符集中的字符。	char * strpbrk(char * str1, char * str2);
strrchr	在字符串中查找指定字符，并返回最后一个出现的位置。	char * strrchr(char * str, char c);
strrev	反转字符串。	char * strrev(char * str);
strspn	在字符串中查找指定字符，并返回第一次出现的位置。	int strspn(char * str1, char * str2);
strstr	在字符串中查找指定字符串的第一次出现的位置。	char * strstr(char * str1, char * str2);
strtod	将字符串转换为double型值。	double strtod(char * str, char * * endptr);
strtok	在第一个字符串中查找由第二个字符串指定的分界符分隔开的子串。	char * strtok(char * str1, char * str2);
strtol	将字符串转换为长整数。	long strtol(char * str, char * * endptr, int base);
strupr	将字符串中的小写字母转换为大写字母。	char * strupr(char * str);
swab	交换字符串中相邻的两个字节。	void swab (char * from, char * to, int nbytes);

注：上表所列字符串操作函数均需使用string.h头文件。

参考文献

[1] Timothy B. D. Orazio 著. C++课堂教学与编程演练:科学与工程问题应用[M]. 侯普秀,冯飞译. 北京:清华大学出版社,2004.

[2] 陈世忠. C++编码规范[M]. 北京:人民邮电出版社,2002.

[3] 吕凤翥. C++语言基础教程[M]. 北京:清华大学出版社,1999.

[4] 孟宪福,王旭. C++语言程序设计教程[M]. 北京:清华大学出版社,2008.

[5] 邓文新. C语言程序设计方法[M]. 北京:清华大学出版社,2010.

[6] 张基温. C++程序设计基础[M]. 北京:高等教育出版社,1996.

[7] 钱能等. C++程序设计系列教材[M]. 北京:清华大学出版社,1999.

[8] 刘维富等. C++程序设计实验与编程实践[M]. 北京:高等教育出版社,2007.